有學

本书获得中国科学院重点部署项目“地质学在中国的本土化研究”（项目编号：KZZD-EW-TZ-01）、国家社会科学基金青年项目“晚清西方地质学在华引介、传播与影响研究（1853~1911）”（项目编号：21CZS051）的资助。

地质学在中国的传播与发展

以地质学教科书为中心（1853~1937）

杨丽娟　著

浙江古籍出版社

图书在版编目（CIP）数据

地质学在中国的传播与发展：以地质学教科书为中心：1853~1937 / 杨丽娟著. -- 杭州：浙江古籍出版社，2022.4

（有学）

ISBN 978-7-5540-2204-7

Ⅰ. ①地… Ⅱ. ①杨… Ⅲ. ①地质学—教材—研究—中国—1853-1937 Ⅳ. ① P5-43

中国版本图书馆 CIP 数据核字（2022）第 046769 号

有學

地质学在中国的传播与发展

以地质学教科书为中心（1853~1937）

杨丽娟 著

出版发行 浙江古籍出版社

（杭州体育场路 347 号 电话：0571-85068292）

网　　址 https://zjgj.zjcbcm.com

责任编辑 伍姬颖

封面设计 吴思璐

责任校对 吴颖胤

责任印务 楼浩凯

照　　排 浙江时代出版服务有限公司

印　　刷 浙江海虹彩色印务有限公司

开　　本 880mm × 1230mm 1/32

印　　张 10

字　　数 300 千字

版　　次 2022 年 4 月第 1 版

印　　次 2022 年 4 月第 1 次印刷

书　　号 ISBN 978-7-5540-2204-7

定　　价 68.00 元

目　录

绪 论

一、地质学的近代化与教科书研究

著名地质学家黄汲清曾说，地质学自20世纪以来“是有显著甚至于惊人的进步的”[①]。20世纪20年代初，胡适即撰文高度评价中国地质学的发展：“中国学科学的人，只有地质学者，在中国的科学史上可算得已经有了有价值的贡献。”[②]地质学19世纪成为一门独立的学科，自晚清时期传入中国，在极短的时间内顺利完成了引进、传播、建制化和本土化等过程，并取得国际公认的成绩，是中国近代发展最快、成就最为突出的学科之一。中国通过学习和翻译西方地质学书籍，派遣留学生出国学习，聘请西方地质学家来华教学和考察等方式，逐渐培养了自己的地质学家独立开展本土考察，并建立了地质学专门研究机构和学会。西方地质学在引进和传播过程中，与中国传统地学知识交流融合。一方面，随着中国地质人才的培养及本土考察等实践活动的开展，西方地质学理论不断得到消化和吸收，中国地质学家们利用西方理论，结合中国本土实例，开展地质

① 黄汲清：《三十年来之中国地质学》，《科学》第28卷第6期（1946年），249~264页。

②《努力周报》1922年第12期（7月23日）第1版。

学研究。另一方面，本土考察使得中国独特的地理环境与地质资源不断得到关注，新的研究成果又进一步丰富和完善了西方地质学理论体系。

地质学在中国的引介与发展，是中西科技交流史研究的重要内容，亦是中国地质学史研究较为薄弱的环节。西方地质学在引进的过程中，译著和教科书发挥了重要作用。教科书收录学科较为成熟的理论知识，在知识普及与科学传播方面具有重要作用，并能在一定程度上反映当时的学科水平，对考察近代科学在中国的建立与发展历程具有重要的启示价值，是研究不同时期学科发展的宝贵史料。中国地质学教科书知识体系的变化体现了地质学的传播与发展历程，以及地质学在中国的本土化过程。一方面，地质学的最新理论、研究成果不断编入教科书，改变了地质学教科书的知识结构。另一方面，随着国外留学地质学家的回国及中国地质人才的独立，教科书中亦有了中国地质学家的研究成果。地质学教科书不仅是科学知识的重要载体和传播地质学知识最直接的途径，也是学科发展水平的主要标志之一。但目前学术界对于近代以来出版的地质学教科书还缺乏系统深入的研究。本书以地质学教科书为研究对象，结合时代背景及地质学学科发展史，梳理地质学在近代中国的引介、传播和发展脉络。

晚清地质学传播媒介主要有三种：地学译著、期刊上的地学文章及新式学堂开设的金石类课程。从 1853 年至甲午战前，传教士翻译大量地质学、矿物学书籍，但受译者知识水平、教育背景及传教目的所限，这一时期译著内容庞杂，不仅包括普通地质学、矿物学、地貌、地文等知识，还涉及进化论、化学、物理甚至神学等方面的知识。1877 年益智书会成立，着手教科书编纂工作，不少晚清地质学、矿物学译著被选为教材。早期刊物，如《遐迩贯珍》《六合丛谈》《格致汇编》等，连载地学文章，这些文章大多译自英、美国家中小学教材及科普读物，成为了解早期地质学相关知识的重要来源。此外，外国地质学家来华考察的相关成果也为后来中国学者实地考察提供了线索和资料。

近代教科书出现于甲午战后，是考察地质学传入的重要研究对象。与早期地学译著相比，教科书知识更加系统，受众面更广。中华书局陆费逵曾说过“立国根本在乎教育，教育根本，实在教科书”①，商务印书馆亦认为“立国之本，在于教育，而教育之良否，教科书关系最巨”②。1937 年以前地质学教科书的编写和出版，可根据学制的变化分为几个阶段：1902 年以前主要是外国传教士编译的西学译著，部分译著被选作教科书之用，翻译底本大多来源于英、美国家地质学读物或中小学课本；1902~1922 年几次新学制的施行，为教科书编纂提供了依据，地质学教科书知识来源发生重要变化，主要参考日本教科书编纂而成；1922 年后有了初高两级的中学教科书，自编教科书占据主导地位，职业地质学家和地质学教师也参与编著教科书。

研究早期传教士翻译的地学译著，可了解地质学在华的初期面貌及西方地质学早期的知识体系，部分译著还作为教会学校教材。对近现代地质学教科书的考察，是研究地质学在中国引入、传播甚至本土化过程的重要环节。目前关于近现代地质学史的研究中，对晚清地质学译著整体情况的研究不多，关于地质学知识体系的变化、名词术语标准化过程的研究则更少，即使是在教科书专题研究的著作中，对 20 世纪后出现的大量地质学教科书也未给予充分关注，系统研究则更是缺乏。本书结合中国地质学学科发展史，以地质学译著及教科书为研究对象，同时考察中国近代地质教育，尤其是高等

---

① 陆费逵：《中华书局宣言》，《申报》1912 年 2 月 23 日。

②《编辑共和国小学教科书缘起》，《教育杂志》第 4 卷第 1 期（1912 年），105~120 页。

地质教育的情况，从文本分析入手，通过对地质学译著、教科书的解读，梳理地质学在中国的传播过程，研究地质学知识体系在译著、教科书中的变化与传承，结合地质学在中国的发展情况，考察地质学在华引介、传播和本土化的过程。

二、学术史回顾

1. 近现代地质学史研究

章鸿钊《中国地质学发展小史》[①] 是较早介绍中国地质学史的书籍。章氏回顾了早期外国人在中国考察的历史，几位地质学的先驱人物及其代表著作，以及民国以后地质学的蓬勃发展，着重介绍中国地质学机构，地质学界全国考察的范围及相关出版物。李春昱对民国各地质学机构概况以及近代地质学发展史有简要的回顾[②]。《简明地质学史》《中国地质学简史》《中国地质学学科史》[③] 等地质学史研究著作均对近代地质学发展有相关介绍。此外，王鸿祯、杨静一在《中国大百科全书·地质学卷》开篇写“地质学史”，对早期来华地质学家考察、晚清地质学译著、早期的地质教育及民国以后地质调查机构的建立均有介绍。唐锡仁、杨文衡从西方近代地学传入、来华地质学家探险考察工作或从事教育工作、我国近代地学教育的开展三个方面介绍近代地质学发展情况[④]。另有部分著作介绍

① 章鸿钊著：《中国地质学发展小史》，上海：商务印书馆，1940 年。

② 李春昱著：《中国之地质工作》，南京：行政院新闻局，1947 年。

③ 王子贤、王恒礼著：《简明地质学史》，郑州：河南科学技术出版社，1985 年；王仰之著：《中国地质学简史》，北京：中国科学技术出版社，1994 年；中国地质学会编：《中国地质学学科史》，北京：中国科学技术出版社，2010 年。

④ 唐锡仁、杨文衡主编：《中国科学技术史·地学卷》，北京：科学出版社，2000 年。

鲁迅、邝荣光在地质学上的贡献。杨翠华详细论述了中国地质学在1912~1937年间的发展情况[①]。张九辰较为全面地介绍了近代地质学的发展脉络，并以中央地质调查所为中心，考察近代地质学的发展与社会互动[②]。吴晓从社会史角度考察近代地质学的传入，重点讨论了德国对山东煤矿的掠夺及其对中国地质学发展的影响，指出地质学的发展与矿产控制权息息相关，甚至地质调查所成立之初，亦是以勘探矿产为主要任务[③]。沈德荣以时间为线索，梳理了近代地质学在中国的发展历程，并以此为中心，探讨科学与民族主义的关系[④]。崔云昊则讲述了1640年至1949年间我国矿物学发展情形[⑤]。此外，有关中国科技史及晚清西学东渐的著作中，对中国近代地质学发展情况均有所着墨[⑥]。

诸多论文从不同角度讨论中国近代地质学发展情况。吴凤鸣有关地质学史的数篇论文梳理了近代地质学的发展脉络[⑦]。《中国地质

① Tsui-hua Yang, *Geological Sciences in Republican China, 1912~1937*, Ph. D dissertation, State University of the New York at Buffalo, 1985.

② 张九辰著：《地质学与民国社会（1916~1950）》，济南：山东教育出版社，2005年。

③ Shellen Xiao Wu, *Empires of Coal: Fueling China's Entry into the Modern World Order: 1860~1920*, Stanford: Stanford University Press, 2015.

④ Grace Yen Shen, *Unearthing the Nation: Modern Geology and Nationalism in Republican China*, Chicago: University of Chicago Press, 2013.

⑤ 崔云昊著：《中国近现代矿物学史：1640~1949》，北京：科学出版社，1995年。

⑥ 杜石然、范楚玉、陈美东、金秋鹏、周世德、曹婉如编著：《中国科学技术史稿（修订版）》，北京：北京大学出版社，2012年；董光璧主编：《中国近现代科学技术史》，长沙：湖南教育出版社，1995年；陈美东、杜石然、金秋鹏、范楚玉编著：《简明中国科学技术史话》，北京：中国青年出版社，2009年；熊月之著：《西学东渐与晚清社会（修订版）》，北京：中国人民大学出版社，2010年；谢清果著：《中国近代科技传播史》，北京：科学出版社，2011年；顾长声著：《传教士与近代中国》，上海：上海人民出版社，2013年。

⑦ 吴凤鸣著：《吴凤鸣文集》，北京：大象出版社，2004年；吴凤鸣著：《吴凤鸣文集·第二集》，北京：石油工业出版社，2011年。

事业早期史》[①]收录黄汲清《我国地质科学工作从萌芽阶段到初步开展阶段中名列第一的先驱学者》、于洸《北京大学地质学系早期史考》、孙荣圭《中国地质学的奠基时代》三篇论文，从不同侧面介绍了近代地质学概况。《黄汲清中国地质科学史文选》[②]收录黄汲清关于中国地质学史的数篇论文，中国地质学会地质学史研究会、中国地质大学地质学史研究所合编《地质学史论丛》汇集多篇文章[③]，这些文章或从地质教育，或从外国地质学家在华的考察活动，或从地质学学科史角度切入，从不同侧面反映了地质学在中国的传播、发展状况。王鸿祯、叶晓青、刘爱玲、周其厚、张大正、杨静一等人则从社会史、文化史等角度考察了近代地质学传入情况及其对当时社会的影响[④]。

---

① 王鸿祯主编：《中国地质事业早期史》，北京：北京大学出版社，1990年。

② 任纪舜主编：《黄汲清中国地质科学史文选》，北京：科学出版社，2014年。

③ 王国方：《清末民初我国地质教育之萌芽》，见中国地质学会地质学史委员会编：《地质学史论丛（一）》，北京：地质出版社，1986年，71~74页；陶世龙：《中国地质事业之开端》，见中国地质学会地质学史委员会编：《地质学史论丛（二）》，北京：地质出版社，1989年，5~8页；陶世龙：《从庞培烈到维理士》，见中国地质学会地质学史委员会编：《地质学史论丛（三）》，武汉：中国地质大学出版社，1995年，15~21页；周其厚、刘亚民：《洋务派与中国近代矿业的兴起》，见中国地质学会地质学史委员会编：《地质学史论丛（三）》，武汉：中国地质大学出版社，1995年，195~199页；陶世龙：《地质科学知识的普及与中国社会的进步》，见中国地质学会地质学史委员会编：《地质学史论丛（四）》，北京：地质出版社，2002年，354~360页。

④ 叶晓青：《近代西方科技的引进及其影响》，《历史研究》1982年第1期，3~72页；叶晓青：《西学输入和中国传统文化》，《历史研究》1983年第1期，7~25页；王鸿祯：《中国地质学发展简史》，《地球科学——中国地质大学学报》第17卷（1992年，增刊），11页；周其厚：《论晚清西方地质学的输入及影响》，《齐鲁学刊》2003年第2期，21~24页；刘爱玲、李强：《晚清社会变迁与近代地质学在中国的传播特征》，《科学技术与辩证法》第23卷第6期（2006年），12页；Dazheng Zhang, Paul Carroll, “A History of Geology and Geological Education in China (to 1949)”, *Earth Sciences History*, Vol. 7, No.1, 1988, pp. 27~32；Wang Hongzhen, Yang Guangrong, Yang Jingyi, *Interchange of Geoscience Ideas Between the East and the West*, Wuhan: China University of Geosciences Press, 1991。

2. 地质学译著研究

艾素珍列举了1871年至1911年40年间出版的地质学、矿物学译著65种，并简要分析了这些译著的特点①。张九辰考察多种近代地学译著，探讨地学学科名称的演变②。吴凤鸣、崔云昊、潘云唐介绍了近代名气较大的地质学、矿物学译著③。陈志勇、钱存训则从社会史角度探讨晚清间译著对中国的影响，为本书研究提供了更为广阔的视角④。

晚清地质学译著中，目前研究最早、成果最多的为地学名著《地学浅释》。叶晓青早在20世纪80年代即关注《地学浅释》⑤，但因研究年代较早，受史料等多方面限制，有些结论（尤其是关于《地学浅释》成书年代的讨论）存在谬误。其他数篇讨论《地学浅释》作者、译者、年代、版本、底本及翻译状况的文章⑥，从不同方面补

---

① 艾素珍:《清代出版的地质学译著及特点》,《中国科技史料》第19卷第1期(1998年), 11~26页。

② 张九辰:《中国近代地学主要学科名称的形成与演化初探》,《中国科技史料》第22卷第1期(2001年), 26~37页。

③ 吴凤鸣:《明清两代几本地质译著简评》,《自然辩证法研究》1985年第4期, 67~69页; 崔云昊、潘云唐:《中国矿物学翻译史略》, 见中国地质学会地质学史研究会编:《地质学史论丛(二)》, 北京: 地质出版社, 1989年, 92~98页。

④ 钱存训著, 戴文伯译:《近世译书对中国现代化的影响》,《文献》1986年第2期, 176~205页; 陈志勇:《译书与中国近代化》,《国学》2010年第3期, 26~29页。

⑤ 叶晓青:《中国最早谈化石的科学译著》,《化石》1982年第3期, 24~25页; 叶晓青:《早于〈天演论〉的进化观念》,《湘潭大学社会科学学报》1982年第1期, 100~103页; 叶晓青:《赖尔的〈地质学原理〉和戊戌维新》,《中国科技史料》1981年第4期, 78~81页。

⑥ 王仰之:《关于〈地学浅释〉和〈金石识别〉两书介绍中所存在的几个问题》,《地质评论》第26卷第6期(1980年), 551~552页; 李鄂荣:《关于〈地学浅释〉的几个问题》, 见中国地质学会地质学史委员会编:《地质学史论丛(一)》, 北京: 地质出版社, 1986年, 80~89页; 吴凤鸣:《一部西方译著的魅力——〈地学浅释〉在晚清维新变法中的影响》,《国土资源》2007年第9期, 55~59页; 聂馥玲、郭世荣:《〈地质学原理〉的演变与〈地学浅释〉》,《内蒙古师范大学学报(自

充了这部地学名著的相关线索。相比于《地学浅释》，有关其他地质学译著的研究则显得逊色许多，仅有少数文章谈及《地理全志》①，鲁迅的《中国地质略论》②及晚清时期出现的地质学、矿物学教科书③。此外，在有关傅兰雅④、艾约瑟⑤等人的专题研究中，对其翻译的地质学、矿物学著作稍有着墨。

目前有关晚清地质学译著整体状况研究的专著不多。邹振环详细讨论了晚清地理学译著在中国的传播情况，但作者关注点在地理学，于地质学译著，尤其是20世纪初出现的地质学教科书讨论较少⑥；郭双林介绍部分地质学译著，侧重从思想文化角度考察地理学对社

然科学汉文版）》第41卷第3期（2012年），307~313页；孙晓菲、聂馥玲：《〈地学浅释〉增设子目录的方法及来源》，《中国科技史杂志》第36卷第4期（2015年），413~423页；Shellen Xiao Wu, *Empires of Coal: Fueling China's Entry into the Modern World Order: 1860~1920*, Stanford: Stanford University Press, 2015。

① 李鄂荣：《"地质"一词何时出现于我国文献》，见中国地质学会地质学史委员会编：《地质学史论丛（一）》，北京：地质出版社，1986年，100~108页；邹振环：《慕维廉与中文版西方地理学百科全书〈地理全志〉》，《复旦学报（社会科学版）》2000年第3期，51~59页；杨丽娟：《慕维廉〈地理全志〉与西方地质学在中国的早期传播》，《自然科学史研究》第35卷第1期（2016年），48~60页。

② 吴凤鸣：《介绍鲁迅的三篇地质学论著》，见中国地质学会地质学史委员会编：《地质学史论丛（一）》，北京：地质出版社，1986年，94~99页。

③ 夏湘蓉：《麦美德及其所著中文本地质学》，《中国地质》1991年第4期，31页；王仰之：《我国最早的几种地质学教科书》，《中国地质》1991年第9期，29页。

④Adrian A. Bennett, *John Fryer: The Introduction of Western Science and Technology into Nineteenth-Century China*, Cambridge: Harvard University Press, 1967; 王扬宗著:《傅兰雅与近代中国的科学启蒙》，北京：科学出版社，2000年；（美）戴吉礼（Ferdinand Dagenais）编：《傅兰雅档案》，桂林：广西师范大学出版社，2010年。

⑤ 邓亮著：《艾约瑟在华科学活动研究》，中国科学院自然科学史研究所硕士学位论文，2002年。

⑥ 邹振环著:《晚清地理学在中国——以1815至1911年西方地理学译著的传播与影响为中心》，上海：上海古籍出版社，2000年。

会的影响[①]；邹振环《影响中国近代社会的一百种译作》[②]给予《地学浅释》较高评价，而其关于西学译著的专题论文收录于《疏通知译史》[③]。此外，在有关中国科技史、中国地质学史及西学东渐的专著中，对地质学译著亦有提及。

3. 地质学教科书研究

早在民国时期即有探讨教材与教学方法改革的数本教科书研究专著[④]。王建军以教科书近代化为主线，梳理清末民初教科书的发展历程，是较早研究近代教科书的专著[⑤]。毕苑从社会史和文化史角度考察近代教科书[⑥]。石鸥、吴小鸥以时间为线索系统介绍了近代教科书的出版、变迁情况[⑦]。石鸥论述了不同阶段教科书的出版特点，并对重要教科书有专门介绍[⑧]。汪家熔详细考察了近代教科书发展历史及各类教科书，重点讨论商务印书馆在出版教科书方面的重要作用[⑨]。关晓红讨论了晚清学部的建立、教科书的编写及学部对教科书发展的影响[⑩]。此外，尚有数部研究出版史或出版机构的专著，有相

---

① 郭双林著：《西潮激荡下的晚清地理学》，北京：北京大学出版社，2000 年。

② 邹振环著：《影响中国近代社会的一百种译作》，北京：中国对外翻译出版公司，1994 年。

③ 邹振环著：《疏通知译史》，上海：上海人民出版社，2012 年。

④ 周予同等著，教育杂志社编：《教材之研究》，上海：商务印书馆，1925 年；吴研因、吴增芥编：《小学教材研究》，上海：商务印书馆，1933 年。

⑤ 王建军著：《中国近代教科书发展研究》，广州：广东教育出版社，1996 年。

⑥ 毕苑著：《建造常识：教科书与近代中国文化转型》，福州：福建教育出版社，2010 年。

⑦ 石鸥、吴小鸥编著：《百年中国教科书图说》，长沙：湖南教育出版社，2009 年；石鸥著：《百年中国教科书论》，长沙：湖南师范大学出版社，2013 年。

⑧ 石鸥著：《民国中小学教科书研究》，长沙：湖南教育出版社，2018 年。

⑨ 汪家熔著：《民族魂——教科书变迁》，北京：商务印书馆，2008 年。

⑩ 关晓红著：《晚清学部研究》，广州：广东教育出版社，2000 年。

当篇幅介绍教科书[1]。

学位论文方面，毕苑梳理了中国近代教科书的发展过程，同时探讨了教科书的编审制度，教科书发展与中国近代社会变迁的关系[2]。吴小鸥探讨了清末民初教科书在由传统向近代转变过程中的作用，指出教科书不但是知识传播的工具，还是思想启蒙的利器，教科书在科学理性、民主政治、现代伦理精神、商品经济、文明生活等方面均具有启蒙作用[3]。王善昌梳理了近代中小学教科书编审制度发展的历史沿革，并探讨了近代教科书编审制度的形成原因、基本要素、实施效果等[4]。除此之外，研究近代教育史、出版史、科学传播[5]的专著有相关章节述及近代教科书的编审、出版等情况，石鸥团队亦有数篇期刊文章研究近代教科书。

总体而言，目前缺乏地质学教科书的整体考察及相关研究，即使在对教科书作专题研究的著作中，对于地质学教科书亦讨论较少，而关于近代刊物中刊载的地质学知识的研究，则更加缺乏。

---

① 蔡元培、蒋维乔、庄俞等著：《商务印书馆九十年——我和商务印书馆（1897~1987）》，北京：商务印书馆，1987年；高崧编选：《商务印书馆九十五年——我和商务印书馆（1897~1992）》，北京：商务印书馆，1992年；商务印书馆编：《商务印书馆一百年（1897~1997）》，北京：商务印书馆，1998年；（法）戴仁著，李桐实译：《上海商务印书馆：1897~1947》，北京：商务印书馆，2000年；李家驹著：《商务印书馆与近代知识文化的传播》，北京：商务印书馆，2005年；中华书局编辑部编著：《我与中华书局》，北京：中华书局，2002年；俞筱尧、刘彦捷编：《陆费逵与中华书局》，北京：中华书局，2002年。

② 毕苑著：《近代教科书研究》，北京师范大学博士学位论文，2004年。

③ 吴小鸥著：《清末民初教科书的启蒙诉求》，湖南师范大学博士学位论文，2009年。

④ 王善昌著：《中国近代中小学教科书编审制度研究》，湖南师范大学博士学位论文，2011年。

⑤ 熊明安著：《中华民国教育史》，重庆：重庆出版社，1990年；李华兴主编：《民国教育史》，上海：上海教育出版社，1997年；毛礼锐、沈灌群主编：《中国教育通史》，济南：山东教育出版社，2005年。

三、本书研究框架

近代地质学自19世纪独立而出自成体系，发展日渐成熟，伴随晚清西学东渐传入中国。传教士所办近代刊物，晚清地质学、矿物学译著均是早期传播地质学知识的重要途径，部分译著还被选为学堂用书。1902年，《钦定学堂章程》颁布，1905年科举制度废除，各类新式学堂出现，依学制而编的各类地质学、矿物学教科书相继出版，成为知识传播的重要媒介。民国以后，地质学逐步发展并实现建制化，地质调查所的成立、专门期刊的创办和地质调查专员的培养，为地质学在中国的发展奠定了坚实基础。1922年，民国政府颁布"壬戌学制"，仿照美国学制，教科书知识体系也相应发生变化。中国地质事业的发展以及大规模地质调查的开展，使本土考察成果得以编入教科书，教科书编写方式由翻译逐渐改为编译，职业地质学家亦参与教科书的编写工作。随着中国地质教育的发展及教材的大量出版，教科书知识内容及教授方法开始受到反思，中学地质学、矿物学课程教授内容、教材选择、课程安排等问题亦颇受关注。

地质学教科书的发展，主要受两个方面的影响，即学制的变革或教育政策的变化，以及中国地质学的发展。前者是教科书编写的重要依据，后者则是地质学教科书本土化的知识保障。故本书除讨论教育改革对教科书发展变化的影响外，还将教科书发展置于整个学科发展史背景下讨论。地质学是中国近代发展较早的学科，民国初年即完成建制化，聚集了国内外优秀的研究学者。地质调查所的成立和本土考察人才的培养，使中国人在本土独立开展地质调查成为可能。当本土考察成果编入地质学教材时，教科书的知识体系随之改变，并由单纯的翻译自他国教材逐步过渡到适应中国学校教育之需求，完成了地质学从翻译引进到探索创新的过程，书中名词、术语也得到统一。

本书以近代地质学、矿物学译著及教科书为研究对象，梳理近代教科书出版概况，考察教科书知识体系的变化，结合社会史、教育史、学科发展史，考察地质学传播脉络，并探讨教科书与名词统一、地质教育之关系。时段则以1853年首部介绍西方地质学知识的译著《地理全志》出版为始，至1937年全面抗战爆发为终，重点研究进入20世纪后出版的地质学教科书。矿物学原属于地质学的一个分支学科，本书既以地质学译著和教科书为研究对象，矿物学相关书籍自然包括其中。晚清时期在采矿以富国强兵的愿望驱使下，中国学人翻译出版了大量矿物学译著，民国时期学校教育偏重实用，出版的矿物学教科书所占比例极大，故本书亦有相当篇幅讨论矿物学译著、教科书。全书以时间为序，考察各阶段地质学的发展及教科书内容特点，共五章。

第一章介绍早期地质学在华传播情况。以晚清西学东渐为背景考察近代地质学的传入，论述地学、矿物学译著出版概况以及《遐迩贯珍》《六合丛谈》《格致汇编》等刊物中的地学知识，部分地质学、矿物学译著作为路矿学堂教材，在清末有一定影响。益智书会选定发行教科书近百种，包括介绍地学知识的艾约瑟“西学启蒙”十六种及傅兰雅《格致图说》《格致须知》丛书。因彼时西方地质学处于发展阶段，学科精细化程度不高，在晚清的西学译著中，地质学、地理学等学科研究范畴界限并不十分清晰，晚清多以“地学”表示地质学，部分地理学译著亦包括地质学知识，故此章节中亦用“地学”统称晚清地质学相关译著。

第二章论述1902~1911年地质学、矿物学教科书的特点和影响。讨论晚清中小学、大学堂地质学和矿物学教育情况，介绍教科书出现的社会背景及晚清地质学、矿物学教育情况，梳理清末出版的主要地质学、矿物学教科书，将地质学教科书与晚清地学译著作比较，同时分析汉译日文教科书及译自英美国家教科书的异同，并探讨这些书籍的主要特点、知识来源、评价及影响。这一时期教科书多译自日文，编译者多有留日背景，受过科学训练，教材内容差别不大，书中名词、术语也相对统一，与晚清译著知识体系差别较大，部分书籍直至民国年间仍多次再版，影响深远。

第三章讨论民国初年学制改革及地质学、矿物学教科书出版情况，介绍地质调查所成立始末及在此时创办的地质刊物，论述地质研究所对专门调查人员的培养及我国高等地质教育的发展，强调地质学建制化对教科书的影响，并分析此时出版的重要矿物学教科书及其影响。地质调查所、地质研究所的成立及系列地质刊物的创办，高等地质教育的发展和地质人才的培养，推动了本土地质考察的开展，当新的考察成果被编入教材后，教科书的知识体系逐渐改变。

第四章分析“壬戌学制”颁布实施情况及美式教育对中国的影响，梳理这一时期中国地质学发展及地质学、矿物学教科书出版概况，并以谢家荣所编中学教科书《地质学》为例，探讨职业地质学家编撰教科书的特点。这一时期教材以自编为主，体例多仿美式教材，编撰者包括中学教师、地质调查部门从业人员以及职业地质学家，他们结合教学经验和考察成果编写教材，书中科学部分较为准确，且案例和材料多以本国为主。

第五章探讨清末至全面抗战前三十余年间地质学、矿物学教科书知识体系的变化，包括本土考察知识与最新研究成果在地质学教科书中的体现及地质学、矿物学实验课程的开展。通过分析当时学者、中学教师等群体对中国地质教育的相关讨论，进一步探讨地质学在中国的传播过程。说明地质学家和中学教师不仅反思现有教材的诸多不合理之处，提出改良建议，还试图探索适合中学地质学、矿物学课程的教授方法，进一步推进中国地质知识的普及。本章还总结了地质学名词术语统一过程，晚清传教士翻译地质学名词多以音译为主，译名繁杂，益智书会曾尝试统一科技术语，但收效甚微。

清末民初，译著受日本影响较大。民国初年确定了名词翻译的方向，沿用日译名词，并谨慎创造新词，通过权威专家审定、教育部参与核定等方式，基本实现了名词统一；相关辞典的出版，更使得教科书名词翻译有据可依。

第一章　晚清西学东渐与地质学的早期传播

近代地质学自19世纪独立而出自成体系，发展日渐成熟，伴随晚清西学东渐传入中国。鸦片战争至辛亥革命前的半个多世纪，是地质学在中国的萌芽时期，地质学通过多种途径传入中国。早期报刊（如《遐迩贯珍》《六合丛谈》《格致汇编》等）刊载文章介绍地质学知识，洋务运动中开办的路矿学堂及向国外派遣的学习地质与矿物的留学生，也在一定程度上促进了地质学的发展。此外，晚清时期中国翻译出版大量地质学相关译著，是传播地质学知识最直接、最集中的途径。本章介绍晚清西学东渐大背景下近代地质学传入中国的情况，梳理重要地质学、矿物学译著出版概况及近代刊物中的地质学知识，探讨重要译著的知识来源与影响，分析与比较传入的地质学知识，并介绍益智书会与部分早期地质学教科书，讨论地质学传入与晚清时代背景之关系。

第一节　西学译书与地质学引介

19世纪被誉为地质学发展的黄金年代，域外探险与考察极大地促进了地球科学的发展，几次论战奠定了学科发展的理论基础[①]，地

① James Secord 在其 *Controversy in Victorian Geology: The Cambrian-Silurian Dispute*（Princeton,

史学被确定为地质学基础学科，各国地质考察纷纷兴起，地质学会相继成立。1830 年，标志着近代地质学进入新时代的赖尔（晚清译作雷侠儿）（Charles Lyell, 1797~1875）[①]《地质学原理》（*Principle of Geology*）第一卷出版。此后，随着大学地质课程的开设和考察成果的积累，有关地层学、岩石学、古生物学等分支学科的专著相继问世，研究硕果累累，地质学渐成体系，发展日渐成熟。[②]鸦片战争后，

1986）一书中使用大量信件、日记与野外考察笔记，以整体视角分析维多利亚时代关于寒武纪和志留纪界限划分的争论，讲述这场论战如何得到同时代诸多地质学家、植物学家、动物学家的持续关注，并影响他们的职业生涯；Archibald Geikie 在 *The Founders of Geology*（London, 1905）中介绍了著名的火成论 — 水成论之争。

① 有关赖尔的研究颇丰，除大量研究论文外，相关传记主要有两本：T. G. Bonney, *Charles Lyell and Modern Geology*（New York, 1895）和 L. G. Wilson, *Charles Lyell, the Years to 1841: The Revolution in Geology*（New Haven, 1972）。两书从不同角度再现了这位地质学巨匠的传奇一生。前者较为完整地讲述了赖尔一生的经历，后者则以 1841 年赖尔定居美国为时间节点，探讨赖尔在英国时代从业余地质学家到地质学奠基人的成长之路，并特别论及其与达尔文（Charles Robert Darwin, 1809~1882）的交往。

② 有关世界地质学史的研究成果颇丰。Frank Adams 在通史著作 *The Birth and Development of the Geological Sciences*（New York, 1954）考察人类认识地质科学的历史，包括希腊早期至 19 世纪初期矿物学史、古典时期的地质科学及中世纪宇宙观念；Zittel 的 *History of Geology and Palaeontology to the End of the Nineteenth Century*（London, 1901）一书中收录了许多欧洲大陆地质学家的成就；Mott Greene 在 *Geology in the Nineteenth Century-Changing Views of a Changing World*（New York, 1982）一书中概述了 19 世纪地质学的发展，尤其侧重于构造地质学、造山运动等理论的演变与完善；Rachel Laudan 的 *From Mineralogy to Geology: the Foundations of a Science, 1650~1830*（Chicago and London, 1987）论述了从 17 世纪末至 19 世纪赖尔《地质学原理》出版之间，地质学从矿物学中分离而出，独立成为一门学科的过程；Roy Porter 和 Simon Knell 分别在 *The Making of Geology: Earth Science in Britain, 1660~1815*（Cambridge, 1977）及 *The Culture of English Geology, 1815~1851*（Aldershot, 2000）两部专著中从社会史与文化史角度研究了英国早期地质学的发展，后者还强调了收集标本的重要性。中文方面，1934 年出版的叶良辅《地质学小史》（见《中国地质学史二种》，上海：上海书店出版社，2011 年）是较早介绍世界地质学史的著作；（澳）奥尔德罗伊德著、杨静一译《地球探赜索隐录：地质学思想史》（上海：上海科技教育出版社，2006 年）从思想史角度讲述人类探索地球奥秘的漫长历史；王子贤、王恒礼著《简明地质学史》（郑州：河南科学技术出版社，1985 年），章鸿

西方科学再次传入中国，伴随着晚清西学东渐，近代地质学传入中国。

1. 近代地质学发展与传入

人类早在远古时代即对自己生活的世界有各种猜想，在和自然交往过程中对地球万物有了初步的了解，地理大发现及工业革命极大扩展了人们对地球的认识，但直到 19 世纪，经过以魏纳（Abraham Gottlob Werner, 1749~1817）与赫顿（James Hutton, 1726~1797）为代表的“水火之争”，居维叶（Georges Cuiver, 1769~1832）与赖尔关于灾变论与渐变论的论战，地质学的科学研究方法得以确立，相关学说得以系统化，加之地质学研究队伍的成长与壮大，研究机构的成立及调查事业的开展，地质学学科体系日渐成熟。

赖尔《地质学原理》（*Principle of Geology*）的出版是地质学史上的大事，标志着地质学的独立。《地质学原理》共三卷，第一卷于 1830 年发表，后两卷分别于 1832 年、1833 年发表。内容涉及地质学研究的内容、地质学发展简史、岩石的相关知识、火山与地震的成因、物种变迁以及进化论的知识。《地质学原理》的出版，不仅确立了地质科学的研究内容与研究方法，还促进了矿物学、岩石学、地层学、古生物学等分支学科发展，而且为生物进化论开辟了前景。1838 年，《地质学纲要》（*Elements of Geology*）（《地质学原理》第 4 版第 4 篇）出版，此书第 6 版 1871 年由江南制造局翻译出版，中文名为《地学浅释》，赖尔理论得以传入中国。

各国地质学会与研究机构于 19 世纪相继成立。1807 年，伦敦地质学会（Geological Society of London）成立；1830 年，法国地质学会成立；1835 年，英国地质调查所成立；1848 年，德国地质学会成立；

钊 1940 年出版的《中国地质学发展小史》（见《中国地质学史二种》，上海：上海书店出版社，2011 年）及吴凤鸣的《世界地质学史》（长春：吉林教育出版社，1996 年）也从不同角度阐述地质学史发展历程。

1878 年，国际地质学大会召开。学会的成立为地质学成果的发表与交流提供了平台，促进了地质学研究的专业化，并为大规模地质调查提供了条件。各大学亦开始重视地质人才的培养，牛津大学于 1805 年开设地质学课程，并于 1819 年设立地质讲座。地质学各分支学科研究硕果亦相继问世。阿加西（Louis Agassiz, 1807~1873）对冰川研究取得丰硕成果。史密斯（William Smith, 1769~1839）等人的工作，将生物演化和地层统一相结合，奠定了生物地层学的基础。岩石学与岩相学、地震研究、地貌学及其成因、海洋地质学、构造地质知识也得到相应发展。矿物学方面的代表著作之一——代那（James Dwight Dana, 1813~1895）的《矿物学系统》（*System of Mineralogy*）——于 1837 年出版。代那为美国耶鲁大学自然历史教授，后为矿物学及地质学教授，他的另一部名著《地质学手册》（*Manual of Geology*）出版于 1863 年①。

中国古代虽有典籍刊载地震、火山、化石、海陆变迁等地质现象②，但近代地质学则是从西方传入的，对西方实业的学习、采矿以富国强兵的愿望是这门新科学传入的主要动力。鸦片战争后，新教传教士来华，或创办报刊，或翻译新书，或开办学校，一定程度上促进了地质学的传入。晚清的报纸杂志，如《遐迩贯珍》《六合丛谈》《格致汇编》等刊物上均刊载专文介绍近代地质学知识。相关地学译著亦相继出版。英国伦敦会（London Missionary Society）传教士慕维廉（William Muirhead, 1822~1900）编写的《地理全志》（墨海书馆，1853~1854）首次使用“地质”一词，雷侠儿的《地学浅释》（江

---

① 代那的著作在中国有一定的影响。江南制造局于 1871 年刊印的《金石识别》即以《矿物学手册》为底本，美国女传教士麦美德 1911 年出版的《地质学》也参考了代那的著作。

② 有关记载中国地质现象的典籍整理，参见王嘉荫编：《中国地质史料》，北京：科学出版社，1963 年；李仲均、王恒礼、石宝珩、王子贤编著：《中国古代地学书录》，武汉：中国地质大学出版社，1997 年。

南制造局，1871），艾约瑟（Joseph Edkins, 1823~1905）“西学启蒙”系列丛书中的《地学启蒙》《地理质学启蒙》，傅兰雅（John Fryer, 1839~1928）《格致须知》《格致图说》丛书，益智书会编译《地学指略》（1881）、《地理初桄》（1897）等书籍，也是介绍近代地质学的重要译著。这些译著是早期中国人了解地质学最主要的途径。

洋务运动希冀富国强兵，积极引进学习西方实业，与工业密切相关的矿业自然备受关注。中国开办路矿学堂，开设矿物学课程，派遣留学生到国外学习地质，多方面促进了地质学在中国的发展。1868 年江南制造局翻译馆成立，傅兰雅受聘为翻译人员，30 年间江南制造局翻译出版地学、矿物书籍多种，其中便有影响颇大的《金石识别》《宝藏兴焉》等矿物学译著。

门户开放为外国地质学家来华进行地质考察提供了便利[①]。1863 年，美国著名地质学家庞佩利（Raphael Pumpelly, 1837~1923）来华，作为首位在中国进行地质考察的外国地质学家，他 3 月到达上海，先赴长江流域进行考察，入秋后到北京西山、张家口等地南部，并提出“震旦系”的概念。随后两年，他横穿西伯利亚，经圣彼得堡、巴黎、伦敦，后返回美国，结束了三年的环球旅行，考察成果以 *Geological Researches in China, Mongolia, and Japan during the Years 1862~1865* 为题发表。[②]1868~1872 年，德国地理学家、地质学家李希霍芬（Ferdinand Freiherr von Richthofen, 1833~1905）应上海西商会之邀，先后七次到华考察，足迹遍布东北、华北等地十八省，留下宝贵的考察资料——五卷本长篇巨著《中国：亲身旅行和

---

① 有关晚清各国来华地质学家的介绍，参见吴凤鸣：《1840 至 1911 年外国地质学家在华调查与研究工作》，《中国科技史料》第 13 卷第 1 期（1992 年），37~51 页。

② 有关庞佩利在华考察行程、成果及来华地质考察的历史意义，参见杨静一：《庞佩利与近代地质学在中国的传入》，《中国科技史料》第 17 卷第 3 期（1996 年），18~27 页；丁宏：《庞佩利与中国近代黄土地质学》，《自然科学史研究》第 38 卷第 2 期（2019 年），200~214 页。

据此所作研究的成果》（*China, Ergebnisse Eigener Reisen und darauf Gegrundeter Studien*）。1903~1904 年，美国地质学家维理士（Bailey Willis, 1857~1949）与白卫德（Eliot Blackwelder, 1880~1969）受卡内基研究所（Carnegie Institute）之托前往中国调查地质，归国后完成《在中国之研究》（*Research in China*，1907~1908）三卷[①]。这些考察成果成为后来中国地质工作者野外考察的宝贵参考资料。1916 年，章鸿钊、翁文灏在地质研究所学生野外考察报告的基础上编写的《地质研究所师弟修业记》出版，书中即对外国地质学家在华考察成果有诸多参考借鉴之处。

地质学因与采矿、冶金、农林关系密切，渐为国人重视，清末即有学生赴日学习地质相关专业。高等地质教育也在此时进行首次尝试。1909 年，京师大学堂格致科设地质学门，聘德国人梭尔格（Friedrich Solgar, 1877~1965）[②]为教员，共招收王烈等 5 名学生。1911 年，留日归国的章鸿钊曾执教于京师大学堂农科，并为农科学堂学生编写教材[③]。遗憾的是，由于学生人数太少，地质学门仅开办一届即暂停招生。

甲午海战后，中国开始以日本为师，地质学传入情况亦发生重要变化，留日归国的学生成为编译地质学书籍的主力，地学译著内容也主要参考日文书籍。清末新政，清政府颁布学堂章程，促进了教科书的出版与传播。不同于早期的地学译著，教科书系统性强，结构清晰，内容准确度高，并附有相关地质考察图片，拥有更广泛

① 有关维理士等人在华考察工作，参见陈明、韩琦：《维理士对中国地质的研究及其影响》，《自然科学史研究》第 35 卷第 2 期（2016 年），213~226 页；陈明：《维理士对中国地质的研究及其影响》（指导教师：韩琦），中国科学院大学硕士学位论文，2016 年。

② 有关梭尔格生平活动，参见 Shellen Xiao Wu, *Empires of Coal: Fueling China's Entry into the Modern World Order: 1860~1920*, Stanford: Stanford University Press, 2015。

③ 章鸿钊著：《六六自述》，武汉：地质学院出版社，1987 年，25~29 页。

的读者群体，传播性更强。有关教科书的详细内容将于本书其他章节详细讨论，本节重点介绍由传教士翻译的重要地学、矿物学译著及通过译著传入的地质学知识。

2. 地学、矿物学译著出版

19 世纪后期，大量地质学译著出版，据统计，自 1853 年至清末，半个多世纪翻译出版的西方地学译著或地质学教科书有六七十种[①]。这些书籍内容简短，尚缺乏系统的知识体系，“地质学”学科概念并不清晰（彼时地质、地理等学科界限尚未明确，地质学知识与其他地球科学知识一起，统称“地学”），还有不少科学错误，但确是早期传播知识的主要媒介，为彼时中国带来了近代地质学知识，部分译著还被选为路矿学堂教材，在清末有一定影响。

1853 年，英国伦敦会传教士慕维廉[②]编著的《地理全志》由墨海书馆出版，是为最早介绍西方地质学的译著。全书分上下两编，上编出版于 1853 年，体例借鉴徐继畬《瀛寰志略》[③]及玛吉士《新

---

① 艾素珍:《清代出版的地质学译著及其特点》,《中国科技史料》第 19 卷第 1 期(1998 年), 11~25 页。

② 慕维廉（1822~1900），1822 年 3 月 7 日生于苏格兰，幼时学习法律，后前往中国传教，于 1847 年 8 月 26 日与伟烈亚力同船抵达上海，1900 年 10 月 3 日于上海去世，在华 53 年。慕维廉著述颇丰，比较重要的有《地理全志》《大英国志》（墨海书馆，1856）及译自培根《新工具》的《格致新机》（1888）等。其于 1868 年创办《教会新报》，任主要撰稿人。有关慕维廉生平及来华活动，可参看 John Griffith, “In Memoriam. The Rev. William Muirhead, D. D. ”, *The Chinese Recorder and Missionary Journal*, Vol. 32, No.1 (1901), pp. 1~9。

③《瀛寰志略》，道光二十八年（1848）初刻，同治丙寅（1866）重订，系徐继畬“抚绥之暇，每咨访其形势，得所谓地球图，并泰西人所绘各国地图，暨东南海岛诸国山川、风土、物产、习尚，与夫古今沿革变迁之故，了如指掌，又考订古籍，著之为说”（鹿泽长序）。全书共十卷，讲述“各国之沿革、建置，与夫道里、风俗、人情、物产”（陈庆偕跋）。卷一至卷三介绍亚西亚各国，卷四至卷七介绍欧罗巴各国，卷八介绍阿非利加各国，卷九、卷十讲述亚墨利加各国。《地理全志》上编五卷体例与此十分相似。

释地理备考》[①]，并参考米尔纳（Thomas Milner, 1808~约1883）《通用地理学》（*Universal Geography*）。下编刊于1854年秋，译自米尔纳《自然地理图集》（*The Atlas of Physical Geography*, 1850），里德（Hugo Reid, 1811~1852）《自然地理基础》（*Elements of Physical Geography*, 1850）以及维多利亚时代"科学皇后"萨默维尔（Mary Somerville, 1780~1872）之《自然地理学》（*Physical Geography*, 1851）。[②] 书中首次使用"地质"一词，认为地理包括文、质、政三家："夫地理者，乃地之理也。察地理之士，分文、质、政三等。其文者，指地形广大旋动，及其居于空际之位，与日月星辰为比较，并其所运昼夜四季之故，与所画之圆线，推明此理。其质者，有内有外，内则指地内之形质，或至广磐石，或至细沙泥，所有之层累，及其载生物草木之遗迹，而墝壤海底，常有变迁；外则指地面之形势，如水土支派长延，或州岛，或山谷，或高原，或旷野，或河湖，与海洋天气之性质流动，各处之燥湿雷电噏铁之气，以及人民生物草木之种类。其政者，指地分为州国省府县城，以至户口、教门、朝纲、史册、风俗、技艺、土产。此三者，固地理之志也，夫文也、质也、政也，人皆当次第参究，而政犹为纲领，学者宜熟思之，故宜先推

---

①《新释地理备考》，葡萄牙人玛吉士于1847年辑译成书，扉页印书名《外国地理备考》，收录于《海山仙馆丛书》。玛吉士认为地理为"地之理也，盖讲释天下各国之地式、山川、河海之名目。分为文、质、政三等。其文者则以南北二极、南北二带、南圜北圜二线、平行上午二线、赤寒温热四道、直经横纬各度指示于人也。其质者，则以江湖、河海、山川、田土、洲岛、湾峡、内外各洋指示于人也。其政者，则以各邦各国省府、州县、村镇、乡里政事制度、丁口数目、其君何爵，所奉何教指示于人也。此三者，地球之纲领也，不可缺其一焉"（卷1，1页）。慕维廉将地理分文、质、政三等，很可能受玛吉士影响。但《地理全志》中所谈之"质"，则明显不同于《新释地理备考》。

② 伟烈亚力《来华新教传教士及其著作》（*Memorials of Protestant Missionaries to the Chinese: Giving a List of Their Publications, and Obituary Notices of the Deceased*）一书虽然说明了《地理全志》下编的知识来源，但经作者比对，部分底本书名存在错误。

详其论，而后质与文可递讲也。”[①]

该书上编分述地球五大洲情势，包括地理位置、山川形势、风土人情、人口朝纲等。下编共十卷，内容丰富，除地质学知识外，还涉及自然科学的其他门类，同时介绍了开普勒三定律、牛顿三棱镜分光实验、54 种化学元素[②]，以及世界历史等，趣味性颇强。邹振环评价其为“第一部中文版的西方地理学百科全书”[③]。《地理全志》中的地质学内容主要位于下编卷一“地质论”，共六部分：“地质志”明确文内所讲地学知识范围，“今以质论，专指地内磐石形体位置，其中有飞潜动植之迹，陆海古今变迁，地面水土、枝干绵广，洋海流行，气化异象，暨人民生物草木之种类”[④]；“地质略论”比较中西世人对地球不同认识；“磐石陆海变迁论”说明因地表受水、风、空气等物理或化学作用，时刻变化；“磐石形质原始论”介绍岩石种类及各类岩石成因；“磐石方位载物论”讲述地层学、地史学、古生物学等知识；“地宝脉络论”则涉及常用金属及矿物产地、分布等。

《地理全志》出版后不久即传到日本，北京大学图书馆藏有日本 1859 年的爽快楼版《地理全志》，内印有“安政己未榴夏新刊，英国慕维廉著，地理全志，全五册，爽快楼藏版”字样，内容体例

---

①《地理总志》，慕维廉著：《地理全志》，上海：墨海书馆，1853~1854 年。1853 年版本《地理全志》由业师韩琦先生慷慨赠送，特此谢忱。

② 西方化学元素知识在晚清中国介绍较多，但关于元素数目却提法不一，且一直在变。慕维廉《地理全志》提 54 种元质，而其刊登在《六合丛谈》上的《地理》一文却有 62 元素说，“世间元质共六十二，其中四十九为金类，十三非金类，皆有定法配合，以成土石飞潜动植诸物”（《六合丛谈》1 卷 2 号，3 页）。有关晚清化学元素数量的介绍，晚清学者对化学元素的整理，可参看邓亮：《化学元素在晚清的传播——关于数量、新元素的补充研究》，《中国科技史杂志》第 32 卷第 3 期（2011 年），360~371 页。

③ 邹振环：《慕维廉与中文版西方地理学百科全书〈地理全志〉》，《复旦学报（社会科学版）》2000 年第 3 期，51~59 页。

④ 慕维廉著：《地理全志》（下编），上海：墨海书馆，1853~1854 年，卷 1，1 页。

与初版出入不大，上编删除了“创天地万物记”及书内诸如“上帝”等文字，开篇有盐谷世弘序。据日本学者土井正民介绍，《地理全志》是清政府以礼物的形式赠送给日本的，日本到明治初期还有许多人读过此书，特别是此书的地质学部分，使得日本从未有过的词语——“地质”一词得到了普遍认可，一直沿用至今[①]。《地理全志》部分内容曾先后连载于《遐迩贯珍》《六合丛谈》等刊物，《遐迩贯珍》介绍《地理全志》时说：“《地理全志》者，大英慕维廉先生所辑也。先生留心地学，刻志搜罗，每见中土地理诸书，类皆语焉而不详，用是博取西士所亲历者，辑成是志，以补中土百家之所未备，使有志于是者，得以知其所未知。余今节取录入《贯珍》，亦以推广先生之意云尔。”[②]并认为此书“无微不搜，无义不穷”，“有志地理者，于是书而考究焉，则庶乎其无遗义矣”[③]。对《地理全志》给予厚望，希望其能广泛传播。1880 年《地理全志》再版，慕维廉删除了下编几乎全部内容；1883 年，《地理全志》再出新版本，同样只保留上编内容，并删除了上编“创天地万物记”，新加慕维廉所作之序[④]。值得注意的是，1883 版的《地理全志》中，慕维廉认为地理包括质、

---

① 参见（日）土井正民著，张驰、何往译：《日本近代地学思想史》，北京：地质出版社，1990 年。

②《遐迩贯珍》1856 年第 2 号，3 页，见松浦章、内田庆市、沈国威编著：《遐迩贯珍（附题解·索引）》，上海：上海辞书出版社，2005 年，424 页。

③《遐迩贯珍》1855 年第 6 号，3 页，见松浦章、内田庆市、沈国威编著：《遐迩贯珍（附题解·索引）》，上海：上海辞书出版社，2005 年，523 页。

④1883 年版本的《地理全志》流传较广，后来还被收录于丛书《西学大成》《小方壶斋舆地丛钞》里，但学者评价不一。梁启超《西学书目表》称其“简而颇备”（梁启超著《读西学书法》，见夏晓虹辑《饮冰室合集·集外文》，北京：北京大学出版社，2005 年，1126 页），徐维则《增版东西学书录》则评价：“读此书可知国地政俗大略，地学门径惜太简太旧，而于近年沿革相殊亦多。”（徐维则《增版东西学书录》，见《近代译书目》，北京：北京图书馆出版社，2003 年，224 页）

政[1]二家，对地理概念的认识发生了很大变化。[2]

晚清所出各类地学译著，《地学浅释》大概是影响最大的一本。是书由英国地质学家雷侠儿著，美国医生玛高温（Daniel Jerome Macgowan, 1814~1893）口述，华蘅芳笔译，上海江南制造局出版，同治十年（1871）初版，所据底本为《地质学纲要》（*Elements of Geology*，1865）第六版，全书共38卷，是为赖尔地质学专著首次在华出版。此书是中国第一本有关近代地质学的专书，详细介绍了岩石分类、石中生物、海陆变迁、地质动力学、地层学等知识，内容几乎涵盖了普通地质学的每一方面，书中还介绍了进化论知识。徐维则在《增版东西学书录》中评《地学浅释》："透发至理，言浅事显，各有实得，且译笔雅洁，堪称善本。"[3]梁启超认为其"精善完备"[4]。该书在清代曾作为路矿学堂的教科书，流行了二三十年，鲁迅在南京路矿学堂学习时还曾抄录过《地学浅释》[5]。因华蘅芳、玛高温于地质学知识不甚了解，翻译《地学浅释》颇为不易。华蘅芳在序言里说："余于西国文字未能通晓，玛君于中土之学又不甚周知，而书中名目之繁，头绪之多，其所记之事迹，每离奇恍惚，迥出于寻常意计之外，而文理词句又颠倒重复而不易明，往往观其

---

① 1883年版《地理全志》首篇《地理总论》言："地理者，言地面形势，分质、政二家。质家言地乃水土所成，及土之位置、广大、高低、形势大略，水之位置、广大、深浅、流动之理也。总之，水土支干，气化不同，故禽兽草木，随地而异，各有限界，此言地质者之至要也。政家详地之郡国省县，与各国界限，典籍、土产、贸易、户口、律例、教俗等事。欲知地面质体，当先明地球形势，以天文、地壳、元质、气化诸理详释之。"见慕维廉著：《地理全志》，上海：美华书馆，1883年，1页。

② 有关《地理全志》内容、底本及版本差异，可参见杨丽娟：《慕维廉〈地理全志〉与西方地质学在中国的早期传播》，《自然科学史研究》第35卷第1期（2016年），48~60页。

③ 徐维则辑：《增版东西学书录》，见《近代译书目》，北京：北京图书馆出版社，2003年，220页。

④ 梁启超著、夏晓虹辑：《饮冰室合集·集外文》，北京：北京大学出版社，2005年，1126页。

⑤ 艾素珍：《清代出版的地质学译著及特点》，《中国科技史料》第19卷第1期（1998年），11~25页。

面色、视其手势而欲以笔墨达之，岂不难哉。”[①]《地学浅释》语言颇为生涩，译文难于理解，这或许是重要原因。关于翻译此书缘由，主要是因为江南制造局之前出版过二人合译的《金石识别》，而“金石与地学必互相表里，地之层累不明，则无从查金石之脉络”[②]，故两位作者再次合作，翻译以介绍基础地质学知识为主的《地学浅释》，以期与《金石识别》互相补充。

英国著名地质学家祁觏（Archibald Geikie, 1835~1924）[③]纂，美国传教士林乐知（Young John Allen, 1836~1907）、郑昌棪译，江南制造局刊印的《地理小引》，为《格致启蒙》丛书之第四卷（其余三卷分别为化学、格物、天文）。是书凡四部分（论空气、论泉脉、论海、总论），内容包括关于岩石及地球内部构造等地质学知识，书籍内容及行文方式与艾约瑟《地理质学启蒙》相似，故《格致汇编》认为此书与《地理质学启蒙》底本相同，均为祁觏的*Physical Geography*，但后者编译内容更为详细[④]。《地理小引》译文较艾约瑟译本更为流畅，可读性强，文后附问答，问题答案一般可在书本中找到。徐维则《增版东西学书录》评价其“自地形以至地球内层，词虽简而论颇备，讲地质学者宜先读之”[⑤]。益智书会另一地学译著

---

①《序》，（英）雷侠儿著，玛高温、华蘅芳译：《地学浅释》，上海：江南制造局，1873年。

②《序》，（英）雷侠儿著，玛高温、华蘅芳译：《地学浅释》，上海：江南制造局，1873年。

③ 祁觏，英国著名地质学家，1835年12月28日生于爱丁堡，曾就学于爱丁堡大学，1867年苏格兰地质调查局成立后担任局长，1882~1901年任英国地质调查局局长，1908~1912年任英国皇家学会主席，1924年11月10日逝世于英国萨里。其著作*The Founders of Geology* (1905), *Text-Book of Geology*（1882初版，1903年四版）颇受欢迎，产生较大影响。祁觏的著作多次翻译为中文，除《地理小引》外，艾约瑟《地学启蒙》《地理质学启蒙》，美国传教士麦美德所著教科书《地质学》均参考祁觏著作。有关祁觏的学术活动及其著作在中国的传播与影响，将另有文章讨论。

④ 邹振环著：《晚清西方地理学在中国——以1815至1911年西方地理学译著的传播与影响为中心》，上海：上海古籍出版社，2000年，127页。

⑤ 徐维则辑：《增版东西学书录》，见《近代译书目》，北京：北京图书馆出版社，2003年，219页。

《地理初桄》有部分参考资料源于《地理小引》。

以上是一些重要译著的简要介绍，晚清时期出版的地学译著绝不仅限于此。除《地理全志》《地学浅释》等译著外，尚有数本介绍近代地质学的书籍。傅兰雅所著《地学稽古论》(《格致丛书》之一，曾连载于《格致汇编》，光绪二十六年重刻)，讲述“地球之历史，古今之变化”，即地层结构及地球古今之变迁，将地层分为无迹、古迹、中迹、新迹四层，内容与傅兰雅所著另一部讲述地质学基础知识的著作《地学须知》互为补充。《西学大成》丛书收入慕维廉《地学举要》，内有“地质”小节，介绍地质学知识，《小方壶斋舆地丛钞》亦收录不少地学译著。此外，艾约瑟《西学略述》(上海总税务司署，1886)，韦廉臣(Alexander Williamson, 1829~1890)《格物探原》(1878)等综合性图书均有章节介绍地学知识，篇幅所限，在此不能一一列举。总的说来，这一时期地质学书籍种类繁多，但内容大多浅显且相似，有些书目相互借鉴，对诸多地质现象的记载尚处于描述阶段，专业书籍不多，大多数书籍将地质学归入“地学”类，“地质学”学科的概念及研究对象还不明确。

晚清社会动荡，富国强兵为彼时要务，而金石矿业有裨于实用，几成共识。较之于地学译著，矿物译著出版数目更多，种类更全，其中影响最大的即著名矿物学家代那[①]著，玛高温口译、华蘅芳笔述的《金石识别》(江南制造局，1871)。该书所据底本为代那《矿物学手册》(*Manual of Mineralogy*, 1857)[②]。全书凡6册12卷，卷1论金石结成之形，介绍结晶学的知识；卷2论金石形色性情，

---

① 代那为19世纪美国著名地质学家及矿物学家，曾担任耶鲁大学自然史教授，后为矿物学及地质学教授，其著作《矿物学系统》(*System of Mineralogy*, 1837)、《地质学手册》(*Manual of Geology*, 1863)影响巨大，美国女传教士麦美德1911年出版的《地质学》也参考了代那的著作。

② 龙村倪：《〈金石识别〉的译成及其对中国地质学的贡献》，见王渝生主编：《第七届国际中国科学史会议论文集》，郑州：大象出版社，1996年，374~386页。

介绍矿物物理性质，包括确定矿物硬度的摩尔硬度计；卷 3 至卷 10 为矿物各论，介绍各种矿石的形状、颜色、性质、用途等；卷 11 论金石化学，介绍矿物的化学成分等；卷 12 论金石分类之法。是书为中国第一部矿物学译著，较为全面地介绍了近代矿物学知识，1872 年、1883 年、1896 年、1899 年、1901 年多次再版[①]，影响极大。徐维则所辑《增版东西学书录》收录此书，认为“所译金石家诸书，以此为最有用”[②]。

矿物学综合性图书还包括费而奔（William Fairbairn, 1789~1874）著，傅兰雅、徐寿合译《宝藏兴焉》（江南制造局，1884）及奥斯彭（Henry Stafford Osborn, 1823~1894）撰，海盐沈陶璋笔述，慈溪舒高第口译，江浦陈洙勘润之《矿学考质》（江南制造局，1907）。《宝藏兴焉》除第 6 册《熔炼钢铁》外，其余内容据英国化学家威廉·克鲁克斯（William Crooks, 1832~1919）的《实用冶金论》（*A Practical Treatise on Metallurgy*）翻译而成，第 6 册则据费而奔编写的 *Iron: Its History, Properties, and Processes of Manufacture* 第三版（1869）编译而成[③]，全书凡 12 册，分述炼金、炼铂、炼银、炼铜、炼锡、炼钢、炼铅、炼锌、炼镍、炼锑、炼铋、炼汞诸法，“中译矿学之书，以此本为最要”[④]。《矿学考质》所用底本为 *A Practical Manual of Minerals, Mines, And Mining*（Philadelphia and London, 1895，第 2 版）[⑤]，“博采金类矿学论说及博士考验之已有成效者，简明该括”，分述金、银、铜、镍、铁、锡、锌、铅、锰、铂、铱、汞、锑、铋、铬、钴等金属形质、地中位置、冶炼方法等。“凡炉炼、

① 崔云昊著：《中国近现代矿物学史：1640~1949》，北京：科学出版社，1995 年，208 页。

② 徐维则辑：《增版东西学书录》，见《近代译书目》，北京：北京图书馆出版社，2003 年，221 页。

③ 李明洋：《晚清冶金学译著〈宝藏兴焉〉研究》，清华大学硕士论文，2015 年。

④ 徐维则辑：《增版东西学书录》，见《近代译书目》，北京：北京图书馆出版社，2003 年，139 页。

⑤ 邓亮：《江南制造局科技译著底本新考》，《自然科学史研究》2016 年第 3 期，285~296 页。

干炼各法，暨工艺之取用，市之价值，一一登载”[①]。

江南制造局另有数本矿物学专著介绍找矿、开矿、采矿知识。喝尔勃特·喀格司（Samuel Herbert Cox, 1852~1910）著，王汝楠译的《相地探金石法》所据底本为 *Prospecting for Minerals*[②]，旨在“使探矿家能识向所未识之矿质，并使初学者能知如何探矿质之法”[③]。是书凡 4 卷 17 章：卷 1 分矿学总论和辨别矿质法 2 章；卷 2 计 2 章，论矿质、非金属矿石、宝石等；卷 3 包括成层堆积、矿纹与矿脉、无定形堆积和冲运堆积 4 章；卷 4 凡 7 章，介绍贵金类、银、铅、水银、铜、锡、钨、钼、锌、铁、镍、钴、锰、铬、铀、硫、锑、砒、铋和冶炼矿质（金刚石、煤、石油、地蜡、琥珀）。书后附《相地探金石法名目表》，列举各类矿物名词及其译名，译名“悉心考订，搜从旧译，旁逮日东译本，或且体会西字原意，著为新名。书成，因将中西字对列成表，石之分剂数亦间与前人所化分有不尽相符者，用并列之，世之君子可以考证焉”[④]，这是晚清其他地质学或矿物学译著所没有的。

俺特累著，傅兰雅、王树善译《开矿器法图说》（1899）讲述找矿挖矿所需的各类器具，凡 6 章。前 5 章分论求矿器具、开矿器具、运矿起矿之器具、起水械器、通风械器等开矿各个阶段所需要的各种器具，并配图说明；第 6 章分上中下 3 篇，上篇论轧矿器具，中篇论金银矿所用之舂矿、碾矿、分矿器具，下篇论锡、铜、铅 3

①《序》，（美）奥斯彭撰，海盐沈陶璋笔述，慈溪舒高第口译，江浦陈洙勘润：《矿学考质》，上海：江南制造局，1907 年。

② 邓亮：《江南制造局科技译著底本新考》，《自然科学史研究》2016 年第 3 期，285~296 页。

③《绪》，（英）喝尔勃特·喀格司著，王汝楠译：《相地探金石法》，上海：江南制造局，1903 年。

④《绪》，（英）喝尔勃特·喀格司著，王汝楠译：《相地探金石法名目表》，上海：江南制造局，1903 年。

相地探金石法四卷

元和胡祥鑅著

图 1-1 《相地探金石法》书影（江南制造局，1903）

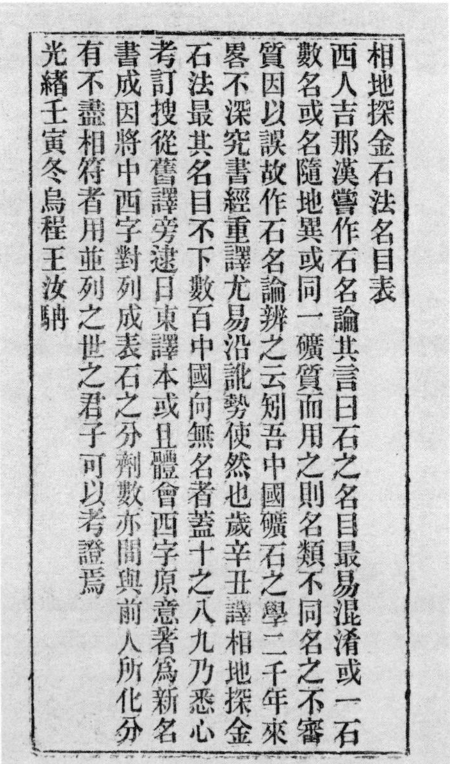

相地探金石法名目表

西人吉那漢嘗作石名論其言曰石之名目最易混淆或一石數名或名隨地異或同一礦質而用之則名類不同名之不審質因以誤故作石名論辨之云矧吾中國礦石之學二千年來畧不深究書經重譯尤易沿訛勢使然也歲辛丑譯相地探金石法最其名目不下數百中國向無名者蓋十之八九乃悉心考訂搜從舊譯旁逮日東譯本或且體會西字原意著爲新名書成因將中西字對列成表石之分劑數亦間與前人所化分有不盡相符者用並列之世之君子可以考證焉

光緒壬寅冬烏程王汝聃

图 1-2 《相地探金石法名目表》（江南制造局，1903）

Brookite(TiO_2)	勃洛克石
Brown Coal	褸色煤
Brown Iron Ore	褸鐵鉼
Cairngorm	墨晶或烟晶
Calamine(HZn_2CO_3)	極異鉼
Calaverite($(AuAg)Fe_2$)	卡辣佛利鋉
Calcite($CaCO_3$	方解石
Calomel	角汞
Cannel Coal	燭煤
Carnallite($KClMgCl_2GH_2O$)	肉色石卽氯鎂石
Carnelian	角玉
Cassiterite(SnO_2)	錫石
Cat's Eye	貓兒眼
Celestine($SrSO_4$)	天青石
Cerussite($PbCO_3$)	蠟石
Cervantite(PbO_2)	賽房得鋉
Chabazit($(CaNa_2)Al_2Si_4O_{12}+6H_2O$)	珍石
Chalcanthite($CuSO_4+5H_2O$)	銅花石
Chalcedony	玉髓
Chalcopyrite($CuFeS_2$)	黃銅鉼即銅青礬
Chianthite($NiAs_2$)	芽花鉼
Chlorite	扇石
Chrysoberyl($SiAl_2O_4$)	金綠玉
Chrysocola($H_2CuSiO_4+H_2O$)	鉼金石
Chromite	鉻鐵
Chrysolite($(MgFe)_2SiO_4$)	金色石
Chrysoprase	葱綠玉
Cinnaber(HgS)	朱砂
Citrine	檸檬色石
Cobalt Bloom	鈷華即鈷紅礬
Conglomerate	合子石
Copperas($FeSO_4$)	青礬
CopperGlance	輝銅鉼
CopperNickel	銅色鎳鋉
CopperPyrite	銅青礬
Cordierite	考大衰石
Corudum	鋼石
Covelline(CuS)	考維里鋉
Crocidelite($H_4Na_2Fe_5Si_9O_{21}$)	線紋石
Crocoisite($PbCrO_4$)	黃花色鋉
Cryolite(Na_3AlF_6)	霜形石
Cuprite(Cu_2O)	赤銅鋉
Cyanite(Al_2SiO_5)	暗藍石
Diabase	輝綠石
Diallage	變光石
Diallogite	錳炭鉼
Dichroite	二色石
Diopside($(MgCa)SiO_3$)	透輝石

1

Actinolite($Ca(MgFe)_3Si_4O_{12}$)	光線石
Adularia	阿度辣石
Alabaudin	阿辣鑿大石
Alabster	雪花石膏
Albite($NaAlSi_3O_8$)	白長石
Allophane($Al_2SiO_5+5H_2O$)	阿陸法尼
Almandine($(FeCaMg)_3Si_3O_{12}$)	阿耳滿大石
Alunite($H_6KAl_2Si_2O_{12}$	礬石
Amalgam(Ag_2Hg_3 to $Ag_{36}H$)	軟銀鉼
Amethyst	醒酒石
Amphibolite	白閃石
Analcime($H_2NaAlSi_2O_7$)	弱石
Anamesite	居間石
Andalusite(Al_2SiO_5)	俺大路昔石
Andesite	俺從西石
Angiesite($PbSO_4$)	俺槲里昔鉼
Annabergite($H_{16}Ni_3As_2O_{16}$)	俺那倍格石
Anorthite($CaAl_2Si_2O_8$)	歪長石
Apatite($Ca_5FP_3O_{12}$)	燐灰石
Apophyilite($H_{16}KCa_4Si_8O_{28}F$)	易分頁石
Aquamarine	海水色石
Aragonite($CaCO_3$)	挨辣公石
Argentite	銀石
Arquerite(Ag_2H_9)	挨奎路鉼
Arbestas	不灰木
Atacamite	綠鹽銅鉼
Augite($CaMg_2Al_2Si_3O_{12}$)	輝石
Azurite($H_2Cu_3C_2O_8$)	藍銅鉼
Axinite	斧形石
Barytes	鋇石
Barytocalcite($(BaCa)CO_3$)	鋇方解石
Basalt	硬雲石
Beryl($Gl_3Al_2Si_6O_{18}$)	綠玉
Biotite	夠哇脫石
Bismuth Ochre	鉍土
Bismuthine(Bi_2S_3)	輝鉍鉼
Black Band Ironstone	黑帶鐵石
Black Jack	考耳華耳閃鋅鉼
Blende	閃鋅鉼
Bloodstone	血石
Bog Iron Ore	無名異
Boracite($Na_2B_4O_7$)	方硼石
Bornite(Cu_3FeS_3)	斑銅鉼
Bournonite($CuPbSbS_3$)	薄難耳鉼
Brannite($3Mn_2O_3MnSiO_3$)	伯猻石
Breithauptite($NiSb$)	勃里託澂鉼
Bromargyrite	溴銀鉼
Bronzite	古銅石

图 1-3 《相地探金石法名目表》所列举的名词及其译名（江南制造局，1903）

种矿物。全书“于机器之图说言之最详”，“以浅近为主”[①]。安德孙（John Anderson, 1833~1900）撰，傅兰雅、潘松合译的《求矿指南》（十卷附一卷，1899）分述各类有用矿石及探矿、开采方法，“寻源溯委，殚见洽闻，西人亦称为善本”[②]。因当时矿物学、岩石学并未完全分离，故矿物学译著中大多包含岩石学知识相关介绍。

3. 传入的地质学知识

晚清间出版的地质学、矿物学译著，为中国带来了地质学这门新学科，虽然彼时西方地质学刚发展，学科理论尚在发展和完善中，传入的地质学知识是零散不成系统的，但岩石学、地层学、地史学等地质学分支学科的知识体系已在地学译著中有详细介绍，矿物学译著涉及内容则以开矿冶矿操作指南和冶金学知识等实用科学为主。

早在1854年出版的《地理全志》下编中，慕维廉即对岩石学知识有了较为全面的介绍，《地理全志》认为岩石分两大类（有层累石和无层累石）四种（火奋石、渣滓石[③]、化形石[④]和集成石）。下编介绍岩石：“磐石有层累之形，曰有层累石，有浑成之形，曰无层累石。至石所生之原，为西士考验而知，略有四段：一曰火奋石，一曰渣滓石，一曰化形石，一曰集成石。”[⑤]对岩石分类及成因已有了较为成熟的认识。《地理全志》将“化形石”单列一类，认识到其最初为水成石，只不过在形成过程中性质发生了改变。以后的半个多世纪，各类地学书籍对岩石分类与成因的介绍大抵如此。《地学指略》与《地

---

①《序》，（美）俺特累著，傅兰雅、王树善译：《开矿器法图说》，上海：江南制造局，1899年。

②《序》，（英）安德孙撰，傅兰雅、潘松合译：《求矿指南》，上海：江南制造局，1899年。

③ 即水成岩。

④ 即变质岩。

⑤ 慕维廉著：《地理全志》，上海：墨海书馆，1853~1854，卷1，3页。

学须知》将岩石分两大类：有层累石及无层累石，并认为水成石即有层累石，火成石即无层累石，这当然是不全面的。艾约瑟所译《地学启蒙》对岩石有较为详细的讨论，分析了各种岩石分类、形成原因，说明动植物等亦可形成岩石，并认为岩石中包含海陆变迁、地球古今环境变化等多种信息，除指出岩石有水成石、火成石（有层累、无层累）两类外，还提供了岩石的另一分类可能（砂石、花刚石、属灰石类之白粉石）。《地理初桄》将岩石分为三大类，火成石、水成石、化形石。《地学浅释》按岩石成因将岩石分为水层岩、火山石、镕结石、热变石四类。

尽管人们很早就认识到沧海桑田、海陆变迁、岩石风化等地质现象，但对于这些现象形成原因的探索却十分缓慢。《地学指略》认为"改换地势有五原"，包括：空气之侵蚀、水力之冲激、飞潜动植各物之生死、物质之感应变化、火力之崛突奋发[①]；《地理初桄》云："大地之形势，自古至今，屡有变迁，为之精心考验，其故盖有四焉：一空气之力，二水力，三动植物之力，四火力。"[②]认识与《地学指略》大抵相同。随着地质学的发展，人们对海陆变迁、地势改变等现象的认识更进了一步。1902年南洋公学教科书《普通问答四种》[③]"地理问答"部分指出地面改变形势之原因：空气侵蚀、雨泽淋漓、风气鼓荡、冰雪冻化、水力消化、江河刷磨、海潮冲激、动物生死、物质变化、人力变道，认识较之前更为细致。

地层学是19世纪发展较快的地质学分支学科之一，与古生物学等学科密切相关，而且是划分地质时代的重要学科知识保障。西方域外考察和地理大发现过程中获得的古生物化石标本极大地促进了

---

①（美）文教治口译，李庆轩笔译：《地学指略》，上海：益智书会，1881年，上卷，8页。

②（美）孟梯德著，（美）卜舫济译：《地理初桄》，上海：益智书会，1897年，6页。

③ 南洋公学储丙鹑著：《普通问答四种》，上海，1902年。

地层学的发展。晚清地学译著，无论是成书年代较早的《地理全志》，还是清末益智书会出版的地学书籍，均有大量篇幅介绍地层学知识。《地理全志》是较早介绍西方地质学的译著，对地层结构划分有较为详细的描述，但受限于成书年代及对应底本的选择，《地理全志》中对地层学的认识还不全面。

表 1-1　《地理全志》介绍的地层结构

<table>
<tr><th>地面集层</th><th colspan="3">水冰迁层</th></tr>
<tr><td rowspan="12">渣滓石层</td><td rowspan="3">第三迹层</td><td colspan="2">上新层</td></tr>
<tr><td colspan="2">中新层</td></tr>
<tr><td colspan="2">下新层</td></tr>
<tr><td rowspan="6">第二迹层</td><td colspan="2">白粉层（即白垩系）</td></tr>
<tr><td colspan="2">蛋形石层（即侏罗系）</td></tr>
<tr><td colspan="2">新红砂石层（即二叠系）</td></tr>
<tr><td colspan="2">黄灰石层</td></tr>
<tr><td colspan="2">煤层（即石炭系）</td></tr>
<tr><td colspan="2">旧红砂石层（即泥盆系）</td></tr>
<tr><td rowspan="3">第一迹层</td><td rowspan="2">西路略层
（即志留系）</td><td>上西路略层</td></tr>
<tr><td>下西路略层</td></tr>
<tr><td colspan="2">堪比安层（即寒武系）</td></tr>
<tr><td rowspan="2">化形石层</td><td colspan="3">金星石层</td></tr>
<tr><td colspan="3">纹石层</td></tr>
<tr><td>火奋石层（花岗石层）</td><td colspan="3">花刚石</td></tr>
</table>

（据《地理全志》整理）

译自赖尔《地质学纲要》的《地学浅释》，对地质学知识有较为全面的介绍。《地学浅释》提供了三种地层划分方式（见下表），且用大量篇幅介绍相关地层及代表生物，但因玛高温及华蘅芳对地质学知识均涉猎不多，加之二人因语言问题交流不便，译书颇为不易，故《地学浅释》行文并不流畅，书中译名更是晦涩难懂，很多地层结构术语如今已不复使用。

表 1-2　《地学浅释》三种地层分类系统

<table>
<tr><th colspan="3">第一种分类</th><th colspan="2">第二种分类</th><th>第三种分类</th></tr>
<tr><td rowspan="5">新殭石层</td><td rowspan="2">第三迹层</td><td rowspan="2">后沛育新
沛育新
埋育新
瘥育新</td><td>新层殭石</td><td>后沛育新
沛育新
埋育新
瘥育新</td><td rowspan="5">今时新层
后沛育新
沛育新
前沛育新
上埋育新
下埋育新
上瘥育新
中瘥育新
下瘥育新
普鲁灰石
白茶而刻
上绿沙层
蓝麻儿灰石
下绿沙层
泥沙灰石舍儿
淡水泥灰石
蚌砂石
泥层
老珊瑚殭石层
淡青泥石
上鱼子灰石
下鱼子灰石
来约斯
上脱来约斯
中脱来约斯</td></tr>
<tr><td>茶而刻殭石</td><td>普鲁灰石
尔腾（又名绿砂）</td></tr>
<tr><td rowspan="3">第二迹层</td><td rowspan="3">普鲁灰石①
尔腾（又名绿砂）
上乌来脱
中乌来脱
下乌来脱②
来约斯
脱来约斯③</td><td>乌来脱殭石</td><td>上乌来脱
中乌来脱
下乌来脱
来约斯</td></tr>
<tr><td>脱来约斯殭石</td><td>脱来约斯</td></tr>
<tr><td>泼而弥安煤层殭石</td><td>泼而弥安煤层</td></tr>
</table>

① 即白垩系。

② 即侏罗系。

③ 即三叠系。

续表

<table>
<tr><th colspan="3">第一种分类</th><th colspan="2">第二种分类</th><th>第三种分类</th></tr>
<tr><td rowspan="3">古殭石层</td><td rowspan="3">第一迹层</td><td rowspan="3">泼而弥安[①]
煤层[②]
提符尼安[③]
上西罗里安[④]
下西罗里安
堪孛里安[⑤]</td><td>老红砂石殭石</td><td>提符尼安</td><td rowspan="3">下脱来约斯
泼而弥安
可儿美什
炭灰石
上提符尼安
中提符尼安
下提符尼安
上西罗里安
中西罗里安
下西罗里安
上堪孛里安
下堪孛里安
上落冷须安
下落冷须安</td></tr>
<tr><td>西罗里安殭石</td><td>上西罗里安
下西罗里安</td></tr>
<tr><td>堪孛里安殭石</td><td></td></tr>
</table>

（据《地学浅释》整理）

与《地学浅释》提供的复杂的地层结构不同，《地学指略》《地理初桄》《地学稽古论》三本地学书籍介绍的地层结构较为清晰，地层划分虽略有差异，但也相对统一（见表 1–3），所使用的地层年代术语也趋于一致（这或许与益智书会统一术语的工作是分不开的）。由于地层学知识体系本身在发展变化，故成书年代不同的译著对地层认识亦不同，从表格中亦可看出不同书籍对地层划分的区别。待地质考察的开展及古生物学等分支学科进一步发展后，地层划分将更加精细。

① 即二叠系。

② 即石炭系。

③ 即泥盆系。

④ 即志留系。

⑤ 即寒武系。

表 1–3　《地学指略》《地理初桄》《地学稽古论》《地学须知》地层结构对照表

地层名称		《地学指略》	《地理初桄》	《地学稽古论》《地学须知》
新迹（即新生代 Cenozoic）	Quaternary（第四系）	今迹	扩忒纳安	
	Tertiary（第三系）	新迹	退的卢安	
中迹（即中生代 Mesozoic）	Cretaceous（白垩系）	白粉石段	白粉石类	白粉层
	Jurassic（侏罗系）	如拉锡段 （鱼子石段）	如拉锡	如拉锡层 （鱼子石层）
	Triassic（三叠系）	得来斯盖	得来斯盖	得来斯盖
古迹（即古生代 Paleozoic）	Permian（二叠系）	比尔米安 （新红砂石层）		比尔米安层
	Carboniferous(石炭系)	煤炭段	煤炭类	煤炭层
	Devonian（泥盆系）	地夫尼安 （旧红砂石层）	地夫尼安	旧红砂层
	Silurian（志留系）	昔卢里安	上昔卢里安 下昔卢里安	昔卢里安层
	Cambrian（寒武系）	甘比里安 老林低安	甘比里安	
无迹（即太古代 Archaean）		第十二段石 （化形石）	靴六尼安 老林低安	甘比里安 老林低安 化形石 花刚石

（据《地学指略》《地理初桄》《地学稽古论》《地学须知》整理）

除地层学知识外，晚清译著已有对化石的介绍。《地理全志》下编“磐石海陆变迁论”有关于化石成因的介绍：石头受水流冲刷作用腐蚀为大小、轻重不一的石块，其中“轻者为泥沙，荡漾水中，流入湖海，而沉于其底，排列层累，其所沉之质，载飞潜动植之迹甚多，与之俱沉”，“上古时，石质未坚凝之先，飞潜动物之迹，埋于其中，今尚见之，如塔石形”[①]，即化石[②]。《地学指略》中说中国古人“见

① 慕维廉著：《地理全志》（下编），上海：墨海书馆，1853~1854，卷 1，3 页。

② 化石形成于水成岩中的说法直至清末依然存在，清末出版的日语借名本术语集《新尔雅》一书解

石中之物迹，亦不明其来源，以为怪异”，例如“见石中之蛤迹，则以为石燕；见石中象、麋、鹿等兽之牙迹，则以为龙齿；见石中之鱼迹，则以为丰稔之兆”，其实这是对化石极大的误解，只要了解地学知识，便知“石中之物迹，并非怪异，乃动植各物之遗体，沉没于泥沙，经久而变石”[①]。《地学浅释》译“fossil”一词为“殭石”，“殭石”为石中生物遗迹，根据殭石形态、种类及发现地点可判定从前地域属于淡水或咸水区域。因生物之遗体暴露于空气中易腐烂，故殭石形成条件极为特别，需生物埋于地中，有机体变化而骨骼不变，方能形成。如今所见的殭石，“不过其肉腐烂而已，而其壳无恙也”[②]，若非如此，则古生物遗迹经腐蚀作用后则形成矿石、煤等。通过殭石种类，可判定地层年代。值得注意的是，《地学浅释》已有关于19世纪60年代在德国索伦霍芬发现的始祖鸟（*Archaeopteryx macrura*）化石的介绍：“苏伦苛分灰石中，遇一飞禽类形迹，其尾之羽形俱全，其形与今之鸟类不同，如图为古鸟尾之形，与今鸟尾之形相比，此古禽名矮几恶不的立斯马克罗伦。”[③]严敦杰先生据此考证《地学浅释》底本[④]。

释化石为：“水成岩中所含有之有机体遗迹，谓之化石。”见汪荣宝、叶澜编纂：《新尔雅》，上海：明权社发行，1903年，第115页；参见沈国威编著：《新尔雅（附题解·索引）》，上海：上海辞书出版社，2011年。

①《序》，（美）文教治口译，李庆轩笔译：《地学指略》，上海：益智书会，1881年。

②（英）雷侠儿著，玛高温、华蘅芳译：《地学浅释》，上海：江南制造局，1873年，卷4，7页。

③ 即志留纪。

④ 据严敦杰先生考证，赖尔《地质学原理》凡四篇，1838年以第四篇单独成册，增补为《地质学纲要》（*Elements of Geology*）一书，1851年《地质学纲要》第三版改为《普通地质学手册》（*Manual of Elementary Geology*），1865年又改为《地质学纲要》，1871年出版《学生用地质学纲要》（*Students' Elements of Geology*），1874年再版此书，至1875年赖尔去世，《地质学纲要》共出版八次（1838、1841、1851、1852、1855、1865、1871、1874）。华蘅芳为《地学浅释》所补之序言写于1873年，《地学浅释》初版刊于1871年，此为译书底本出版年代之下限；《地学浅释》卷27介绍古生物化石发

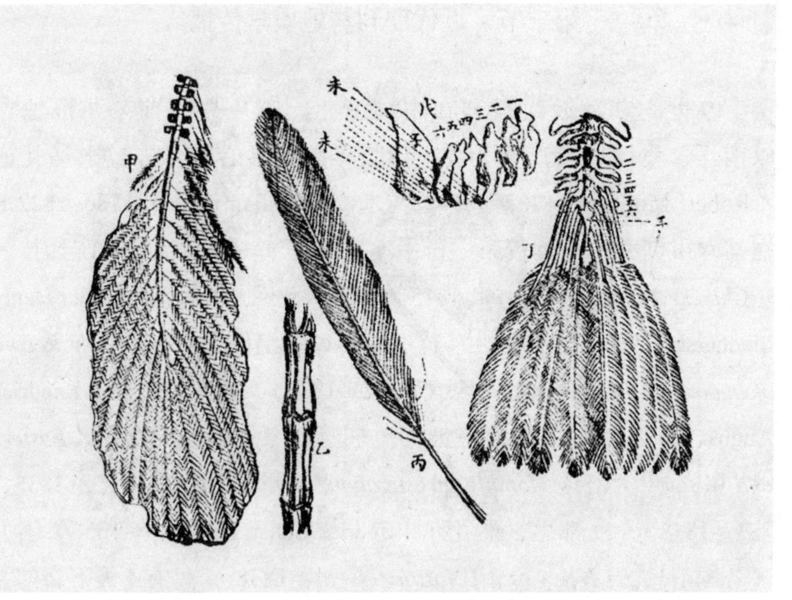

图 1–4　《地学浅释》刊载始祖鸟化石图片[①]

晚清地学译著涵盖的知识量绝不仅仅局限于以上几点，除地质学知识外，还包括物理、化学、生物学等知识，早期的进化论知识亦是通过地学译著传入中国的，如《地学浅释》有涉及进化论的知识介绍。总体来说，这一时期传入的地质学知识大多还停留在宏观现象描述的阶段，加之编译者受限于知识水平及语言差异，书中有不少科学错误，部分译著语言晦涩，译名难懂，与甲午战争后大量涌现的地质学教科书在内容选择、编排体例上均有较大差别。

现时期，其中禽鸟类已提及始祖鸟之发现（1863 年），此为译书底本出版年代之上限，故推知底本为《地质学纲要》第六版（1865 年）。参见王渝生：《华蘅芳：中国近代科学的先行者和传播者》，《自然辩证法通讯》1985 年第 2 期，60~75 页。

①（英）雷侠儿著，玛高温、华蘅芳译：《地学浅释》，上海：江南制造局，1873 年，卷 20，13 页。

第二节　近代期刊与地质学传播

19世纪初，近代报刊在中国诞生。鸦片战争前，办报地点以南洋、澳门以及广州为主。1815年，英国伦敦会传教士马礼逊（Robert Morrison, 1782~1834）与米怜（William Milne, 1785~1822）在马六甲创办中国近代第一份中文定期报纸《察世俗每月统计传》（*Chinese Monthly Magazine*, 1815~1821），此后，麦都思（Walter Henry Medhurst, 1796~1857）创办《特选撮要每月纪传》（*A Monthly Record of Important Selections*, 巴达维亚：1823~1826），郭实腊（Karl Friedrich August Gutzlaff, 1803~1851）创办《东西洋考每月统计传》（*Eastern and Western Ocean's Monthly Investigation*, 广州、新加坡：1833~1835、1837~1838），麦都思、奚礼尔（Charles Batten Hillier, ？~1856）创办《各国消息》（*News of All Nations*, 广州：1838），另有《天下新闻》（*Universal Gazette*, 马六甲：1828~1829）等多份报刊。早期的中文报刊内容除宣扬教义、登载新闻，亦介绍天文、地理等西学知识，但由于出版年代较早，加之西方地质学刚刚起步，这些报刊对地质学知识鲜有着墨。鸦片战争后，中国开放通商口岸，传教士得以在境内办报，地点集中于香港、宁波、上海、广州等地。1853年创刊于香港的《遐迩贯珍》为鸦片战争后传教士在中国本土创办的第一份中文报刊。1857年传教士伟烈亚力（Alexander Wylie, 1815~1887）[①]在上海创办的《六合丛谈》是上海历史上第一份中文报刊。这两种报刊都曾远销日本。此后，各种报刊先后在中国出版，如林乐知的《万国公报》、丁韪良（William Alexander Parsons Martin, 1827~1916）的《中西闻见录》、傅兰雅的《格致汇编》等。与早期刊物相比，这

---

① 有关伟烈亚力在华科学活动事略，可参见韩琦：《传教士伟烈亚力在华的科学活动》，《自然辩证法通讯》1998年第2期，57~70页。

些出版物内容科学性越来越强，作为新学重要组成部分之一的地质学，亦得到了各类刊物的广泛关注，《遐迩贯珍》《六合丛谈》《格致汇编》等都对地质学有专文介绍。

1.《遐迩贯珍》

《遐迩贯珍》（*Chinese Serial*，香港：英华书院）自 1853 年 8 月创刊，至 1856 年 5 月停刊，共出版 34 期，麦都思、奚礼尔、理雅各（James Legge, 1815~1897）先后担任主编。[1] 这是传教士在中国本土创办发行的第一份中文报纸，刊名源于“创论通遐迩，宏词贯古今”的构想，编者指出西方新学、要闻不为中国人所知，中西科技、国力差距日益明显，皆因“中国迩年，与列邦不通闻问”，仅就报刊而言，“中国除邸抄载上谕奏折，仅得朝廷举动大略外，向无日报之类”，而“泰西各国，如此帙者，恒为叠见，且价亦甚廉，虽寒素之家，亦可购阅，其内备载各种信息，商船之出入，要人之往来，并各项著作篇章”，因此“遇有要务之所关，或奇信始现，顷刻而四方皆悉其详”。考虑到这些差异，编者“思于每月一次，纂辑《贯珍》一帙”，以期“列邦之善端，可以述之于中土，而中国之美行，亦可以达之于我邦，俾两家日臻于治习，中外均得其裨也”。[2]《遐迩贯珍》刊载内容丰富，题材广泛，自然科学、社会科学、人物传记、世界地理、

---

① 伟烈亚力曾对《遐迩贯珍》发行地点、时间及主编有相关介绍：“*Chinese Serial*. This was a monthly magazine, published at Hongkong, under the auspices of the Morrison Education Society, containing from 12 to 24 leaves each number. It was begun in 1853, under the editorship of M. H. Medhurst, who was succeeded the following year by C. B. Hillier, and eventually in 1855 by Dr. Legge, who conducted it till its cessation in May, 1856.” 见 Alexander Wylie, *Memorials of Protestant Missionaries to the Chinese: Giving a List of their Publications, and Obituary Notices of the Deceased*, Shanghai: 1867, p.120。

②《遐迩贯珍》序（1853 年第 1 号），见松浦章、内田庆市、沈国威编著:《遐迩贯珍（附题解·索引）》，上海：上海辞书出版社，2005 年，714~715 页。

各国新闻、政府法令、海外移民、寓言故事及人种小论等各类知识皆收录其中。该刊于1859年传入日本，受到幕府末期开明幕臣及知识分子的关注。[①]

自然科学是《遐迩贯珍》内容的重要组成部分，地球科学知识也是其刊载的内容之一。《遐迩贯珍》有关地学的文章多为慕维廉所作，内容包括地质学、地理学等。该刊连载过慕维廉《地理全志》的部分内容，附有简短介绍："大英慕维廉先生，著有《地理全志》，分为文、质、政三统，斯诚无微不搜，无义不穷者矣，有志地理者，于是书而考究焉，则庶乎其无遗义矣"，《遐迩贯珍》所载"不过特其撮要耳"[②]，节录内容包括缘起、地质论、磐石陆海变迁论、磐石形质原始论、磐石方位载物论等，基本上是《地理全志》下编第一章内容。《遐迩贯珍》曾刊载有《地质略论》一文，介绍地质学知识，内容包括岩石分类、成因，海陆变迁等，与《地理全志》"磐石陆海变迁论""磐石形质原始论"两节内容大致相同，不过篇幅进行了缩略。

除节录《地理全志》外，《遐迩贯珍》另有数篇文章关涉地球科学，如《地形论》一文举例专论地球为圆形，《地球转而成昼夜论》指出地球为行星，并解释昼夜成因。《遐迩贯珍》亦曾分期连载《地理撮要》。值得注意的是，《地理撮要》认为地理分数、性、事三统："地理之学，所以考究详言地面之情势，分千支万绪，而其统有三，曰数、曰性、曰事。以数而推论地理，则知地体何形，悬于空际，属行星之类，斯学为天文之一支，又表地体之广大，定地面各处，相去远近向背

---

① 松浦章、内田庆市、沈国威编著：《遐迩贯珍（附题解・索引）》，上海：上海辞书出版社，2005年，124~125页。

②《遐迩贯珍》1855年第6号，5页，见松浦章、内田庆市、沈国威编著：《遐迩贯珍（附题解・索引）》，上海：上海辞书出版社，2005年，523页。

等事。性者，生之质也，以性而推论地理，则审查地面之水陆、山川、禽兽、鱼虫、草木、宝藏之属。事者，人事之变也，以事而推论地理，乃晓遍地所立诸国，与及诸国风俗、教化、纪律、贸易等事。”①对地理的定义较《地理全志》更加广泛。此外，《遐迩贯珍》还有专文介绍岩石学、地层学等地质学知识，见下表：

表 1–4　《遐迩贯珍》中与地学有关的文章

卷期	篇名	内容
第一年第二号（1853.9）	地形论	地圆说及其证据
第一年第五号（1853.12）	地球转而成昼夜论	地球自转形成昼夜
第二年第三、四号（1854.4）	地质略论	岩石种类、成因，地层次序及各层名称
第三年第六号（1855.6）	地理撮要	地球形状、自转、公转
第三年第七号（1855.7）	续地理撮要论	地表形态、山川、河流、海岸等，地球各处气候
第三年第九号（1855.9）	续地理撮要（终）	各国风土人情等
第四年第二号（1856.2）	《地理全志》节录	《地理全志》下编卷一部分小节，包括“地质论”“磐石陆海变迁论”“磐石形质原始论”，介绍岩石种类、成因
第四年第三号（1856.3）	续磐石形质原始 磐石方位载物论	岩石种类、成因 地层次序、名称，各层特征
第四年第五号（1856.5）	继磐石方位载物	地层次序、名称，各层特征

（据《遐迩贯珍》整理）

2.《六合丛谈》

《六合丛谈》（*Shanghai Serial*，上海：墨海书馆）咸丰七年正月（1857 年 1 月）创刊，英国伦敦会传教士伟烈亚力担任主编，至

①《遐迩贯珍》1855 年第 6 号，1 页，见松浦章、内田庆市、沈国威编著：《遐迩贯珍（附题解·索引）》，上海：上海辞书出版社，2005 年，525 页。

咸丰八年五月（1858年6月）停刊，共15期。和《遐迩贯珍》一样，《六合丛谈》旨在传播新知，刊载内容丰富，包括自然科学、社会科学、各国近闻、新书出版、宗教文学情况等[①]。伟烈亚力在序言里道出创办《六合丛谈》之初衷，“今予著《六合丛谈》一书，亦欲通中外之情，载远近之事，尽古今之变”[②]，《六合丛谈》出版后很快传到日本，并产生了一定影响[③]。

地学知识是《六合丛谈》的重要内容，《六合丛谈》序言中指出，“察地之学，地中泥沙与石，各有层累，积无数年岁而成，细为推究，皆分先后，人类未生之际，鸿蒙甫闻之时，观此朗如明鉴，此物已成之质也”[④]，并说明“所有泥沙与石，及动植之物，俱有次序，与地壳古迹相符，兹于是卷中，将畅说其理”[⑤]。

刊中连载慕维廉《地理》（英文题目为 *Physical Geography*）[⑥]，

---

① 伟烈亚力曾对《六合丛谈》介绍：“*Shanghae Serial*. 254 leaves, Shanghae, 1857, 1858. This was a monthly periodical continued from January, 1857, to February, 1858, containing articles on Religion, Science, Literature, and the general news of the day. Although the chief part was by Mr. Wylie, the editor, there are many contributions by other hands. There is an English table of contents to each number. The greater part if not all the numbers were recut in Japan by authority, the following year. The reprint is in a handsome style, but all the articles on religion are omitted, and the Japanese grammatical signs superadded to the original.” 见 Alexander Wylie, *Memorials of Protestant Missionaries to the Chinese*, Shanghai: 1867, p.173。有关《六合丛谈》相关研究，参见韩琦：《〈六合丛谈〉之缘起》，《或问》2004年第8期，144~146页。

②《六合丛谈》序，见沈国威编著：《六合丛谈（附题解·索引）》，上海：上海辞书出版社，2006年，521页。

③ 沈国威编著：《六合丛谈（附题解·索引）》，上海：上海辞书出版社，2006年。

④《六合丛谈》序，见沈国威编著：《六合丛谈（附题解·索引）》，上海：上海辞书出版社，2006年，521页。

⑤《六合丛谈·二卷小引》，见沈国威编著：《六合丛谈（附题解·索引）》，上海：上海辞书出版社，2006年，731页。

⑥ 事实上，慕维廉连载的《地理》被刊登在重要的位置，甚至《六合丛谈》停刊亦为慕维廉主张，见沈国威编著：《六合丛谈（附题解·索引）》，上海：上海辞书出版社，2006年，35页。

共10篇文章，翻译自《乔姆贝斯国民百科》（*Chambers's Information for the People*，1857）"自然地理"（Physical Geography）条目[①]，中文篇名包括《地球形式大率论》《地震火山论》《平原论》《洋海论》《潮汐平流波涛论》等，其中《地球形式大率论》中谈到了岩石分类等地质学知识，这些内容与收录于丛书《西学大成》里的《地学举要》大致相同，故《地学举要》很可能是慕维廉选取《六合丛谈》有关地学部分之文章，单独汇编成册（见表1–5）。慕维廉如是定义地理："地理者，言地面形势，分质、政二家"，而"质家言地乃水、土所成，及土之位置、广大、高低、形势大略，水之位置、广大、深浅、流动之理也。总之水土支干，气化不同，故禽兽草木随地而异，各有限界，此言地质者之至要也"[②]。这与1853年版《地理全志》里将地理分作文、质、政三家的说法有出入，可见慕维廉对"地理"概念的理解与地理学研究范围的认识一直在变化，这或许也从侧面反映地学学科本身的变化。

表1–5　《六合丛谈》连载《地理》文章与《国民百科》《地学举要》内容对照

《六合丛谈》卷期	篇名	内容	《国民百科》（1857）	《地学举要》
第1卷第1号	地球形式大率论	地理范围、地球基本形势（行星、地圆、月球为地球行星等）	General Constitution of the Globe	地球形式大率论
第1卷第2号		岩石分类、地层结构、组成地球物质六十二种元素、地球气候、海洋生物		地质

① 沈国威编著：《六合丛谈（附题解·索引）》，上海：上海辞书出版社，2006年，126~130页。

②《六合丛谈》序，见沈国威编著：《六合丛谈（附题解·索引）》，上海：上海辞书出版社，2006年，523页。

续表

《六合丛谈》卷期	篇名	内容	《国民百科》(1857)	《地学举要》
第1卷第3号	释名 水陆分界论	常用地学名词解释 水陆面积等	Geographical Term Distribution of Land and Water	释名 水陆分界
第1卷第4号	州岛论	南北半球、五大洲情形	Continents and Islands	州岛
第1卷第5号	山原论	五大洲山川、高原等	Mountains and Table-lands	山原
第1卷第6号	地震火山论 平原论	地震发生,火山分布 平原分布	Earthquakes and Volcanoes Plains-valleys-and other depressions	地震火山 平原
第1卷第7号	海洋论		The Ocean	洋海
第1卷第8号	潮汐平流波涛论	潮汐成因	Tides-Currents-Waves	潮汐
第1卷第13号	湖河论 地气	 地表气候	Lakes and Rivers Climatology	地气
第2卷第2号	动植二物分界论	动植物分类、分布等	Distribution of Plants and Animals	

（据《六合丛谈》《地学举要》整理）

3.《格致汇编》

1876年2月，傅兰雅[①]在上海创办《格致汇编》（*Chinese Scientific and Industrial Magazine*），该刊由上海格致书院发售，封面指出“是编补续《中西闻见录》”，内容体例亦沿袭《中西闻见

① 傅兰雅1861年7月30日到达香港，来华初期任圣保罗书院校长，1866年11月担任《上海新报》编辑，1868年江南制造局翻译馆成立，受聘为翻译人员到馆工作，由此开始大量翻译科学书籍。翻译出版的地学、矿物学书籍有《地学须知》《地学稽古论》《矿物图说》等，《格致汇编》亦有多篇文章介绍地质学、矿物学知识。

录》[①]，主要对西方自然科学知识予以介绍，并辅以大量图片，科学性、可读性更强。《格致汇编》自1876年2月创刊，至1892年冬停刊，前后共17年，实际出版7年（1876、1877、1880、1881、1890、1891、1892），前四年为月刊，后三年为季刊。

1876年，徐寿为《格致汇编》作序，指出《格致汇编》拟“检泰西书籍，并近事新闻，有与格致之学相关者，以暮夜之功，不辞劳悴，择要摘译”，“将西文格致诸书，择其有益于人者，翻译华文，月出一卷问世，盖欲使吾华人探索底蕴，尽知理之所以然，而施诸实用”，具体刊载内容包括“天文、地理、算数、几何、力艺制器、化学、地学、金矿武备等”，此“所谓格致之有益于人而可以施诸实用者”[②]。《格致汇编》内容非常丰富，几乎自然科学的每一门类均有涉及，但知识难度不大，属于普及型读物，大多为科学书籍的摘录，或“自美国幼学格致中译出”，除傅兰雅外，徐寿、玛高温、艾约瑟、慕维廉、李提摩太（Richard Timothy, 1845~1919）皆曾为其撰稿，“虽不能深入精微之奥，而藉以为升堂之阶级则裕如矣”[③]，文后设“互相问答”专栏，以期与读者互动。

地质学作为“格致之有益于人而可以施诸实用者”[④]学科之一种，

---

①1872年，《中西闻见录》（*Peking Magazine*）在北京出版，美国传教士丁韪良，英国传教士艾约瑟、包尔滕（John Shan Burdon, 1826~1907）先后担任主编。该刊自1872年8月出版，至1875年8月停刊，共计出版36期（1874年8月由于编者外出避暑，停出一期）。这是传教士在北京的第一份中文报纸，编者曾说明创办此刊的缘由：“盖土域疆界，各国大有变更，流风遗俗，阅世亦多移易，览万国图说，天下地上皆了然于胸中，述海外奇闻，宇内事俱恍然于耳前矣。”内容除包括“西国之天学、地学、化学、重学、医学、格致之学，以及万国公法、律例、文辞，一切花草树木、飞禽走兽、鱼鳖昆虫之学”，还涉及“泰西诸国创制之奇器、防河之新法以及古今事迹之变迁、中西政俗之异同”，并说明“凡新法、奇器、珍禽、异兽并万国舆地，俱绘有图示，以便查阅”（见《中西闻见录》序）。

② 徐寿：《格致汇编》序，1876年第1期。

③ 徐寿：《格致汇编》序，1876年第1期。

④ 徐寿：《格致汇编》序，1876年第1期。

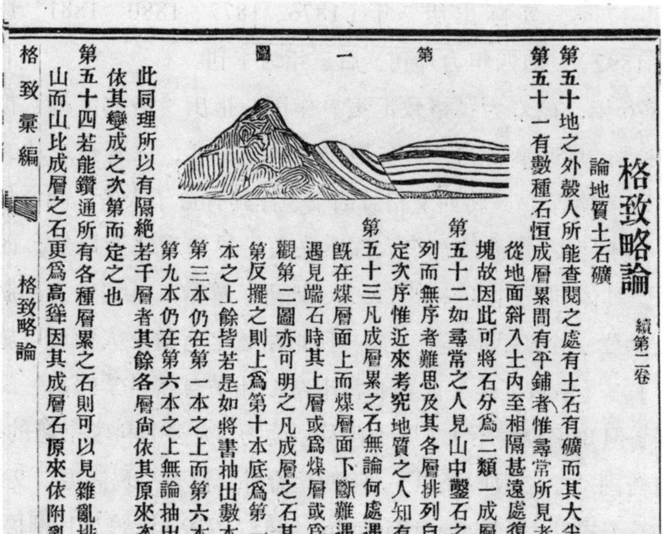

格致略論 續第二卷

論地質土石礦

第五十地之外殼人所能查閱之處有土石有礦而其大半爲石

第五十一有數種石恒成層累間有平鋪者惟尋常所見者則斜鋪之有數處見石一層在地面掘然凸出有從地面斜入土内至相隔甚遠處復向地面而突起又有數種石類恒爲雜亂無序之塊故因此可將石分爲二類一成層累者一爲亂形者如第一圖之式是也

第一圖

第五十二如尋常之人見山中鑿石之處或看煤井之邊所有之土石則必以爲皆是排列而無序者難思及其各層排列自有定次第古人亦以爲土石在地面錯置雜亂無定次序惟近來考究地質之人知有一定之排列無有不合次序之處

第五十三凡成層累之石無論何處遇之自地面而下其次第恒相同即如白石粉之層既在煤層面上而煤層面下斷難遇之又煤層恒在端石之上端石之下即無煤層惟遇見端石時其上層或爲煤層或爲白石粉層皆可有之煤層與成層累石之排列法觀第二圖亦可明之凡成層之石其次第之理不難明悉假如書一部共有十本依次第反擺之則上爲第十本底爲第一本其第二本必在第一本之上第三本必在第二本之上餘皆若是如將書抽出數本其餘者猶有次第即如抽出第二本與第五本則第三本仍在第一本之上而第六本仍在第四本之上又如抽出第八本與第七本則第九本仍在第六本之上無論抽出幾本其餘各本仍有次第排列不亂各層之石與此同理所以有隔絶若千層者其餘各層尚依其原來次第而排列也凡石之次第以最下之層爲第一即依其變成之次第而定之也

第五十四若能鑽通所有各種層累之石則可以見雜亂排列之石矣有多處其亂形石自地中凸出豎成高山而山比成層之石更爲高聳因其成層石原來依附亂形之石所以山邊或山麓恒遇成層之石又有數

格致彙編　格致略論　一

图 1–5　《格致汇编》所刊地质学文章

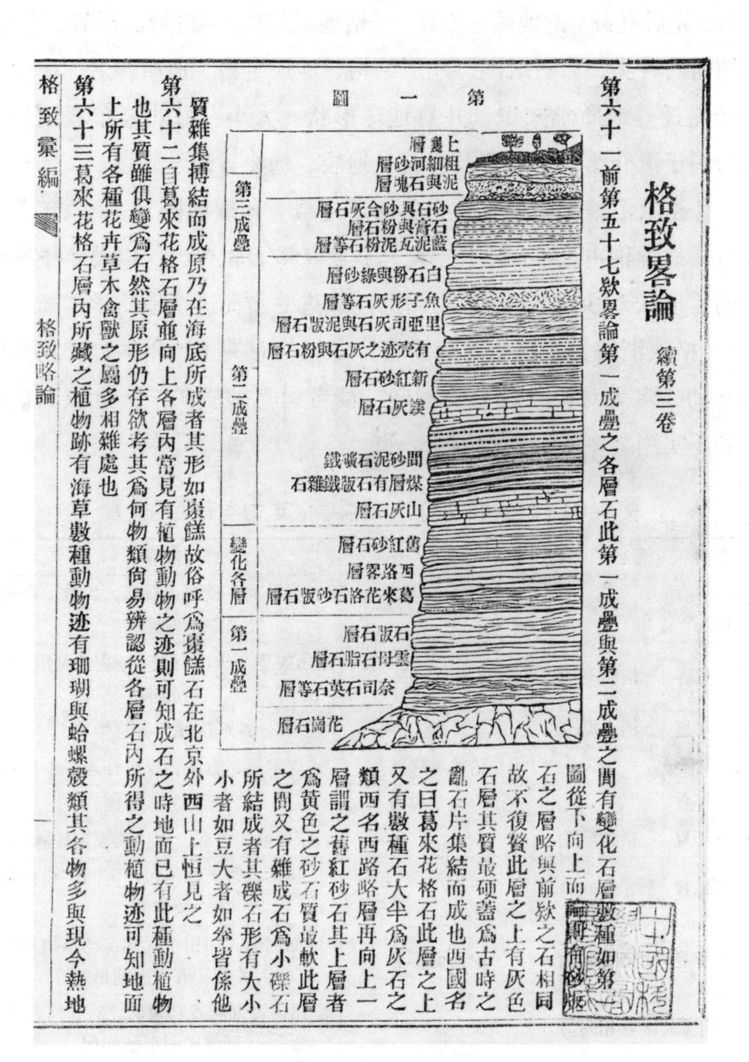

格致畧論 續第三卷

第六十一前第五十七欵畧論第一成疊之各層石此第一成疊與第二成疊之間有變化石層數種如第一圖從下向上而[illegible]石之層畧與前欵之石相同故不復贅此層之上有灰色石層其質最硬蓋爲古時之亂石片集結而成也西國名之曰葛來花格石此層之上又有數種石大半爲灰石之類西名西路畧層再向上一層謂之舊紅砂石其上層者爲黃色之砂石質最軟此層之間又有雜成石爲小礫石所結成者其礫石形有大小小者如豆大者如拳皆係他質雜集搏結而成原乃在海底所成者其形如裹餻故俗呼爲裹餻石在北京外西山上恒見之

第六十二自葛來花格石層飜向上各層內常見有植物動物之迹則可知成石之時地面已有此種動植物也其質雖俱變爲石然其原形仍存欲考其爲何物類尙易辨認從各層石內所得之動植物迹可知地面上所有各種花卉草木禽獸之屬多相雜處也

第六十三葛來花格石層內所藏之植物跡有海草數種動物迹有珊瑚與蛤螺殼類其各物多與現今熱地

格致彙編 格致畧論

图 1-6　《格致汇编》所载岩石层序表

《格致汇编》给予相当篇幅予以登载。第一年春、夏两册《格致略论》一栏，先后登载《论地质土石矿》《钻地觅煤法》《论地面形势》等文，介绍岩石种类，岩石成因、地层结构、地层生物、地质构造、矿脉、海陆变迁等地质学知识，并对地球形状、大小、海陆分布等地理相关知识予以介绍，希冀普及岩石、地层、地史等地学知识。

《格致汇编》第六年秋、冬两册连载《地理初桄》，第六年冬登载有《地学稽古论》，第七年夏登载有《矿石辑要编》以及慕维廉编著的《地球奇妙论》，这些书籍的连载进一步促进了地质学传播。此外，《格致汇编》多期“互相问答”专栏均有关于地质学、矿物学知识互动，多为对矿物成分的询问。读者留意地质矿产，意识到矿业有利于实用之事实，由此可见一斑。

表 1–6　《格致汇编》与地质学、矿物学有关的文章

卷期	专栏、书名	篇名	内容
第一年春（1876）	格致略论	论地质土石矿	岩石种类、成因，石层，矿脉，海陆变迁
第一年春	格物杂说	地震说	地震发生与火山有关，地震危害极大，宜提防
第一年夏	格致略论		地层次序，各层生物
第一年夏		钻地觅煤法	采煤工具，方法，煤层在地层中位置
第一年夏		力储于煤说	煤层形成原因
第一年夏	格致略论		石层厚薄、方向，火山喷发，矿脉形成
第一年夏	互相问答		广州读者寄矿样两包，询问矿物种类及价值
第一年夏	格致略论	论地面形势	地面河海、山川、气候与动植物种类关系，五大洲情形等
第一年秋	互相问答		广州读者询问找到煤矿之后如何开采，开煤矿洞形状如何
第一年秋	格物杂说	琥珀金刚石	两种矿物性质、质量，琥珀在地中所藏位置
第一年秋		西国开煤略法	煤之位置，采煤、炼煤方法
第一年秋	互相问答		广州读者来信询问如何修补破损琥珀

续表

卷期	专栏、书名	篇名	内容
第一年秋	格物杂说	美国开金矿	加利福尼亚开采金矿之价值
第一年冬	互相问答		山东读者询问铁矿颜色各异，何种铁矿为佳矿，验证铁矿含量之法
第一年冬	互相问答		汉口读者询问如何提取铅矿中的银矿
第一年冬	互相问答		香港读者询问如何提取银水中的银
第一年冬	互相问答		香港读者询问铂矿性质、价值
第二年春（1877）	互相问答		广州读者寄矿样一包，欲知矿石是否含金，如何提取
第二年春	互相问答		杭州读者寄自然铜一块，问如何分离铜矿
第二年春	互相问答		燕台读者问分取黄金之法
第二年春		化分中国铁矿	1876年10月，英商寄来铁矿原质三种，分述三种矿石内含物
第二年春	互相问答		福建读者询问西国所产矿石种类，常见矿石性质、价值
第二年春	互相问答		汕头读者寄矿样一块，欲知含何种矿物
第二年夏		好望角采金刚石	金刚石位置、价值、种类
第二年夏	互相问答		天津读者寄矿样一块，欲知为何种矿物，如何提取
第二年秋		西国炼铁法略论	铁之用途、性质、分类，炼铁器具、方法，不同铁矿冶炼方法
第二年秋		中国宜多聘西人查矿说略	西国富裕源自矿产，西书介绍地质矿产，西国采矿器具先进，皆应学习
第二年冬	互相问答		湖北读者询问采煤时如何通风
第四年冬	互相问答		广州读者询问如何寻矿、如何检验是否为佳矿
第四年冬	格致释器	炼试矿类之器	炼矿器具
第六年秋（1891）	地理初桄	略论地球之形及造法，论地壳，论地形，论大洲	地球形状、海陆分布，五大洲情形
第六年冬	地学稽古论		岩石种类、成因，潮汐，地层次序，各时期生物，岩层结构

续表

卷期	专栏、书名	篇名	内容
第六年冬	地理初桄	再论大洲，火山地震，论平原山谷	
第七年夏（1892）	矿石辑要编		矿石分类，各类矿物成因、特点，金、银、铜、铁、非金属等矿物性质、特点、硬度、密度、冶炼方法等
第七年夏	取铝渐广		铝为活性金属，昔日不易冶炼，随着开采技术改进，冶炼日渐完善
第七年夏	地球其妙论		地球历史、形状，地壳结构

（据《格致汇编》整理）

晚清西学刊物繁多，除以上刊物，尚有多种报刊介绍地学知识，如《中西闻见录》连载《地学指略》，以介绍中外新闻逸闻为主的《中外新报》（*Chinese and Foreign Gazette*, 宁波：1854~1861）、《万国公报》（*Globe Magazine*, 1889 年 2 月更名为 *A Review of the Times*）亦有西学相关介绍。艾约瑟在《万国公报》撰文数篇讲述地震知识，为地震学启蒙初期读物，一定程度上促进了近代地质学传播。

第三节　地质学译著与教科书发端

我国近代教科书最早见于教会学校，鸦片战争后，新教传教士来华，在各地创办教会学校，学校教材多以英美国家中小学教材为底本，或由传教士直接翻译，或经改编后使用。清末益智书会成立，希冀规范教科书的编纂工作，选定发行书目近百种，艾约瑟“西学启蒙”十六种及傅兰雅编撰《格致须知》等丛书，均用作学堂教材。至于国人自编教材，则始于 1897 年，据蒋维乔回忆：“民元前十五年丁酉（一八九七年），南洋公学外院成立，分国文、算学、舆地、史学、体育五科。由师范生陈懋治、杜嗣程、沈庆鸿等编纂‘蒙学课本'，共三编，是为我国人自编教科书之始。"[①]但据熊月之考证，在南洋公学自编教科书之前三年，浙东文人陈虬即编有《利济教经》，可视为国人自编教科书之始。[②]有关国人编写的地质学、矿物学教科书，将在以后章节详细讨论，本节主要介绍益智书会及早期的地质学、矿物学教科书出版情况。

1. 益智书会与近代地质学教科书

1877年，传教士在上海召开"第一次传教士大会"（The First General Conference of the Protestant Missionaries in China），成立"学校教科书委员会"（School and Textbook Series Committee），后名"益智书会"，初期成员包括丁韪良、韦廉臣、狄考文（Calvin Wilson Mateer, 1836~1908）、林乐知、黎力基（Rudolph Lechler, 1824~1908）、傅兰雅六人。益智书会旨在编纂中小学教科书，规范教科书出版工作及译名统一工作，除编写出版教科书外，益智书会还出版专门名词词典，以期统一科学译名[③]。益智书会成立后，着手编译出版初、高级中文教科书，成员选取英文教材，结合中国实情进行编译，出版书籍不仅用作学堂课本及教学用书，亦可为中国学者获取新知之用。傅兰雅《格致须知》即为其中影响颇广的科学启蒙丛书之一。除编纂出版教科书外，益智书会还设有专门教科书审定流程，审核并选用其他出版机构出版的科学书籍。书籍题材范围所涉甚广，科学方面有天文、地质、矿物、化学、生理等，至1894年已编译或选定教科书百余种，其中即有地质学、矿物学专书数种，

---

① 蒋维乔:《编辑小学教科书之回忆》，张静庐辑注:《中国出版史料补编》，北京: 中华书局，1957年，139~145页。

② 熊月之著：《西学东渐与晚清社会（修订版）》，北京：中国人民大学出版社，2011年，538页。

③ Committee of the Educational Association of China, *Technical Terms: English and Chinese*, Shanghai: Presbyterian Mission Press, 1904.

如《地学指略》《地理初桄》等。[①]

光绪七年（1881），益智书会出版《地学指略》，是书由英国伦敦会传教士文教治（George Sydney Owen, 1843~1914）口译，李庆轩笔译，凡3卷19章[②]。上卷5章，分论地学研究范围、改变地面形势五大动力、水成石、火成石等；中卷和下卷分述岩石各层情况及其中生物遗迹；第19章总论，讲述地球起源、海陆变迁等，并涉及进化论方面的知识。该书译自地质学家大卫·佩奇（David Page, 1814~1897）[③]教材 *Introductory Text-book*，并参考代那、赖尔等人的研究成果，插图精美，名词翻译颇为用心，适用于一般中文学校。[④]

---

① 有关益智书会与近代教科书关系研究，可参见王树槐：《基督教教育会及其出版事业》，《近代史研究所集刊》，1971年，第2期，365~396页；王树槐著：《基督教与清季中国的教育与社会》，桂林：广西师范大学出版社，2011年；张龙平：《益智书会与晚清时期的教科书事业》，见桑兵、赵立彬主编：《转型中的近代中国——"近代中国的知识与制度转型"学术研讨会论文选》，北京：社会科学文献出版社，2011年，263~279页，等等。

② 由丁韪良、艾约瑟等人于1872~1875年间创办的《中西闻见录》前4期曾连载过包尔滕的《地学指略》，全文共4章。第1章《论地形势》用5个例子说明地球为球体，第2章《论地图》详细介绍了经纬线，第3章《论洲洋人族》介绍五大洲及人种分布，第4章《论欧罗巴》详细描述欧洲情况。通篇几乎未涉及地质学知识，而《翕居读书录》有"（《中西闻见录》）曾分期连载英国地质学家包尔滕所著的《地学指略》一书，对地质学知识作了较为全面的介绍"一语（见白撞雨著：《翕居读书录》（2），北京：石油工业出版社，2009年，594页），当属误谈。

③ 大卫·佩奇，19世纪苏格兰地质学家及科学作家，曾任爱丁堡地质学会（Edinburgh Geological Society）主席，编著多本地质学相关书籍，包括 *Handbook of Geological Terms* (1859), *The Past and Present of the Globe* (1861), *Geology for General Readers* (1866), *Geology and Physical Geography* 等，其撰写的地质学教科书曾多次再版。

④ 益智书会对《地学指略》说明如下："*Geology*（《地学指略》）. Rev. G. Owen, of Peking, translated this book several years ago for the School and Text-book Series Committee, using as his authority '*Page's Introductory Text-book*', and supplementing from Dana, Dawson & Lyell. It is very carefully done and well adapted for use in Chinese schools. The illustrations are generally good. There is a carefully prepared vocabulary in English and Chinese of the geological terms employed, which has only lately been published, and which may be obtained separately if required." 见《益智书会书目》，上海：1894年，

译者在第1章即明确指出本书所述“地学”与先前人们认为的地学有所不同，旧时地学“虽名为地学，然非统论全地之万有，盖论地面形势者，谓之地理学”，而本书所述“地学”则“专论地内之泥、沙、土、石”[①]，明确指出地理学与地质学研究范畴之不同，并指出“地学有裨实用”。作者认为“地上各石，可比史书，石中物迹，可比古迹，详而究之，地球历来之情形，虽不能尽悉，亦可得其大略”，而古人之所以认为“地面之形势，自来如此，山川河海，永无变更，从未有查究其理者，见石中之物迹，亦不明其来源”，皆因不懂地学之故。通过翻译此书，译者希冀唤起读者“考古之心”，并指出“中国地面宽广，形势皆备，若有人将其各处之石类，并其物迹，详考细究，其有益于地学，实非浅鲜”[②]。徐维则《增版中西学书录》认为此书内容过于简单，“于地质学中所谓浅说”[③]。

益智书会另发行有地质地理教材《地理初桄》，此书由美国传教士卜舫济（Francis Lister Hawks Pott, 1864~1947）据孟梯德（James Monteith, 1831~1890）[④]之《自然地理学》（*Physical Geography*）翻译而成，“略参林君乐知之《地理小引》，傅君兰雅之《地理须知》”[⑤]。凡十八章，适用于一般教会学堂。[⑥]该书也对地理学和地学概念作了

10~11页。

① 文教治口译、李庆轩笔译：《地学指略》，上海：益智书会，1881年，上卷，1页。

②《序》，文教治口译、李庆轩笔译：《地学指略》，上海：益智书会，1881年。

③ 徐维则辑：《增版东西学书录》，见《近代译书目》，北京：北京图书馆出版社，2003年，220页。

④ 孟梯德，19世纪美国著名地理与地质教育学家，在制图学领域有突出贡献，其地理学教科书在美国多次再版并颇受好评。有关孟梯德生平及学术活动的研究，参见Rhodes Andrew，“James Monteith: Cartographer, Educator, and Master of the Margins”，*Cartographic Perspectives*，No. 97 (2021), pp. 6~22。

⑤《叙》，（美）孟梯德著，（美）卜舫济译：《地理初桄》，上海：益智书会，1897年。

⑥ 益智书会对《地理初桄》说明如下：“*Physical Geography*（《地理初桄》）. Rev. F. L. H. Pott., of St. John's College, Shanghai, has also produced a good translation of Monteith's *Physical Geography*,

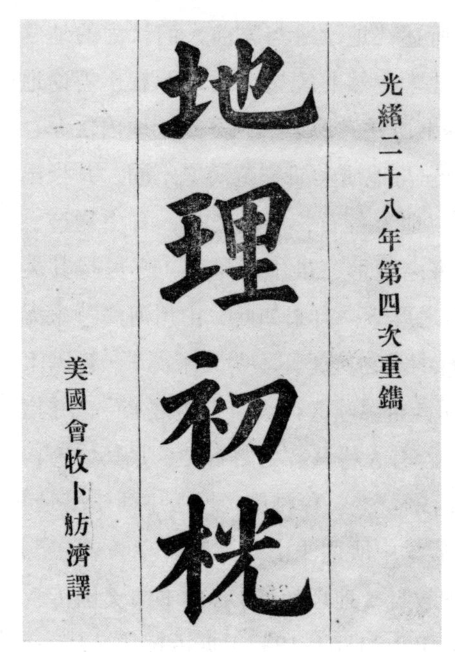
光緒二十八年第四次重鐫
地理初桄
美國會牧卜舫濟譯

图 1-7 《地理初桄》书影（益智书会，1902）

区分："地理则详地外之理，如山原河海之成，雨露风霜之故；地学则讲地中之事，如土石之层累，物类之行迹，至溯地道之权舆，则彼此实或无异"[①]。文本内容详于地理学，地质学知识包括火山、地震、岩石成因及分类、地球水陆分布等。笔者所见《地理初桄》共三个版本，光绪二十三年的铅印本、光绪二十八年重印本及《格致丛书》收录本，前两个版本内容相同，均为18章，《格致丛书》（100种附10种）收录本内容共7章，分述地球之形及造法、地壳、地形、大洲、火山、地震、平原、山谷，内容较前文所述版本删减较多。

---

adapting it to be the special requirements of the students under his charge, as well as of mission schools in general. It is well illustrated." 见《益智书会书目》，上海：1894年，23页。

①《叙》，（美）孟梯德著，（美）卜舫济译：《地理初桄》，上海：益智书会，1897年。

除翻译发行书籍，益智书会还选定已出版的天文、物理、化学、生物、地理、地质、矿物等书籍数种作为学堂教材，慕维廉《地理全志》，傅兰雅《格致须知》《格致图说》系列丛书均收录于其中。

2. 艾约瑟与“西学启蒙”十六种

艾约瑟，英国伦敦会传教士，1848 年来华，1905 年 4 月 23 日于上海去世，初于墨海书馆工作，除与李善兰、王韬等人合译科学书籍外，还参与《中西闻见录》《万国公报》等近代报刊的编辑工作，亦是《教务杂志》（*The Chinese Recorder*）、《中国评论》（*The China Review*）主要撰稿人。艾约瑟一生著书颇丰，著作内容涉及天文、数学、物理、医学等方面。1880~1889 年其应时海关总税务司赫德（Robert Hart, 1835~1911）邀请，受聘为海关译员，翻译多种西学著作。①

“西学启蒙”丛书共十六种②，为艾约瑟受聘为海关译员时期翻译著述，“其理浅而显，其意曲而畅，穷源溯委，各明其所由来，无不阐之理，亦无不达之意，真启蒙善本”③，“今阅此十六种，探骊得珠，剖璞呈玉，遴择之当，实获我心。虽曰发蒙之书，浅近易知，究其所谓深远者，第于精微条目，益加详尽焉”④。除《西学略述》为艾约瑟自己编译外，其余十五种均据西文原本翻译，底本为麻密纶大书院（即 MacMillan 图书出版公司）于 19 世纪 70 年代开始出

---

① 有关艾约瑟生平及在华科学活动，可参见邓亮：《艾约瑟在华科学活动研究》（中国科学院自然科学史研究所，2002 年硕士论文）。

② 包含《西学略述》《格致总学启蒙》《地志启蒙》《地理志学启蒙》《地学启蒙》《植物学启蒙》《身理启蒙》《动物学启蒙》《化学启蒙》《格致质学启蒙》《天文启蒙》《富国养民策》《辨学启蒙》《希腊志略》《罗马志略》《欧洲史略》十六种。

③ 李鸿章：《序》，艾约瑟编译：《西学略述》，上海：总税务司署，1886 年，1~2 页。

④ 曾纪泽：《序》，艾约瑟编译：《西学略述》，上海：总税务司署，1886 年，2 页。

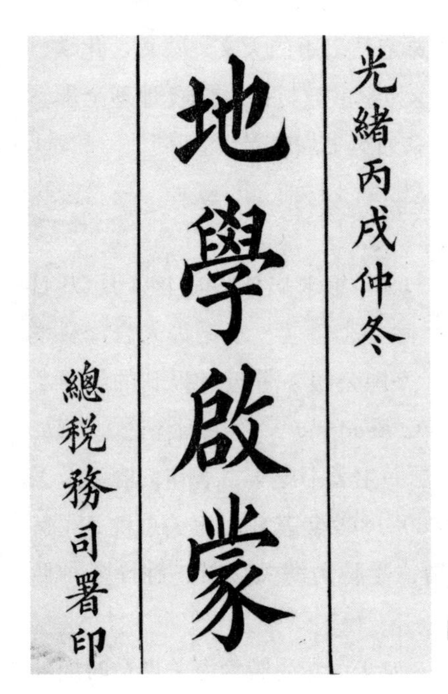

图 1-8 《地学启蒙》书影
（总税务司署，1886）

版的启蒙类读物及教科书，有关地学的知识包含于《地学启蒙》[①]《地理质学启蒙》二书，均为益智书会选定教科书。《地学启蒙》原本为祁觐的 *Geology*，全书 8 卷，分论地学义旨、各类岩石、动力地质学、构造地质学等，最后为统论，书中未有涉及地层学知识。《地理质学启蒙》底本为祁觐的 *Physical Geography*，书中主要介绍自然地理等知识，虽然"于地质学未为全备"[②]，但会采用地质学理论解释一

① 益智书会对《地学启蒙》说明如下："*Geology, Primer*（《地学启蒙》）. Here we have one of the MacMillan Series of Science Primers, by Professor Geikie, F. R. S., translated by the Rev. J. Edkins, D. D. The combined efforts of two such scholars could only result in a valuable and tersely written text-book."见《益智书会书目》，上海：1894 年，11 页。

② 徐维则辑：《增版东西学书录》，见《近代译书目》，北京：北京图书馆出版社，2003 年，220 页。

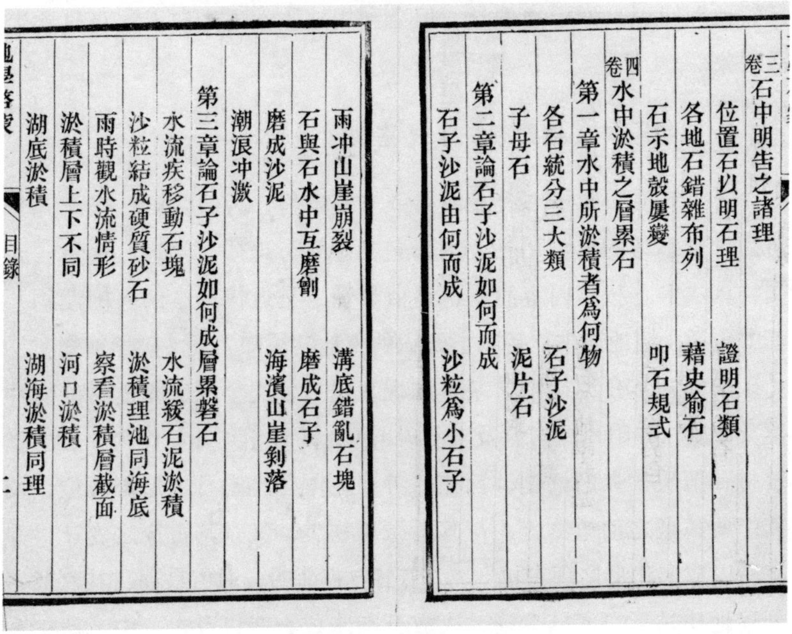

卷三 石中明告之諸理
位置石以明石理　證明石類
各地石錯雜布列　藉史喻石
石示地殼屢變　叩石規式
卷四 水中淤積之層累石
第一章水中所淤積者爲何物
各石統分三大類　石子沙泥
子母石　泥片石
第二章論石子沙泥如何而成
石子沙泥由何而成　沙粒爲小石子
雨冲山崖崩裂　溝底錯亂石塊
石與石水中互磨劘　磨成石子
磨成沙泥　海濱山崖剝落
潮浪冲激
第三章論石子沙泥如何成層累磐石
水流疾移動石塊　水流緩石泥淤積
沙粒結成硬質砂石　淤積理池同海底
雨時觀水流情形　察看淤積層截面
淤積層上下不同　河口淤積
湖底淤積　湖海淤積同理

地學啓蒙　目錄　二

图 1-9　《地学启蒙》目录

些自然现象，邹振环指出此书与林乐知《地理小引》（即《格致启蒙》之《地理启蒙》）底本相同。[①]

《地学启蒙》正文凡七卷。卷一论述地学考察范围；卷二讲述岩石分类；卷三介绍岩石成因及如何通过岩石判断地壳变化；卷四至卷六分述水成岩、变质岩及火成岩三大类岩石成因；卷七略述地球表面情形及引起地表变化的各类因素。其中“借书喻石”“借史喻石”等章节，说明从地球表面变化可判断地球演变之历史，读来颇有趣味。《地理质学启蒙》凡四卷，论述地球形状、昼夜变迁、风力等

① 邹振环著：《晚清西方地理学在中国——以 1815 至 1911 年西方地理学译著的传播与影响为中心》，上海：上海古籍出版社，2000 年，127 页。

自然地理知识，详于地理学，但会利用地质学理论知识解释日常生活现象。

3. 傅兰雅与《格致须知》《格致图说》丛书

《格致须知》丛书由上海格致书室发售，为傅兰雅、华蘅芳专门为学堂编写的教学用书，内容包括地理、地质、物理、气象、天文、算法等。丛书内容简明，通俗易懂，是近代科学的入门读物，其中包括介绍地质学、矿物学知识的《地学须知》及《矿学须知》。《矿学须知》介绍矿物学基本知识，包括各类金属、非金属矿物种类及性质，并附重要岩石及宝石说明[①]；《地学须知》作为一般学堂教材及地质学入门读物，旨在“考查地体各类土石之形势部位，及其中所蕴藏之动植物迹，与其所藏矿物类，又查其古今之变迁，并其所以成形化形之理者也”[②]。全书内容简明，通俗易通，共六章，分述地质情形、海陆变迁、火成石与水成石，以及古、中、新三大石层[③]，“于石类、矿类之详细形性皆未论及，大略与祁氏启蒙（即林乐知《地理小引》）相同”[④]。《格致须知》丛书另有两本有关地学的著作，《地理须知》与《地志须知》。《地理须知》指出地理包

---

① 益智书会对《矿学须知》说明如下：“*Mineralogy, Outlines*（《矿学须知》）. This useful little book for school and general use, illustrated by 69 engravings, gives a fair outline of Mineralogy. Its six chapters treat of the general characteristics of minerals, their form and colour, the non-metallic, the commoner metals, the heavier metals, concluding with an account of the more important of the rocks and precious stones. The author is Dr. J. Fryer.”见《益智书会书目》，上海：1894 年，14 页。

②《序》，傅兰雅著：《地学须知》，上海：格致书室，1883 年。

③ 益智书会对《地学须知》说明如下：“*Geology, Outlines*（《地学须知》）. A simple and effective introduction to the science of Geology, this little illustrated volume of Dr. Fryer's is calculated to serve as an elementary school book, or as a general view of the subject for ordinary enquirers.”见《益智书会书目》，上海：1894 年，11 页。

④ 徐维则辑：《增版东西学书录》，见《近代译书目》，北京：北京图书馆出版社，2003 年，220 页。

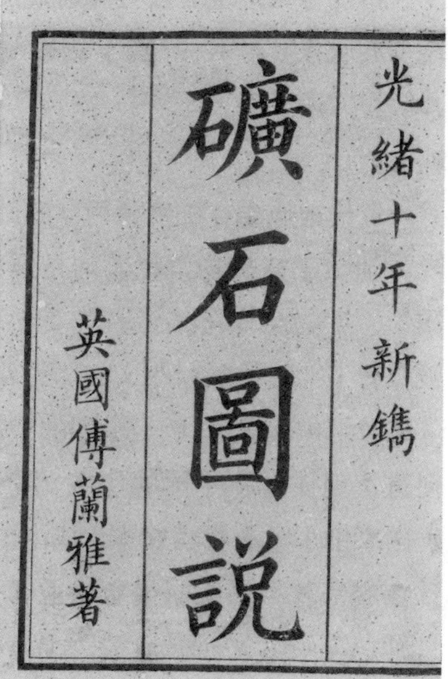
光緒十年新鐫

礦石圖說

英國傅蘭雅著

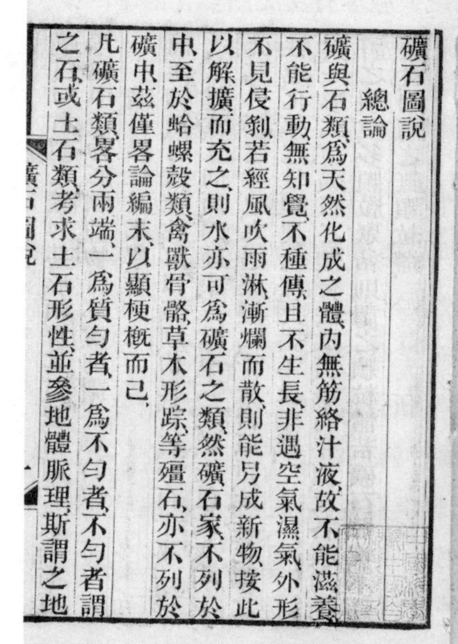
礦石圖說

總論

礦與石類爲天然化成之體內無筋絡汁液故不能滋養不能行動無知覺不種傳且不生長非遇空氣濕氣外形不見侵剝若經風吹雨淋漸爛而散則能另成新物按此以解礦而充之則水亦可爲礦石之類然礦石家不列於中至於蛤螺殼類禽獸骨骼草木形踪等殭石亦不列於礦中茲僅畧論編末以顯梗概而已

凡礦石類畧分兩端一爲質勻者一爲不勻者不勻者謂之石或土石類考求土石形性並參地體脈理斯謂之地

图 1-10　《矿石图说》书影与总论

含内容甚广，全书仅收录其重要部分，全书凡六章，有关地质学内容不多，主要包括空气侵蚀、火山地震、地质变迁等动力地质学内容。《地志须知》主要涉及地貌学知识及五大洲各国情势。全书六章，第一章释名，分述大洲、海岛、山岭等，主要涉及地貌学知识，后五章分述五大洲各国情势。

《格致图说》丛书由益智书会发售，同样为相关学科入门读物，其中有《矿石图说》①，分述各类矿石名称、形状、颜色、产地、硬

① 益智书会对《矿石图说》说明如下："*Mineralogy and Palaeontology, Hand-book*（《矿石图说》）. This is one of the most useful and complete of all the chart hand-books. There are no less than 244 coloured illustrations in the chart which are reproduced, but without colours, in the hand-book. Where a collection of

度、密度等，但笔者所见《格致图说》版本有文无图。《西学图说》丛书亦收录《矿石图说》，内容与《格致图说》相同，并配有大量图片解说，图文并茂。

近代地质学伴随晚清西学东渐传入中国。传教士所办近代刊物，晚清地质学、矿物学译著均是早期传播地质学的重要媒介。早期地质学、矿物学译著多译自英美学校教材或地学启蒙读物，部分译著被益智书会选为教科书，亦用作路矿学堂教材，在晚清有一定影响。《格致汇编》等近代刊物有相当篇幅刊载地质学、矿物学相关文章，促进了地质学在中国的传播。我国教科书初见于教会学校，多以英美国家中小学教材为底本，或由传教士直接翻译，或经改编后使用。旨在规范教科书编纂出版的益智书会成立后，选定发行科学书目近百种，艾约瑟“西学启蒙”十六种及傅兰雅编撰《格致须知》《格致图说》等丛书，均用作学堂教材。因受翻译人员知识素养及地质学发展程度所限，彼时传播的地质学知识浅显，且学科精细化程度不高，“地质学”学科概念并不清晰，译著名称以“地学”居多。加之教材内容基本译自欧美国家，鲜少涉及中国地质环境或矿产资源的介绍，这在一定程度上反映了地质学入华初期面貌。

---

mineralogical specimens is available this hand-book will be found of much service. Where no such collection can be obtained the book in connection with the chart will be enough to give a fair idea of the subject. The book alone is well suited for the purposes of a text-book. The translation is by Dr. J. Fryer.” 见《益智书会书目》，上海：1894 年，15 页。

第二章　清末教育改革与地质学教科书的涌现（1902~1911）

从1895至1911年不到20年的时间里，中国经历的巨大变动，不可避免地引起社会方方面面的变化，西学传入亦不例外。甲午战争前，传教士是引进西学的主力，他们或翻译西书，或创办报纸杂志，或开办印书馆和教会学校，通过多种途径传播近代科学知识。甲午战后，地质学传入情况发生重要变化，教科书成为传播地质学的主要媒介，留日归国的学生成为翻译地学著作的主力。本章以清末出版的地质学、矿物学教科书为研究对象，讨论教科书出现的社会背景及清末地质学、矿物学教育情况，梳理清末出版的主要地质学、矿物学教科书，比较教科书与早期地学译著在内容来源、知识体系、语言术语等方面的不同，并结合时代背景，探讨这些书籍的特点及影响。

第一节　学制演变与近代地质学教育

20世纪初，清政府积极推行新政。教育方面，清政府1901年颁布《兴学诏书》，次年颁布《钦定学堂章程》，时隔不到两年，又颁布《奏定学堂章程》，1905年科举制度废除，进一步推动了新式学堂教育的发展。新学制推行后，各类新式学堂出现，且数量逐渐增多。

新式学堂开设有地质学、矿物学相关课程,《奏定学堂章程》要求初等、高等小学堂及初等中学堂开设格致课（动物、植物、矿物），高等学堂开设地质及矿物课程，明确要求学生熟悉地质学大意，矿物种类、形状及用途，而大学堂则单设地质学门，开设课程更为细致。新式学堂的设立及相关课程的开设，急需内容与新学制相符的教科书，依学制而编的各类教科书亦相继出版。

1. 近代教科书的出现

1901 年，清政府颁布《兴学诏书》，指出“兴学育才，实为当务之急”，要求“除京师已设大学堂应切实整顿外，着将各省所有书院，于省城均改设大学堂，各府厅直隶州均设中学堂，各州县均设小学堂，并多设蒙养学堂”[①]，此后各地相继将原有书院改为学堂。1902 年，管学大臣张百熙拟《钦定学堂章程》，旨在推行新式教育，但该章程并未得到施行。1904 年 1 月，清政府复颁布《奏定学堂章程》，正式推行新式教育，史称“壬寅 - 癸卯学制”。《奏定学堂章程》规定设蒙学堂、初等小学堂（五年）、高等小学堂（四年）、中学堂（五年）、高等学堂[②]（三年）、大学堂（三或四年）六类学堂，另开办培养专门人才的师范学堂、工商实验学堂等。“癸卯学制”要求各府必须设立一所中学，故新学制推行后，中学堂数量明显增加。《奏定学堂章程》自公布起直至清末，规范了各学堂章程、课程设置、教材课本、教学目的、教员学生入学条件、学堂管理等各个方面，教育方面影响深远。

废科举、兴学堂、推行新式教育是晚清教育领域最明显的变化，传统的旧式课本已经不再适用，急需从形式到内容都能适应新式学

---

①《大清新法令 1901~1911（第 1 卷）》，北京：商务印书馆，2011 年，9 页。

② 高等学堂，即学生中学毕业欲入大学分科者，先于高等学堂修业三年，再进大学学习。

堂的教科书。1905年科举制度正式废除，新式学堂教育渐渐趋于成熟，近代教科书亦随之出现。"科举废后，正式教科书遂相继出现，有由学堂自编应用者，有由私人编辑者，有由书商发行者，有由日本教科书直译而成者"①。《钦定高等学堂章程》对学校课本的使用亦有明确规定：凡各项课本，须遵照京师大学堂编译奏定之本，不得歧异。其有自编课本者，须咨送京师大学堂审定，然后准其通用。京师编译局未经出书之前，准由教习按照此次课程所列门目，择程度相当之书暂时应用，出书之后即行停止。②

为规范教科书的编纂及发行，1902年京师大学堂开设译书局，同年编书处成立，这是中国近代第一个官方组织的教科书编纂机构，编书处发布章程，拟按中小学堂课程编纂教科书，"其各门用最简单之本，为蒙学及寻常小学之用；较详之本，为高等小学及中学之用；其自高等及专门者，由教习口授无课本"③。1906年6月，学部设立编译图书局，下设总务、编书、译书、庶务四课，专职编纂各类学堂教科书，并制定章程准则规范教科书出版。对于教科书编纂次序，学部规定初等小学为最先，高等小学次之，中学和初级师范又次之，并允许民营出版社出版或自编教材，但所出教材须交由学部审定，审核通过，方可作为学堂教材使用。④教育新政的推行，官方编书局的成立，民营出版机构的推动，各类新式教科书大量出版，不少教科书冠以"新编""最新""实用"之名，以说明教科书依学制而编，适用新式教育之用。

---

①《教科书之发刊概况》，见中华民国教育部编：《第一次中国教育年鉴（戊编）》，115页。

②舒新城编：《中国近代教育史资料（中）》，北京：人民教育出版社，1981年，534页。

③《教科书之发刊概况》，见中华民国教育部编：《第一次中国教育年鉴（戊编）》，117页。

④关于晚清学部编纂与审定教材相关工作，参见关晓红著：《晚清学部研究》，广州：广东教育出版社，2000年。

2. 中小学堂地质矿物学教育

“癸卯学制”要求各府必须设立中学堂，各州、县须设立小学堂及蒙学堂，各地改书院为学堂，清末新式学堂数量迅速增多，入学学生人数亦急剧增长。中小学并未要求学生学习地质学课程，仅在小学堂开设格致课程，中学堂开设博物课程，两类课程教授内容包括矿物一项，要求学生明确重要矿物种类、性质及用途，故这一时期虽学堂众多，但地质学课程并未普及。

小学堂开设的格致课程，下设矿物课程，《奏定初等小学堂章程》明确格致之矿物课程，其要义在使知动、植物，矿物等类之大略形象质性，并各类与人之关系，以备有益日用生计之用。[①]《奏定高等小学堂章程》则要求更加细致：使知动、植物，矿物等类之形象质性，并使知物与物之关系，及物与人相对之关系，可适于日用生计及各项实业之用，尤当于农业、工业所关重要动、植、矿等物详为解说，以精密其观物察理之念。[②]

1909 年，学部上奏，将中学堂课程分为文科和实科，“学文科者当求文学之精深，学实科者尤期科学之纯熟”。学部陈述分科原因：“窃维治民之道不外教养，故学术因之有文学与实学之异。特是教养两端，分之则各专一门以致精，合之则循环相济以为用。小学堂之宗旨，在养其人伦之道德，启其普通之知识，不论其长成以后，或习文学，或习实业，皆须以小学立其基，此不能分者也。至中学堂之宗旨，年齿已长，趣向已分，或令其博通古今以储治国安民之用，或令其研精艺术以收厚生利用之功，于是文科与实科分焉。驯至升入大学，任以职官，而其学业各有注重，其成绩自各有专长。”此外，因学

---

① 舒新城编：《中国近代教育史资料（中）》，北京：人民教育出版社，1981 年，416 页。

② 舒新城编：《中国近代教育史资料（中）》，北京：人民教育出版社，1981 年，431 页。

生性格、兴趣各异，故分科有利于学生各施所长，“近日体察各省情形，学生资性既殊，志趣亦异，沉潜者于实科课程为宜，高明者于文科学问为近，此关于天授者也。志在从政者则于文科致力为勤，志在谋生者则于实科用功较切，此因于人事者也”，因此“于一堂之内分设两科，认真教授，以广裁成而期实效”。[①]

分科以后，选择学习实科的学生，于中学堂需修习博物课程，包括动物、植物、生理、矿物四个方面。《钦定中学堂章程》规定学生第四学年修习矿物，每星期两课时。[②]《奏定中学堂章程》则对博物课程所讲之矿物内容、学时要求更加明确，要求说明重要矿物之形状、性质、功用、鉴定法之要略。第三、四学年修习矿物，每星期两课时。[③]

《钦定高等学堂章程》规定高等学堂艺科学生学习地质学及矿产学，聘外国教习教授，课时则每学年不定。《奏定高等学堂章程》对高等学堂地质矿物课程内容及学时要求更低，仅要求第三类学科第三学年修习地质及矿物，内容包括地质学大意，矿物种类、形状及化验，每周 2 课时。[④]

总体而言，地质学教育在清末中小学堂并未普及，只有高等学堂学生需系统修习地质学，中小学仅仅要求了解地质大意及重要矿物之形状、性质、功用，故此时期出版教科书内容大多系统简明，且以矿物学教科书为多，真正系统的地质学训练则需待学生进入大学阶段始得开展。

---

① 舒新城编：《中国近代教育史资料（中）》，北京：人民教育出版社，1981 年，513~514 页。

② 舒新城编：《中国近代教育史资料（中）》，北京：人民教育出版社，1981 年，494 页。

③ 舒新城编：《中国近代教育史资料（中）》，北京：人民教育出版社，1981 年，505 页。

④ 舒新城编：《中国近代教育史资料（中）》，北京：人民教育出版社，1981 年，566 页。

3. 高等地质学教育的萌芽

早在同治年间，中国即开设矿物学课程，京师同文馆等开设金石课程，洋务运动设路矿学堂，教授矿物、金石课程，但直到清末，高等地质教育始得发端。1898 年，戊戌变法开始，拟开办大学堂，教授西学，同年京师大学堂成立，是为中国高等教育之肇始，后变法虽失败，但京师大学堂得以保留。1902 年清政府进行教育改革，颁布《钦定京师大学堂章程》，规定师范馆学生需修博物学（动、植物及矿物）课程，使学生知晓地质学、矿物学之大略，而艺科学生则要求学习地质学及矿产学，由外国教习教授，课程信息如下表：

表 2-1　《钦定京师大学堂章程》规定艺科修习地质学及矿产学课程表

学年	教习内容	课时（每周）
第一学年	地质之材料，矿物之种类	4
第二学年	地质之构造与发达，矿物之形状	3
第三学年	矿物化验	3

（据《钦定京师大学堂章程》第二章《功课教法》整理）

1904 年，清政府复颁布《奏定学堂章程》，规定大学堂设经学科、政法科、文学科、医科、格致科、农科、工科、商科，其中格致科包括算学门、星学门、物理学门、化学门、动植物学门、地质学门。地质学门学生以修习地质学、矿物学课程为主，辅以动植物课程及实验课程，并有野外实习要求，共计三个学年，具体开设课程如下：

表 2-2　大学堂地质学门课程表

课程性质	科目	第一学年课时（每周）	第二学年课时（每周）	第三学年课时（每周）
主课	地质学	3	0	0
	矿物学	2	0	0
	岩石学	2	0	0
	岩石学实验	不定	0	0
	化学实验	不定	不定	不定
	矿物学实验	不定	0	0
	古生物学	0	2	0
	古生物学实验	0	3	0
	晶象学	0	2	0
	晶象学实验	0	2	0
	地质学实验	0	不定	0
	矿床学	0	0	3
	地质学及矿物学研究	0	0	不定
补助课	普通动物学	3	0	0
	骨骼学	1	0	0
	动物学实验	4	0	0
	植物学	0	4	0
	植物学实验	0	3	0

（据《奏定学堂章程》整理）

1909 年，京师大学堂格致科地质学门正式招生，聘德国人梭尔格为教员，共招收王烈、邬友能、裘杰等高等学堂学生，后王烈赴德国留学，地质学门仅邬友能、裘杰 2 名毕业生。① 由于人数太少，办学费用过高，地质学门仅开办一届即暂停招生。

除地质学门学生需接受系统的学科训练及野外考察培训外，其他学门亦开设相关课程，与地质关系最为密切的采矿冶金学门要求修

① 于洸：《关于北京大学地质学系早期的几件事》，《中国科技史料》第 9 卷第 2 期（1988 年），81~86 页。

习地质学、矿产学基础知识，动植物学门要求开设古生物学，农学门、林学门及建筑学门则需要开设基础地质学课程。

表 2-3　大学堂开设地质课程一览表

学门	学年	教授内容	学时（每周）
中外地理学门	第二学年	地质学	1
动植物学门	第一学年	地质学	3
	第一学年	矿物及岩石实验	1
	第二学年	古生物学	2
农学门	第一学年	地质学	2
林学门	第一学年	地质学及土壤学	3
建筑学门	第一学年	地质学	1
采矿冶金学门	第一学年	矿物学	1
		地质学	1
		采矿学	2
		冶金学	2
		矿物及岩石识别	1
	第二学年	采矿学	2
		冶金学	4
		矿物及岩石识别	2

（据《奏定学堂章程》整理）

教材方面，北京大学图书馆藏有京师大学堂讲义《地质学》[①]，

①《地质学》，京师大学堂讲义，作者、出版年份均不详，封面仅“地质学”三字，中缝有“地质学讲义　京师大学校农科”字样。（《地质学》文献线索为业师韩琦先生提示，特致谢忱）据推断《地质学》作者很有可能为章鸿钊。章氏 1911 年毕业于日本东京帝国大学，后即回国，应罗振玉之邀在京师大学堂担任地质学讲师。其《六六自述》中对此有说明：“先是奉罗叔韫夫子手谕，约予毕业后，担承京师大学农科大学地质学讲师。盖罗师时为农科大学学长也。此固义不容辞者，即修简诺之。”（见章鸿钊著：《六六自述》，武汉：地质学院出版社，1987 年，25 页）后章鸿钊到北京，在京师大学堂开学前曾为准备课程编写讲义，《六六自述》云：“中秋后，以京师大学开课期近，予即移寓马神庙校舍，预备讲义。盖时中国教授法与日本不同，教师必先编讲义，印刷分给学生，而后为之讲解，

或为京师大学堂地质学门及其他理学门基础地质学教材。《地质学》分地相、动力、构造、岩石、地史五篇，讲述地质构造、矿物岩石、地质变迁、地层、古生物等地质学基础知识，其中“地相篇系说明地球之大小形状及表面之状态；动力篇论形成地貌及以此造成物质之诸动力；构造篇述及地壳中岩石之配例；岩石篇论岩石生成种类性质及构成岩石之矿物；历史篇系论地球及生息于地球之生物变迁发育也”，“前三篇则为修普通地质学者所必知，后二篇则属于前世界史及地质学也”[①]。《地质学》文本质量较高，编著体例完备，书中《绪论》除介绍了地质学研究范围外，还将地球发展史与社会变迁史、人之成长过程比较，强调地球演变经历漫长历史，地质学虽为纯粹科学，但应用极广，且与多门学科关系密切。全书内容体例仿日式教科书，名词术语亦以日式名词居多，教材内容详实，可读性强，知识内容安排合理，书中所划地层年代及所用术语与现今地层结构及术语已十分接近（见表 2-4）。值得注意的是，《地质学》很好地吸收了外国地质学家的考察成果，如关于黄土的成因，书中特别介绍了李希霍芬关于黄土风成说的论点。[②]此书最大的特点是在正文前回顾外国人在中国的考察史，包括美国地质学家庞佩利、德国人李希霍芬、匈牙利人洛川（Lajos Lóczy, 1849~1920）、美国人维理士、日本诸地质学家以及美国纽约博物馆派遣的东亚远征队等

故教师劳而学生则甚逸，不若日本学生必自抄讲义也。时予所担任者为地质学，听讲者为农科大学学生也。”（见章鸿钊：《六六自述》，武汉：地质学院出版社，1987 年，29 页）章氏留学日本，《地质学》内容体例仿日文教科书，且《地质学》中缝有“地质学讲义 京师大学校农科”字样，正与此吻合。章鸿钊另编有《地质学讲义》，是书为北京农业专门学校一年级学生专门撰写，指出地质学与农、林各科关系紧密，希冀引起学生对斯学的重视。参见杨丽娟、韩琦：《“奥陶纪”译名创始时间新考》，《化石》2016 年第 4 期，34~35 页。

①《绪论》，《地质学》（京师大学堂讲义）。

② 书中认为黄土成因“学说不一，或谓为冰河之剥削作用，或谓为湖底沉淀之残余。然德国地质学家李希霍芬氏游于我国，观察事实，而断为由风吹积而形成者”。见京师大学堂讲义《地质学》。

在中国的地质考察情况，提供了早期外国科学家来华考察的信息及线索。

表 2-4　京师大学堂讲义《地质学》中地层系统

<table>
<tr><td rowspan="3">新生代（Cenozoic）</td><td rowspan="2">第四纪（Quaternary）</td><td>冲积统（Alluvial Series）</td></tr>
<tr><td>洪积统（Diluvial Series）</td></tr>
<tr><td colspan="2">第三纪（Tertiary）</td></tr>
<tr><td rowspan="3">中生代（Mesozoic）</td><td colspan="2">白垩纪（Cretaceous）</td></tr>
<tr><td colspan="2">侏罗纪（Jurassic）</td></tr>
<tr><td colspan="2">三叠纪（Triassic）</td></tr>
<tr><td rowspan="6">古生代（Paleozoic）</td><td colspan="2">二叠纪（Permian）</td></tr>
<tr><td colspan="2">石炭纪（Carboniferous）</td></tr>
<tr><td colspan="2">泥盆纪（Devonian）</td></tr>
<tr><td colspan="2">志留利亚纪（Silurian）</td></tr>
<tr><td colspan="2">奥陶纪（Ordovician）</td></tr>
<tr><td colspan="2">寒武利亚纪（Cambrian）</td></tr>
<tr><td colspan="3">远古代（Algonkian）</td></tr>
<tr><td rowspan="3">太古代（Archaean）</td><td colspan="2">千枚岩纪（Phyllite Period）</td></tr>
<tr><td colspan="2">云母片岩纪（Mica Schist Period）</td></tr>
<tr><td colspan="2">片麻岩纪（Laureation）</td></tr>
</table>

虽然地质学门仅开办一届，但大学堂聘请外国教员，开设有完备的地质学、矿物学课程，辅以实验考察课程，并编写相应教科书，其他学门亦开设相关课程，实为不易。1913 年，农商部办地质研究所，曾借用京师大学堂地质学门校舍及相关器材，培养了诸多著名地质学家，1917 年，北京大学地质学系恢复招生，中国高等地质教育得以延续。

第二节　日文地质学书籍与教科书的汉译

甲午战后，中国掀起师日浪潮，甄选学生留日、派遣官员考察、广译日本书籍、延聘日本教习，日本的政治、经济、法律、自然科学等通过各种途径传入并影响中国。留日归国的学生翻译大量日文书籍，其中即包括不少日本学堂使用的教科书，清末教育改革更使得地质学、矿物学教科书涌现，民营出版机构亦参与教科书的编译及出版工作，地质学教科书成为传播地质学知识的主要媒介。

1. 向日本学习

19世纪，中日两国都面临着重大的历史选择。日本曾经同中国一样与世隔绝，面对西方社会的冲击，日本打开国门，积极引进西学。即使在闭关锁国的几个世纪中，日本亦不放弃了解欧洲情况。明治维新后，日本迅速发展，很快走向现代化，并开始对外扩张。[①]甲午一战震惊全国，昔日的学生竟然打败了天朝大国，痛苦和屈辱过后中国开始进行自上而下的反思，向日本学习几乎成了全民共识。中国派遣留学生，广译日本书籍，各类官员赴日考察学习，聘请日本教习来华，师日浪潮持续了数十年。

1896年，我国派遣首批学生到日本留学，共13人，此后数年，全国上下出现了留日潮。男子留学、女子留学、父子留学、师徒留学，甚至全家组团留学，赴日留学风靡一时，到1905、1906两年，赴日留学生人数已达八千人，“为任何留学国所未有”[②]。除留学生外，

---

①（美）斯塔夫里阿诺斯著，吴象婴、梁赤民、董书慧、王昶译，梁赤民审校：《全球通史——从史前到21世纪（下）》，北京：北京大学出版社，2012年，589~593页。

②（日）实藤惠秀著，谭汝谦、林启彦译：《中国人留学日本史》，北京：北京大学出版社，2012年，31页。实藤氏在书中对中国人留日始末，留学生在日本的生活学习，留日学生翻译活动等有详细讨论。

各类官员亦赴日考察学习，并积极引进日本教育体系。1896 年，京师同文馆增设东文馆，培养翻译人才，随后，以日语为主要教学媒介的东文学堂纷纷开设，东文学堂大都聘用日本教习[①]，高等学堂或大学堂亦有日本教员，如京师大学堂中即有日本教习。部分民间出版机构也有日本注资，如彼时中日合资的商务印书馆出版的“最新教科书”系列，就有不少日本资金、技术和专家学者的支持[②]。

除大批留学生赴日求学外，大量日文书籍被翻译成中文，顾燮光在《译书经眼录》中曾言“清光绪中叶，海内明达惩于甲午之衅，发愤图强，竞言新学，而译籍始渐萌芽”[③]。据统计，从 1896 年至 1911 年，15 年间，中国翻译日文书籍多达近千种[④]，翻译题材涉方方面面，但数目较多的是关乎教育（包括教科书）和法律的书籍。梁启超描述当时日文书籍翻译之盛状：“壬寅、癸卯间，译述之业特盛，定期出版之杂志不下数十种。日本每一新书出，译者动数家。新思想之输入，如火如荼矣。”[⑤]

为何会有如此盛况？国人认为，要学习日本，需先翻译日本书籍，欲学习西学，亦需先翻译日本书籍。中国人认识到翻译比留学更加紧迫，甚至认为留学的主要目的是为了培养翻译人才[⑥]。张之洞在他有名的《劝学篇》中明确说明翻译日文书籍的诸多好处：“至各种

---

① 谭汝谦:《代序: 中日之间译书事业的过去，现在与未来》，实藤惠秀监修，谭汝谦主编，小川博编辑:《中国译日本书综合目录》，香港：香港中文大学出版社，1980 年，58~59 页。

② 毕苑著：《建造常识：教科书与近代中国文化转型》，福州：福建教育出版社，2010 年，46 页。

③ 顾燮光：《自序》，见《近代译书目》，北京：北京图书馆出版社，2003 年，401 页。

④ 谭汝谦:《代序: 中日之间译书事业的过去，现在与未来》，实藤惠秀监修，谭汝谦主编，小川博编辑:《中国译日本书综合目录》，香港：香港中文大学出版社，1980 年，61 页。

⑤ 梁启超著，朱维铮校注：《清代学术概论》，北京：中华书局，2011 年，146 页。

⑥（日）实藤惠秀著，谭汝谦、林启彦译：《中国人留学日本史》，北京：北京大学出版社，2012 年，171 页。

西学书之要者，日本皆已译之，我取径于东洋，力生效速，则东文之用多。”“学西文者，效迟而用博，为少年未仕者计也；译西书者，功近而效速，为中年已仕者计也。若学东洋文、译东洋书，则速而又速者也。是故从洋师不如通洋文，译西书不如译东书。”[①]徐维则在《增版东西学书录》里也说：“西人教法，最重童蒙，有卫生之学，有体操之法，有启悟之书。日本步武泰西通俗教育，其书美备，近今各省学堂林立，多授幼学，宜尽译日本小学校诸书，任其购择，一洗旧习，获效既速，教法大同。”“不精其学，不明其义，虽善译者理终隔阂，则有书如无书也，且传译西书才难费巨，所得复少。日本讲求西学，年精一年，聘其通中西文明专门学者，翻译诸书，厥资较廉，各省书局，盍创行之。”[②]罗振玉在《扶桑两月记》中言：“中国习外国语，东文较简易，日本近来要书略备，取径尤捷，西文则非数年内所能精通。”[③]

翻译日文既然较翻译西文简单，取经日本既然较学习他国方便，各类日文书籍便相继出版。梁启超在上海创办“大同译书局”，“以东文为主”，罗振玉在上海办农学社，聘日本学者翻译书籍。1900年后，留日学生有能力翻译日文，开始创办翻译团体，如译书汇编社、教科书译辑社、湖南编译社、普通百科全书、闽学会等。[④]留学生对翻译工作的贡献是巨大的，1903年，范迪吉等留日学生翻译《普通百

---

① 张之洞：《外篇·广译第五》，张之洞著：《劝学篇》，上海：上海书店出版社，2002年，46页。

②《书录例目》，徐维则辑：《增版东西学书录》，见《近代译书目》，北京：北京图书馆出版社，2003年，27页。

③ 罗振玉著：《学堂自述》，南京：江苏人民出版社，1999年，68页。

④ 译书汇编社可视为中国留日学生第一个译书机构，教科书译辑社则可视为译书汇编社的分社，译书汇编社以翻译大学教材为主，教科书译辑社则专译中学教科书。参见（日）实藤惠秀著，谭汝谦、林启彦译：《中国人留学日本史》，北京：北京大学出版社，2012年，179页。

科全书》100种（会文学社出版）[①]，清末民初新式学堂的教科书，亦大部分是留日学生的译著[②]。国内相关译书机构也在此时期内相继成立，据熊月之统计，从1896年到1911年，中国和留日人员中翻译、出版日文书籍的机构至少有116家，其中以上海居多，留日人员在日本所办的技术机构主要设在东京。[③]国内译书机构比较重要的包括商务印书馆[④]、南洋公学译书馆[⑤]、广智书局、文明书局[⑥]、昌明公司、会文学社等。

当然，对于当时日文书籍翻译之盛状，亦有学者曾冷静反思。梁启超认为彼时出版日文书籍种类繁多，但中国人并未能完全理解译书内容，而日文书籍之所以受欢迎，是读者没有太多选择的缘故，

---

① 这套书是当时日本中学教科书和一般大专程度参考书，其中有佐藤传藏的《地质学》。

②（日）实藤惠秀著，谭汝谦、林启彦译：《中国人留学日本史》，北京：北京大学出版社，2012年，194页。

③ 熊月之著：《西学东渐与晚清社会（修订版）》，北京：中国人民大学出版社，2011年，510页。

④ 商务印书馆创建于1897年，创办人包括夏瑞芳，鲍咸恩、鲍咸昌兄弟及高凤池四人，创办之初主要业务为商业簿册和商业报表，1902年开设编译所翻译教科书。关于商务编译教科书原因，源于1902年，彼时国人对新知识十分渴望，各书局翻译的日文书籍大受欢迎，夏瑞芳“见而心动，亦欲印行此类之书”，但由于所聘翻译人员为“略识东文之学生”，译成的书稿质量欠佳，销路大成问题。后来经张元济指点，建立编译所，聘蔡元培任所长。蔡元培认为废除科举是大势所趋，于是“叠延海内通儒、教育专家及留学欧美日本大学学士博士，专任编译之事，或翻译名著，或自编新书”，“此商务印书馆编辑教科书之发端也”。参见蒋维乔：《编辑小学教科书之回忆》，见张静庐辑注：《中国出版史料补编》，北京：中华书局，1957年，139~145页；《商务印书馆大事纪要》，见张静庐辑注：《中国出版史料补编》，北京：中华书局，1957年，557~564页。

⑤ 南洋公学1896年由盛宣怀创办于上海，先后设立师范院、外院（小学）和中院（中学），并附设有译书院，专职负责编写教科书。南洋公学是较早编写出版教科书的机构，各级学堂均有自己的教科书，前文提及的储丙鹑编辑的《普通问答四种》即为其中之一。

⑥ 文明书局成立于1902年，创办人包括廉泉、丁宝书、俞复等，是近代较早出版发行教科书的民营出版机构，晚清时期出版大量教科书，文本质量颇佳，学部对文明书局出版的教科书评价也较高，不少书籍被审定为教科书在全国使用。

日文书籍翻译虽多，“然皆所谓‘梁启超式’的输入，无组织、无选择，本末不具，派别不明，惟以多为贵，而社会亦欢迎之。盖如久处灾区之民，草根木皮，冻雀腐鼠，罔不甘之，朵颐大嚼，其能消化与否不问，能无召病与否更不问也，而亦实无卫生良品足以为代”[①]。

2. 地质学教科书的出版

如果说师日浪潮使大量日文书籍出版成为可能，那么清末教育改革则是推动了日译教科书的出现。1902年京师大学堂编书处成立，编纂中小学堂教科书，“盖其编纂目的，一仿日本教科书方法”[②]。学部编译图书局专职编纂各类学堂教科书。清末出版的自然科学教科书几乎全是日文译本[③]，日译教科书在当时颇受读者青睐。蒋维乔回忆商务印书馆编辑教科书缘由，很大程度源于“各书局盛行翻译东文书籍，国人因智识之饥荒，多喜购阅，故极畅销”[④]，广智书局1898年“发行日文翻译教科书多种，销路甚佳”[⑤]。民营出版机构的成立，加之官方译书局的推动，大量译自日文的教科书亦在此时期大量出版，不少教科书冠以“新编”“最新”“实用”之名。随着日译教科书的大量出版，日译地质学、矿物学教科书亦随之出现，并从一定程度上促进了中国地质学发展。[⑥]

---

① 梁启超著，朱维铮校注：《清代学术概论》，北京：中华书局，2011年，146页。

②《教科书之发刊概况》，见中华民国教育部编：《第一次中国教育年鉴（戊编）》，117页。

③ 谭汝谦：《代序：中日之间译书事业的过去，现在与未来》，实藤惠秀监修，谭汝谦主编，小川博编辑：《中国译日本书综合目录》，香港：香港中文大学出版社，1980年，62页。

④ 蒋维乔：《编辑小学教科书之回忆》，见张静庐辑注：《中国出版史料补编》，北京：中华书局，1957年，139~145页。

⑤《教科书之发刊概况》，见中华民国教育部编：《第一次中国教育年鉴（戊编）》，117页。

⑥ 我国虽然翻译西方地质学书籍早于日本，但却忽视了高等学堂教育与人才培养。早期地学译著，如《地理全志》《金石识别》《地学浅释》等都曾先后传到日本，产生较大影响，洋务运动时期路矿学堂开设的课程以矿物学等实用课程为主，对理论知识介绍相对较少。而日本在1877年于文部省

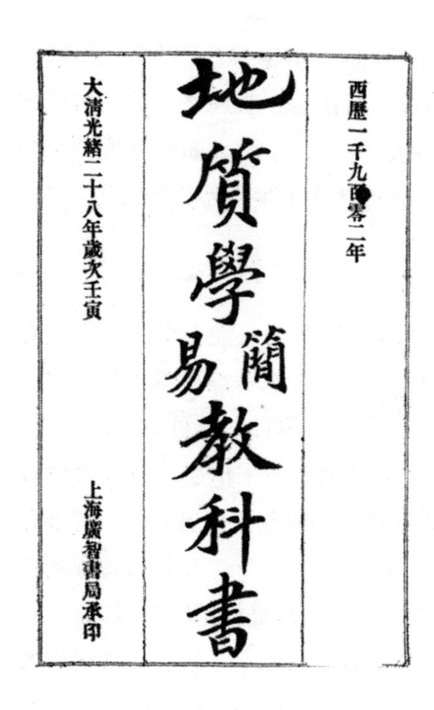
西曆一千九百零二年
地質學簡易教科書
大清光緒二十八年歲次壬寅
上海廣智書局承印

图 2-1 《地质学简易教科书》书影（广智书局，1902）

早在 1902 年，虞和钦、虞和寅即译有《地质学简易教科书》[①]，将日本著名地质学家横山又次郎（1860~1942）[②] 的《地质学教科书》

建立的工业大学开设了地质探测等课程，同年东京大学成立，也开设地质学课程，培养自己的地学人才。到 1881 年，东京大学已出版了六七种日本地质学者的地质学著作，而大学地学教师，也逐渐由日本地质学者代替外聘地学教授。故清末中国留学生翻译日文书籍时，日本已出版不少本国地质学家编写的教材。有关中日地质科学交流史相关研究，可参见王鸿祯主编：《中外地质科学交流史》，北京：石油工业出版社，1992 年。

①（日）横山又次郎著，虞和钦、虞和寅译：《地质学简易教科书》，上海：广智书局，1902 年。

② 横山又次郎是日本著名的地质学家，1882 年东京大学地质学系毕业后，进入刚成立的地质调查所工作，后赴德国留学，1889 年担任东京帝国大学教授，1906 年曾到中国东北及华北地区考察，曾撰写了日本第一篇化石方面的论文。他还是章鸿钊在日本留学时的导师，在留日学生中有一定知名度。横山氏《地质学教科书》至少再版四次，他希冀通过此书使地质学能够在日本普及。本节述及的多本地质学教科书均译自横山氏教科书，或以其教科书为蓝本编译而成。

介绍入中国。全书五篇，分述岩石、构造等地质知识。顾燮光《译书经眼录》中收录此书，并附简要介绍："《地质学简易教科书》一卷，上海科学仪器馆丛书本，日本横山又次郎著，虞和钦、虞和寅译述。地质学为理学之一，其要在考求地球现状、性质及历史，故其范围颇博，且与天文、物理、矿物、古生物等诸学科交涉甚多。是书五编，曰地相篇、曰岩石篇、曰动力篇、曰构造篇、曰历史篇。所言皆能举其要，而动力篇之言水之作用、火山现象，构造篇之言岩石配置、地壳构造，尤有至理，其历史篇考求岩层及化石，分为四期，亦具特识。附图四十五幅，便于查核之用。"①

日本富山房编纂，留日学生郑宪成翻译的《（普通教育）地质学问答》出版于1903年，是书以问答体形式编写，除总论外，分"地球形相论""地球岩石论""地球变动论""地壳构成论""地球沿革论"五个方面讲述地质学知识，文末附"化石学大要"，主要讲述动植物知识，作者希冀以一问一答这样通俗又吸引人们好奇心的方式，唤起人们对地球科学的兴趣。编者认为地质学研究甚广，且对其他学科助益颇多，"地质学，以考究地球体中包含之现象为宗旨，凡由太古至近古，数千万年间，地球形相与构成至变迁沿革，皆识别之，故其包含颇广，就中如矿山农业，不可不借此学之力也"②，且研究地质学乐趣颇多，"地质专研之愉快，学者夙知，无待吾人之深辩也"，所以地质学应得到各理科学者的广泛关注。地球的发展经历漫长的历史，除岩石学等基础知识外，地球发展史也是地质学应研究的内容，地球"生成之故，经几多之变迁盛衰，而后至于今日之状态也，由太古界而古世界，由古世界而中世界，由中世界而至

---

① 顾燮光辑：《译书经眼录》，5卷，1页，见《近代译书目》，北京：北京图书馆出版社，2003年，538页。

②《例言》，富山房编纂，郑宪成译：《（普通教育）地质学问答》，上海：作新社，1903年。

近世界，其年月为地质时代，吾人得地质学者，由此研究而已”。那该如何研究地球历史？编者认为通过岩石或矿脉皆不可行，但可依据地球表面的动植物变化考察地质变迁。“夫迸发岩通各时代而不绝，非现出世界之原因乎，矿脉或与迸发岩相伴，或为沉淀。而彼之动物植物，一荣一枯，一盛一衰，由此可得其端倪也。而其间有秩序，有法则，故虽深地中，虽广世界，虽远古代，而以地质学之实验与理论研究，恰如快刀断乱麻，又如反掌之易也。”[①] 故全书对于化石部分讲述颇为详细，并有专门章节讲述动植物知识。

叶瀚[②]《地质学教科书》亦翻译自横山又次郎《地质学教科书》，分上、下二编，是书曾连载于1905~1906年《蒙学报》，后由上海蒙学报馆书局发行单行本，出版年份不详。全书分总论、地相篇、岩石篇、动力篇、岩成篇、构造篇、历史篇七部分。总论论及地质学之宗旨、分类，并说明地质学为实用之科学，与其他学科紧密联系。正文分述岩石、地史、动力、构造等基础地质学知识。该书完全翻译自日文，作者并未对内容进行改变或补充，因此书中例证以日本为主，时人认为并不适用于中国。

---

①《编者自叙》，富山房编纂，郑宪成译：《（普通教育）地质学问答》，上海：作新社，1903年。

② 叶瀚（1861~1936），字浩吾，浙江余杭人。早年入张之洞幕，1887年曾发起成立农学会，1895年，在上海与汪康年创办《蒙学报》，1900年在上海参加保皇运动，1901年在上海创办速成师范学校，参加爱国学社，1902年与蔡元培、章太炎等发起成立中国教育会，次年加入兴中会，与蔡元培等人组织对俄同志会，积极参加拒俄运动。1905年，叶瀚与蔡元培、杜亚泉等创办理科通学所。他曾游历日本，中华民国成立后，曾任北京大学历史系教授，兼研究所国学门导师，后回杭州，任浙江大学教授。（有关叶瀚生平简介，参见杭州市余杭区地方志编纂委员会编著：《余杭著名人文自然》，北京：方志出版社，2005年，476页）叶瀚一生著述颇丰，在教育界颇有名气，除《地质学教科书》外，其有关地学的书籍还有《地学歌略》《天文地理歌略》等，并著有《清代地理学家传略》。

陈文哲[①]、陈荣镜[②]编译《地质学教科书》，内容较叶瀚译书简略，语言也更为精炼。是书出版于1906年，凡六篇，第一至第五各篇“以日本理学博士横山氏《地质学教科书》为主，参取东京高等师范学校讲师、理学士佐藤先生所著之《地质学》（日本帝国百科全书之一种）及山崎先生之口义以辅之”，第六篇则“以佐藤先生《地质学》及其口义为主，参取横山氏教科书及东京高等师范学校讲师矢津先生之《清国地志》[③]与石川先生《地球发达史》及《地文学讲义》等以辅之”，“务令理明词达，简要不繁，切适各学堂教科之用”。书中各名词后兼附英语，“一以读者参考之便，一以为学者练习欧文之助力”[④]。此书严格说来已算得上自编教科书，编者不仅参考多种日文教科书，还留意补充中国地质情况，至于编译此书缘由，主要有二：“欲全国国民，协力调查我国地质，以为日后经营农工各实业之基础”，“欲全国国民深悉我国宝藏所在，共启地利，实护利权，同奋进于矿业界”。[⑤]对于一些重要的内容，文中会用粗体、“·”、“◎”等特殊符号标示说明，以引起读者注意。书末附“标本采集旅行法”，介绍野外采集标本的方法及各类岩石、矿物特点。至于此书适用范围，编者认为“本书谨依《奏定学堂章程》，以适用于优级师范学堂、高等学堂并高等农工各学堂教科书为主旨，其他大学堂之地质学门、

---

① 陈文哲（1873~1931），字象明，湖北广济人。两湖书院毕业，后留学日本东京高等师范学校，曾任两湖理化学堂堂长，学部员外郎，教育部图书编辑处主任等职，译有教科书《物理学》《化学》《矿物学》，著有《有机化学命名草案》。参见湖北省地方志编纂委员会编：《湖北省志人物志稿（第四卷）》，北京：光明日报出版社，1989年，1789页。

② 陈荣镜，字武亭，湖北荆门人，早年留学日本，曾任私立中央政法专门学校校长。

③《清国地志》出版于1906年，为日本学者矢津昌永所著，讲述中国地理位置、风土人情、物产风光等。《地质学教科书》参考部分主要为各地矿产并地质构造等相关内容。

④《例言》，陈文哲、陈荣镜编译：《地质学教科书》，上海：昌明公司发行，1906年，1页。

⑤《例言》，陈文哲、陈荣镜编译：《地质学教科书》，上海：昌明公司发行，1906年，1页。

农学门、农艺化学门、林学门、土木工学门、建筑学门、采矿冶金学门、动植学门，亦得参用之”[①]。《地质学教科书》谨依《奏定学堂章程》而出，在编译方面也颇为用心，但此书并未被学部审定为中学堂教科书，仅作为教员教学参考之用，学部对此书评价如是："是书以横山又次郎之《地质学教科书》为主，参取他书，以期合乎吾国之用，译笔亦颇明畅。惟地层名目译音之处，仍沿日本文之旧，若以华音译读之，则与西音大相矛盾矣。又化学名及地名均多与旧籍参差，是其缺点也。然以供中学校教员参考之用，则尚合宜。"[②]

自编教科书值得一提的还有张相文所编译《最新地质学教科书》。张相文（1867~1933），字蔚西，号沌谷，江苏泗阳人，著名地理学家和地理教育家。早年入上海南洋公学师范班学习历史、地理，师从日本人藤田丰八学习日文，后执教于上海南洋公学、两广优级师范学校及北京大学。1901、1902 年，先后编著《初等地理教科书》和《中等本国地理教科书》，"为中国地理教科书之嚆矢，风行一时"[③]，"在光绪年间实为开风气之作"[④]。1909 年，张相文同张伯苓、陶懋立等创立中国地学会，并任首届会长，次年，《地学杂志》出刊，有人曾评价："吾国专门杂志，恐无一能及其悠久也。"[⑤]张氏一生著述颇丰，有关地学的著作还有《蒙学外国地理教科书》（文明书局，1903）、《小学地理教授法》等，其诗文作品收录于《南园丛稿》。孟森曾中肯地评价张相文学术生涯，对张氏学术有很好的概括："君之学，邃于舆地，间及其他考贬论说之事，一出其真见，不傍他人门户，

①《例言》，陈文哲、陈荣镜编译：《地质学教科书》，上海：昌明公司，1906 年，1 页。

②《附录：学部审定中学教科书提要（续）》，《教育杂志》第 1 卷第 2 期（1909 年），9~18 页。

③ 张星烺：《地学耆旧：张相文先生哀启》，《方志月刊》第 6 卷第 3 期（1933 年），50~51 页。

④《地学耆旧：张相文先生》，《方志月刊》第 6 卷第 11 期（1933 年），36~37 页。

⑤《地学名宿张相文逝世》，《国立北平图书馆读书月刊》第 2 卷第 5 期（1933 年），21~22 页。

翻译日本书籍，颇流行于世，非其好也。”“中年以后，肆力舆地之学，历览前人古籍之所考订，必足履而目验之，游迹遍东西塞外，及齐、鲁、晋、豫诸行者，南入粤，所至必有纪述。京师为人文所聚，有志于地学者，争慕君，集会研讨，历年推君为会长，出《地理杂志》至百余册。”①

《最新地质学教科书》1909 年由上海文明书局出版，凡四卷，五篇——地史篇、动力篇、构造篇、岩石篇、地相篇，内容涉及普通地质学方方面面。是书“取材东籍，一以横山氏原著为蓝本，间取他书以益之，而篇第则略为更置，期于由总合而分解，以适于教科之用”，张相文指出“旧译地质学书，不过《地学总论》《地质全志》，寥寥数帙，而条理既嫌不清，定名尤多陋劣”，希望此书能弥补这些不足。②

《最新地质学教科书》是一本质量较高的自编教科书，语言精练，科学性强，结构合理。该书除参考日文教科书外，还对中国典籍中的地质现象有诸多介绍，旁征博引，内容丰富。书中在讲述地质现象时能联系中国实际情况③，加之张氏本身具有较高地学素养，能纠正以往的一些错误认识④，补充新近的地质研究发现，甚至引用中国

---

① 孟森:《张君蔚西墓表》，见卞孝萱、唐文权编:《民国人物碑传集》，南京：凤凰出版社，2011 年，490~491 页。

②（日）横山又次郎著，张相文编译:《最新地质学教科书》，上海：文明书局，1909 年，1 卷，1 页。

③ 如在《地窟生成及地盘陷落》小节中，张相文特意介绍了中国石灰岩洞穴的情况：中国泰山麓之满家洞，南岭之麓之各岩洞，往往深邃险绝，居人恃以避兵，要皆石灰岩之洞穴也。见（日）横山又次郎著，张相文编译：《最新地质学教科书》，上海：文明书局，1909 年，3 卷，26 页。

④ 如张相文在地史篇中指出此前教科书介绍寒武纪是最古老的地层，该认识是错误的，《最新地质学教科书》中多了对“前寒武利亚系”地层的介绍，并说“曩之考地质者，尝误以本系（即寒武纪）为最旧之古生层，而实则与前系（前寒武利亚系）有别”。见（日）横山又次郎著，张相文编译：《最新地质学教科书》，上海：文明书局，1909 年，1 卷，10 页。

古籍中相关内容记载[①]，出版后深受好评。《地学杂志》曾多期介绍该书："是书译自东籍，以横山又次郎《地质学》为底本，参考他书以补之，文笔调畅，取材丰富，亦考求地理及研究矿学者之善本也。"[②]时人更将此书与叶瀚之译书、陈文哲等译书比较，认为"叶瀚译之地质学，陈文哲之地质学，说固完善，而证例多他国之事，实未足为国民教育道，学部审为参考书，宜哉！""张相文出，特树一帜，一切证例，悉以中国之事实为本，而张氏之新撰地文、地质两书，尤亲切详赡，诚教育国民之善本，言地质、地文者多宗之。"[③]

虽然这一时期日译教科书数量较多，但并非一枝独秀，尚有部分地质学教科书译自英美国家，且译文质量颇佳。这一时期译自英美国家教科书的地质学教材主要有商务印书馆发行的《最新中学教科书·地质学》及美国女传教士麦美德（Luella Miner, 1861~1935）自编教材《地质学》，虽然数量相对较少，但极大丰富了教科书的多样性。

《最新中学教科书·地质学》光绪三十一年（1905）八月初版[④]，三十二年十月三版（笔者目前尚未得见1905年版本，下文论

---

① 如在《地震之原因》一节中，此前叶瀚、陈文哲等译书中讲述引起地震发生一共三个原因，即陷落地震、火山地震、断层地震。张相文书中补充第四种原因，并辅以当时各地的地震记录为佐证："近来于右三因（陷落地震、火山地震、断层地震）之外，又有第四因之说焉，谓地震者多起于地核与地壳间之界缝者也，中心之地核，因冷却而渐缩，所发散之瓦斯水蒸气等，常充溢于坚壳之下，有时冲击熔岩，由内向外，并势而上，地壳受其冲动，故蔓延广大，不仅限于一方，此地震之所由多也。中国地震之见于史书者，殆不可胜计，据本年报告，香港、澳门曾连日震动，而重庆地震，至使自流井，旁溢而出，然因拥于大陆之内部，故为灾尚不甚巨云。"见（日）横山又次郎著，张相文编译：《最新地质学教科书》，上海：文明书局，1909年，3卷，22页。

②《介绍图书》，《地学杂志》第1卷第1期（1910年），2页。

③ 陈学熙：《中国地理学家派》，《地学杂志》第2卷第17期（1911年），1~7页。

④《最新中学教科书·地质学》版权页注明该书初版于光绪三十一年（1905），有些研究文献误认为此书初版于1904年，故此说明。

述所用为1906年版本），为商务印书馆广受好评的“最新教科书”系列[①]之一，由张逢辰、包光镛[②]译自美国地质学家赖康忒（Joseph Le Conte, 1823~1901）[③]《地质学概要》（*A Compend of Geology*）

---

① “最新教科书”系列包括初等小学堂、高等小学堂和中学堂用书三类，配合癸卯学制学级划分，并辅有教学参考用书及各种挂图，科目齐备，选材合理，加之编辑出版队伍学识渊博，视野开阔，出版后大受欢迎，影响范围超过了同时期其他教科书，时人给予极高评价。据蒋维乔回忆，“此书既出，其他书局之儿童读本，即渐渐不复流行”，“在白话教科书未提倡之前，凡各书局所编之教科书及学部国定之教科书，大率皆模仿此书之体裁，故在彼一时期，能完成教科书之使命者，舍‘最新’外，固罔有能当之无愧者也”，“此书固盛行十余年，行销至数百万册”（蒋维乔：《编辑小学教科书之回忆》，见张静庐辑注：《中国出版史料补编》，北京：中华书局，1957年，139~145页）。陆费逵认为“在光复以前，最占势力者，为商务之最新教科书，学部之教科书两种”（陆费逵：《论中国教科书史》，见李桂林、戚名琇、钱曼倩等编：《中国近代教育史资料汇编·普通教育》，上海：上海教育出版社，2007年，195页）。郑鹤声盛赞该套教科书“实开我国学校用书之新纪录”，此书出后，“教学之风为之一变”（郑鹤声：《三十年来中央政府对于编审教科图书之检讨》，见李桂林、戚名琇、钱曼倩等编：《中国近代教育史资料汇编·普通教育》，上海：上海教育出版社，2007年，218页）。

② 译者张逢辰、包光镛早年同在南洋公学中院就读，在学期间表现不俗，获得过学校奖励，光绪二十五年（1899），张逢辰因“好学励行，堪资仪式”，“奖洋银2元”；包光镛因“能知自重，故能寡过”，“奖洋银5角”。参见上海交通大学校史编纂委员会编:《上海交通大学纪事(1896~2005)》，上海：上海交通大学出版社，2006年，16页。

③ 赖康忒是活跃于19世纪美国科学界的重要人物，一生钟爱科学。其1823年2月26日出生于乔治亚州（Georgia）南部，是家里的第五个孩子。三岁时母亲去世，受父亲影响，从小喜爱科学。15岁进入乔治亚大学（University of Georgia）。1844年大学毕业，赴纽约医学院（College of Physicians and Surgeons）学习，并于1845年取得医学学位，后于梅肯（Macon）行医。1850年赖康忒赴哈佛大学劳伦斯科学学院（Lawrence Scientific School at Harvard University），师从著名地质学家、冰川学奠基人阿加西。此后，赖康忒先后执教于奥格尔索普大学（Oglethorpe University）、乔治亚大学、南卡罗莱纳州大学（College of South Carolina），教授地质学及自然史课程。1869年，赖氏担任加利福尼亚大学地质学、生物学、博物学教授，直到1901年去世。因为地质学上的杰出贡献，他被选为美国科学促进会（American Association for the Advancement of Science）及美国地质学会（Geological Society of America）主席。有关赖康忒生平及学术活动，参见：Lester D. Stephens, “Joseph Le Conte and the Development of the Physiology and Psychology of Vision in the United States”,

1898 年修订版[①]。谢洪赉[②]在序言中说："地质学，灼于今之变迁，而务穷其所自，成毁相倚"，并认为地质学源远流长，并非西方独有，"夫地质一门，其流弥远，征之我古，夫岂无闻，《禹贡》所垂，椎轮在昔"，但是后来因为"杂以荒唐之说"，导致这门科学发生了改变，以致"中世以降，阒焉无称"，"土层剥蚀，沙洲伸涨，其来以渐者，固无论矣，几席之间，钓游之地，气候异宜，草木异类，抑且瞢然不辨，而经纬之度数，物种之布置，更无论矣"。他认为，世人"所以为天地间成毁之枢机，则又瞠乎无所闻见"，皆因"地质学不明之咎"，因此，通过翻译此书，希望"兹编之成，盖予人以科学智识，而唤醒其考察之习惯"。《最新中学教科书·地质学》"自明其例"，

Annals of Science, Vol. 37, No. 3, pp. 303~321；Andrew C. Lawson, "Joseph Le Conte", *Science, New Series*, Vol. 14, No. 347, pp. 273~277; S. B. Christy, "Biographical Notice of Joseph Le Conte" (A Paper read before the American Institute of Mining Engineers, at the Mexican Meeting, November, 1901); Eugene W. Hilgard, "Biographical Memoir of Joseph Le Conte, 1823~1901" (Read before the National Academy of Sciences, April 18, 1907); Joseph Le Conte, *The Autobiography of Joseph Le Conte*, New York: D. Appleton and Company, 1903。

① 赖康忒著作颇丰，写作内容涵盖光学、地质学、气象学、进化论等多门学科，其关于地质学教科书的著作主要有两本，《地质学基础》（*Elements of Geology*）及《地质学概要》（*A Compend of Geology*）。前者出版于 1878 年，是一本为大学课程而作的教科书，先后再版四次，在各个学院及大学广泛使用数十年，深受欢迎。后者初版于 1884 年，是一本更为基础的地质学教科书，专为中小学生所写，目的在于用有趣的方式向学生们讲述科学知识，以及通过指导学生们观察日常生活中最熟悉的地质现象，唤起教师们观察自然的习惯，此书 1898 年再版，《最新中学教科书·地质学》即翻译自此书修订版。有关《最新中学教科书·地质学》翻译底本情况的研究，参见杨丽娟、韩琦：《晚清英美地质学教科书的引进——以商务印书馆〈最新中学教科书·地质学〉为例》，《中国科技史杂志》第 35 卷第 3 期（2014 年），316~331 页。

② 谢洪赉（1873~1916），字鬯侯，别号寄尘，晚年自署庐隐。早年就读于博习书院（Buffington Institute），协助院长潘慎文翻译自然科学书籍，后到上海中西书院（Anglo-Chinese College）管理图书。谢洪赉热心西学引介，熟悉中国文化，出版译著近百种，"最新教科书"系列谢洪赉参与编译最多。

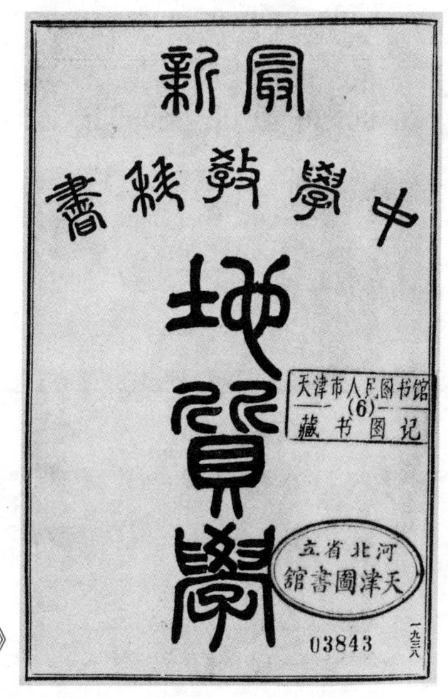

图 2-2　《最新中学教科书 · 地质学》书影（商务印书馆，1906）

“虽浅易，然其网罗大纲，盖亦粗具，要足以为后来之嚆矢”[①]。

《最新中学教科书 · 地质学》正文凡三卷：卷一“地质变迁”，分四章（论空气之功用、论水类之功用、论有机体之功用、论火之功用）十一小节（论江河、说海、论冰、水之化力、植物、铁矿、灰石、物类布置、火山、地震、地壳之渐变），讲述各种地质现象及引起诸多现象的原因；卷二“地质结构”，共六章（论地形暨其结构、论有层累石、无层累石、论变形石、论各石结构公例、剥蚀概论）五小节（结构与位置、有层累石类、合缝、矿脉、山岭），论述构造及岩石知识；卷三“地质历史”，包括六章（概论、最古石系及最古迹、古石系及迹、

①《序言》，（美）赖康忒著，张逢辰、包光镛译：《最新中学教科书 · 地质学》，上海：商务印书馆，1906 年。

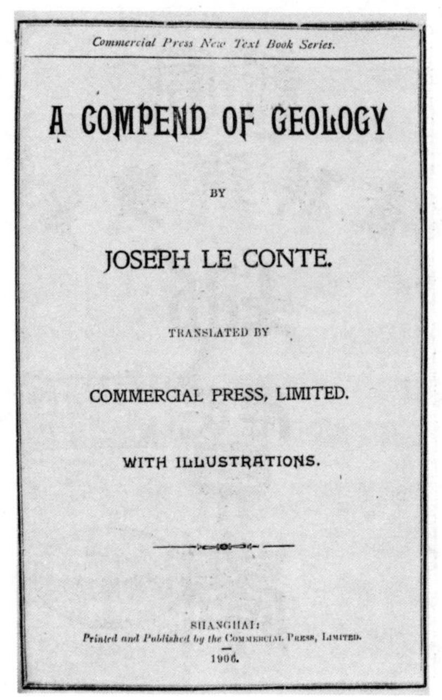
Commercial Press New Text Book Series.

A COMPEND OF GEOLOGY

BY

JOSEPH LE CONTE.

TRANSLATED BY

COMMERCIAL PRESS, LIMITED.

WITH ILLUSTRATIONS.

SHANGHAI:
Printed and Published by the COMMERCIAL PRESS, LIMITED.
1906.

图 2-3 《最新中学教科书·地质学》英文扉页

中迹：爬虫时代、新迹：胎生动物时代、方始迹：人类时代）十小节（概说、第十一及第十石段：无脊骨动物代、第九石段：鱼属时代、第八石段：无花植物及水陆两栖动物时代、第七石段、第六石段、美国第六石段时情形、第五石段、三等石系、四等石系），介绍古生物学及地层学，还包括进化论方面的知识。除介绍地质学知识外，还有篇幅涉及地质学教授方法，全书附图 360 幅，“为从来教科书所未有”[①]，书中译例中说“卷末附西文名目表”[②]，但书后并未得见。《最

①（美）赖康忒著，张逢辰、包光镛译：《最新中学教科书·地质学》，上海：商务印书馆，1906 年。
②《译例》，（美）赖康忒著，张逢辰、包光镛译：《最新中学教科书·地质学》，上海：商务印书馆，1906 年。

新中学教科书·地质学》定位为中学堂第五年用书[①]，但并未被选作学堂教科书，而仅作为教学参考书，学部认为此书“关涉亚洲者甚鲜，不合吾国之用，惟记载甚详，可作为中学参考书”[②]。此书译成后，商务印书馆附书籍介绍[③]，希冀书籍广泛传播。是书曾再版多次，直至民国初年还继续出版[④]。

除《最新中学教科书·地质学》外，美国传教士、北京协和女书院院长麦美德根据代那、赖康忒、塔尔（Ralph Tarr, 1864~1912）以及祁覩等人的著作，并参考李希霍芬、庞佩利、莱特（Wright）以及卡内基研究所在华考察研究成果[⑤]编著而成的《地质学》亦是此时出版的重要地质学教科书。麦美德，美国公理会（American Board Mission）传教士，1887 年赴华布道[⑥]，曾任贝满学校校长，并创办华北协和女子大学，1914 年，奥柏林大学授予麦美德文学名誉博士学位。1920 年，华北协和女子大学并入燕京大学，麦美德任燕京大学女校首任文理学院院长及女生部主任。1923 年，麦美德离职赴山

① 周振鹤编：《晚清营业书目》，上海：上海书店出版社，2005 年，252 页。

②《附录：商务印书馆经理候选道夏瑞芳呈地质学各书请审定批》，《教育杂志》第 2 卷第 2 期（1910 年），7~8 页。

③ 商务印书馆对《最新中学教科书·地质学》介绍如下：“地质学所以详地体之天演，而明地面成毁之原因，是书为美人赖康忒所著，系该国通行善本，亟移译之以备中学教科书之需。全书大别为三，曰地质变迁、曰地质构造、曰地质历史，搜采精详，译笔雅洁，印刷鲜明，装订华美，全书插图三百余幅，诚地质学中之巨著也。”参见周振鹤编：《晚清营业书目》，上海：上海书店出版社，2005 年，234 页。

④ 范祥涛著：《科学翻译影响下的文化变迁——20 世纪初科学翻译的撰写研究》，上海：上海译文出版社，2006 年，324、353 页。

⑤ 其英文扉页说明 “This book is not a translation, but is based on the text books of Dana, Le Conte, Tarr, and Geikie, and the investigations of Richtofen, Pumpelly, Wright, and the Carnegie Institute”，见麦美德著：《地质学》，北京：北京协和女书院，1911 年。

⑥ 麦美德原意大学毕业后来华，因教会出国章程所限，必须二十五岁方能出国，故在美国执教三年。参见任百川：《麦美德博士自述宗教经验》，《兴华周刊》第 23 卷第 23 期（1935 年），34 页。

东任齐鲁大学女部主任及齐鲁神学院宗教教育教授，1935 年 12 月 2 日因患肺炎在齐鲁大学任职内逝世，享年 74 岁[①]。麦美德一生中西著作颇多，“据闻临终前数日，尚力疾作书，故其死后，友人于其遗物中，检获稿件不少”[②]，加之其人“宅心仁慈，虚怀若谷，好学不倦”[③]，生平“热心社会教会多项公益事业，不可胜计”，于是“认识女士者，皆赞许伊为女中须眉丈夫”[④]。

《地质学》刊于 1911 年，由华北协和女书院出版，封面有“大中学通用”字样，后有桐城著名女学者吴芝瑛[⑤]所作之序。作者在总要里说除“地质总要”外，全书分地力学、地历学、地石学三卷，其中地石学“论地壳土石之形式体质”[⑥]，但《地质学》正文仅包括卷首及前两卷，未得见“地石学”内容，推测第三卷后来并没有出版。“地质总要”从“地之原始”“地史源流”“地理难穷”“查地理之二法”“地学实用”“地为行星”“地之体质”“空气”“洋海”“陆地”“地学分卷”十一个条目，简述了地球之起源，研究地质之方法，学习地质学之原因，组成物质之形态等，明确了地质学的研究对象与范围。书后附七张彩图（笔者认为其参考自维理士所著《在中国之研究》）及常用化学名表。

卷一地力学，论述“更变地势之诸原，与山泉河海土石之来由，及成形化形之理”，作者特地强调，“此等改变，莫不由于水、火、

① 有关麦美德行踪提要，见燕京大学档案，编号 YJ1936012（北京大学档案馆）。

② 秋笙：《追悼麦美德女士》，《教育季刊（上海 1925）》第 12 卷第 1 期（1936 年），4~5 页。

③ 秋笙：《追悼麦美德女士》，《教育季刊（上海 1925）》第 12 卷第 1 期（1936 年），4~5 页。

④ 刘法成：《信徒纪传：麦美德博士传略》，《通问报·耶稣教家庭新闻》第 1672 期（1936 年），12 页。

⑤ 吴芝瑛（1867~1933），字紫英，别号万柳夫人，安徽桐城人，为麦美德博士好友。其为麦美德《地质学》作传，麦美德亦曾辟文为吴芝瑛作传，称其“首倡西学，尤具扶持女学之志”。参见麦美德著，严复译：《吴芝瑛事略》，《女报》，1909 年第 2 号，108 页。麦美德、吴芝瑛、吴汝纶等人的交往，另是一番佳话。

⑥《地质学总要》，麦美德著：《地质学》，北京：北京协和女书院，1911 年，5 页。

空气、生物，与物质化合化分之力”[①]。书中指出地势改变有侵蚀冲磨、土石积聚及火山地震等多种原因，而这些都是由于风力、水力、空气、生物等与其他物质发生物理作用或化学作用而引起的，于是作者分八章分别介绍了改变地势诸力。第一章“地面侵蚀冲磨”，论述风力、水力的侵蚀作用。第二章“土石积聚之功”，论述风力、水力对土石积聚的重要影响，并指出化学作用对土石积聚的作用不容小觑。值得注意的是，作者用大量的篇幅讨论了黄土的成因，指出“风积黄土”，并用生动的语言介绍了黄土的形性，黄土地成阶梯形的原由，还专门配有中国之黄土及黄土地上建房的精美图片，内容详实，图文并茂。第三章论述层累石之来源。第四章介绍石层会因地壳收缩等原因发生改变。第五章介绍山峰形成的原因。第六章介绍改变地势的三大重要作用——火山、沸泉、地震。七、八两章分别介绍火成石和化形石。

第二卷地历学，论述“地壳古今之情形、石段之次序、成形之先后，并石层中生物行迹之进化”[②]。作者将地球历史分荒古世、古世、中世和近世四段，分别介绍每一时期所包含之地层，每一地层中岩石之种类，生物之踪迹，地势之变迁，各处地层之分布。在对地层结构进行详细介绍之前，作者另辟章节对动植物的分类进行了详细介绍，指出动物分类按“部”“属”“族”“类”“种”[③]，植物则分“暗生部”“明生部”两大部，其中藻类、菌类、苔藓类属于暗生部，裸子植物、被子植物（包括单子叶植物和双子叶植物）属于明生部[④]。麦美德还专门介绍了有关生物进化的知识。书中指出“生物

① 麦美德著：《地质学》，北京：北京协和女书院，1911 年，1 卷，6 页。

② 麦美德著：《地质学》，北京：北京协和女书院，1911 年，2 卷，1 页。

③ 麦美德著：《地质学》，北京：北京协和女书院，1911 年，2 卷，2 页。

④ 麦美德著：《地质学》，北京：北京协和女书院，1911 年，2 卷，10~11 页。

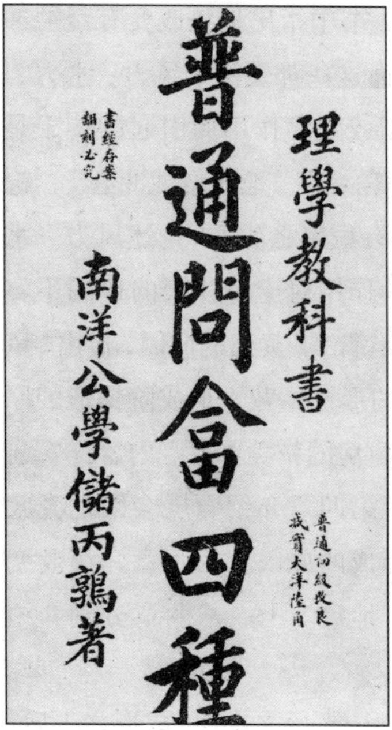

图 2–4 《普通问答四种》教科书书影

进化有二定例……植物自古迄今，愈经变化，愈像现状者；生物之形体由简而繁，自下而贵”①，作者详细介绍进化论的内容，生物进化之原由，物竞天择之原则，进化的速度，生物形体之变化等，并指出生物进化是有方向的。卷二末附地层总表、中国地层略表、植物名目表及动物名目表。

《地质学》系麦美德参考英美经典地质学教科书及来华地质学家在华考察情况自编而成，内容不乏专业性与趣味性。麦美德参考底本质量颇高，如前文所述，代那矿物学著作影响深远，赖康忒、祁觐等人，均是活跃于 19 世纪科学界的明星人物。以往教科书，无论是日译教科书或英美教科书，受人指责之处多在于书中例证以他

① 麦美德著：《地质学》，北京：北京协和女书院，1911 年，2 卷，106 页。

国为多，麦美德广泛参阅李希霍芬、庞佩利、维理士等人考察成果，故书中例证不少涉及中国，读来颇为亲切。

以上是清末出版的主要地质学教科书内容、底本及评价的梳理，清末译书数量庞大，出版的地质学教科书绝不仅限于以上几种。江楚编译局出版樊炳清所译《地质学教科书》，年份不详，正文凡 26 页，为横山氏教科书节译本。清人钱承驹专为初学者编写的启蒙教材《蒙学地质学教科书》[①]，凡 5 章（地球形体、地球岩石、地球变动、地球构造、地球历史），讲述地形、岩石、地史等地质学基础知识，全书篇幅不长，为提纲性读本，语言亦浅显易懂，每一课后留有思考题，颇有教科书体例。储丙鹑编著的《普通问答四种》[②]以问答形式编写，

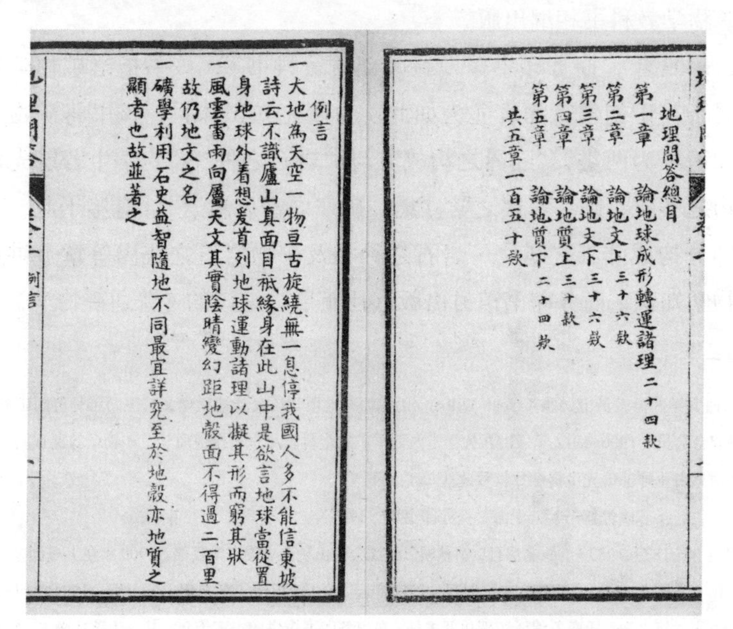
地理問答總目
第一章　論地球成形轉運諸理　二十四款
第二章　論地文上　三十六款
第三章　論地文下　三十六款
第四章　論地質上　三十款
第五章　論地質下　二十四款
共五章一百五十款

例言
一　大地為天空一物亘古旋繞無一息停我國人多不能信東坡詩云不識廬山真面目祇緣身在此山中是欲言地球當從置身地球外着想爰首列地球運動諸理以擬其形而窮其狀
一　風雲雷雨向屬天文其實陰晴變幻距地殼面不得過二百里故仍地文之名
一　礦學利用石史益智隨地不同最宜詳究至於地殼亦地質之顯者也故並著之

图 2–5　《普通问答四种》教科书里地质学相关内容

① 钱承驹著：《蒙学地质学教科书》，上海：文明书局，1903 年。

② 此书出版于 1903 年，扉页标有“普通问答四种，理学教科书，南洋公学储丙鹑著”字样。

其中涉及地质知识共五十四问，通俗易懂，这是较早的国人自编教科书，南洋公学亦是我国早期编辑出版教科书的重要机构。前文提及的京师大学堂教科书《地质学》亦在此时期出版。[①]

3. 矿物学教科书的出版

矿物自古便与人民生活息息相关，与地质学相比，矿物学显得更加实用，学习收效更快。晚清汉译西书，矿物学书籍占极大比例，“癸卯学制”后，矿物学教科书更是大量出版。新学制要求学生自入初等小学堂始，即需学习格致博物课程，矿物学是重要教授内容，学生需知重要矿物之形状、性质、功用，故配合学堂章程而编的各类矿物学教科书相继出版。

1903 年，商务印书馆发行《矿质教科书》，该书指出矿物学知识繁杂，于初学者而言尤为如此。为简化知识体系，该书将矿物基础知识分为两类，“陆界之构成”与“岩石之种类”，学生若能先辨矿物之本质，则“考察之学立焉，矿产之富启焉”[②]。有鉴于此，全文即分构成陆界之矿物、岩石之种类及矿物岩石之成因等章节讲述矿物学知识。商务印书馆另出版有杜亚泉[③]编译的《普通矿物学》。

---

① 山西大学西斋教员卫乃雅（Noah Williams）另编有地质学讲义《地质学》。卫乃雅是英国矿务工程研究会会员，1906~1912 年任山西大学堂西斋采矿冶金科教习，教授地质学、矿物学等课程。（卫乃雅信息由业师韩琦先生提示，特致谢忱）

② 《序》，《矿质教科书》，上海：商务印书馆，1903 年。

③ 杜亚泉（1873~1933），原名炜孙，字秋帆，浙江会稽山阴人，曾自学日语。1900 年在上海创办“亚泉学馆”，同年 11 月《亚泉杂志》创刊，1911 年至 1919 年担任《东方杂志》主编，1904 年应商务印书馆张元济之邀，任商务编译所理化部主任，在商务印书馆供职近三十年。其一生著述颇丰，编写、翻译、主编自然科学书籍多种，影响较大的有《植物学大辞典》《动物学大辞典》，对统一科学名词颇有贡献。有关杜亚泉生平及学术活动，参见陈镱文、姚远：《杜亚泉先生年谱（1873~1912）》，《西北大学学报（自然科学版）》第 38 卷第 5 期（2008 年），845~850 页；陈镱文、亢小玉、姚远：《杜亚泉先生年谱（1913~1933）》《西北大学学报（自然科学版）》第 38 卷第 6 期（2008 年），

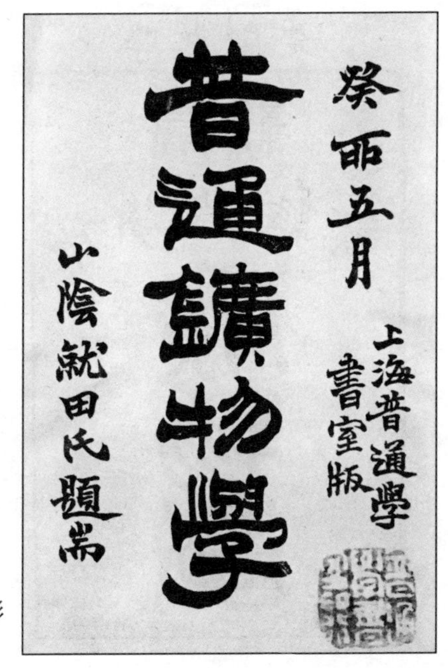

图 2-6　《普通矿物学》书影（亚泉学馆，1903）

是书以日本富山房编《矿物学新书》和柴田承桂、熊泽善庵所著《普通金石学》为底本，旁采江南制造局、京师同文馆、广学会诸译本及亚泉学馆编辑的《亚泉杂志》中有关文章编译而成。矿物分类法依德国科培而氏（Kobell）所定，名词则用日本所定之名，后附英文。[①] 全书首为总论，卷一言矿物通论，分矿物形学、矿物质学、矿物化学 3 章；卷二分论非金属、轻金属、重金属三类矿物性质特点。正文后有附录 1 卷，节录数种矿物学、地质学译著，分述办矿法、验矿法、岩石纪要、地质构造和地质历史。[②]

1044~1050 页。

①《凡例》，杜亚泉编译：《普通矿物学》，上海：亚泉学馆，1903 年，1 页。

② 杜亚泉编译：《普通矿物学》，上海：亚泉学馆，1903 年。

图 2-7 《最新中学教科书·矿物学》书影（商务印书馆，1906）

1906 年，商务印书馆发行杜亚泉编译之《最新中学教科书·矿物学》，全书分金石学、岩石学及地质学 3 编，附图 105 幅。因“金石学尤为矿物学中重要之科”，故首编颇为详备，分述矿物通论特论，内容“取旧时之金石、矿物诸书与日本之矿物学书参考而成”，以日本柴田承桂、熊泽善庵《普通金石学》及富山房发行《矿物学新书》参考最多，又博采金石、岩石、地质数种专书列作附卷，内容与亚泉学馆 1903 年《普通矿物学》相似，但删除原书附录，改以《金石识别表》列于文后。[①] 是书首编成于 1902 年 4 月，其时柴田承桂、熊泽善庵将《普通金石学》改为《普通矿物学》，增补岩石学、地质

---

① 《编辑大意》，杜亚泉编译：《最新中学教科书 · 矿物学》，上海：商务印书馆，1906 年。

学知识颇多，“提纲挈领、题材极善”[①]，故杜亚泉特意翻译柴田承桂、熊泽善庵《普通地质学》，作为《最新中学教科书·矿物学》第2、3编内容。作为商务印书馆颇受欢迎的“最新教科书”系列一种，此书曾多次修订再版，直到民国依然使用，仅1906年至1912年6年中即再版9次[②]。学部将此书选作中学教科书，并附评语“是书以金石为主，兼及岩石地质，绪言所称提纲挈领，体例最善，洵非虚语。惟译名间有未能通行之处，幸皆附有英文原名，教者不难改正，应审定为中学用教科书”[③]。

詹鸿章[④]编译的《最新实用矿物教科书》参考了32种日文书籍，包括胁水铁五郎[⑤]《理论应用矿物教科书》、邓毓怡译《中学矿物界》、石川成章《矿物学》、日本博物教授研究会《中学矿物教科书》、岩崎重三《矿物岩石鉴定》等。是书开篇即道矿物乃国家富强之本，希冀我国国民“谋新舍旧，矿学精研，矿工实究，争挽利权”[⑥]，故是书以实用为主，博采日本诸家矿物学书籍，分察矿、辨矿、开矿、验矿、采矿、运矿、选矿、炼矿等编，论述矿物开采冶炼各个步骤，并介绍矿物、岩石等基础知识。

1906年，陈文哲谨依奏定中学学堂章程编写的《矿物界教科书》[⑦]出版，是书讲述矿物类型、形态、成因、理化性质等，于矿物学实验及实习讲授最为详细，另辟文专门介绍岩石学知识，可谓矿物学皇皇巨著。

---

①《编辑大意》，杜亚泉编译：《最新中学教科书·矿物学》，上海：商务印书馆，1906年。

②艾素珍：《清代出版的地质学译著及特点》，《中国科技史料》第19卷第1期（1998年），11~25页。

③《附录：学部审定中学教科书提要（续）》，《教育杂志》第1卷第2期（1909年），9~18页。

④詹鸿章，四川容县人，留日学生，曾在四川师范学堂教授矿物学。

⑤胁水铁五郎为日本著名地质学家，曾做过中国黄土相关研究。

⑥《自序》，詹鸿章编译：《最新实用矿物教科书》，上海：时中书局，1905年。

⑦陈文哲编著：《矿物界教科书》，上海：昌明公司，1906年。

图 2-8 《矿物界教科书》书影（昌明公司，1906）

除国人编译教科书外，尚有数本直接译自日文的矿物学教科书。由湖北师范生余肇升、方作舟、邹永修编译的《矿物学》系日本教员严田敏雄的讲义，该书除介绍普通矿物外，另有章节介绍“燃烧矿物”，即石炭、石油等矿产资源，文末附《矿物性质表》。[①]1907年，东京东亚公司发行佐藤传藏[②]讲述，宏文学院金太仁编辑之《矿物学及地质学》，凡9章，分述矿物通有之性质、种类、形状，识别

① 余肇升、方作舟、邹永修编译：《矿物学》，武汉：湖北学务处，1905年。

② 佐藤传藏为东京高等师范学校地质学教授，发表多篇地质学相关文章，部分文章被国人翻译，发表于《地学杂志》。参见佐藤传藏著，可权译：《冰河原始论》，《地学杂志》第1卷第4期（1910年），1~3页；佐藤传藏著，史廷扬译：《地下水之作用》，《地学杂志》第2卷第1期（1911年），4~6页。

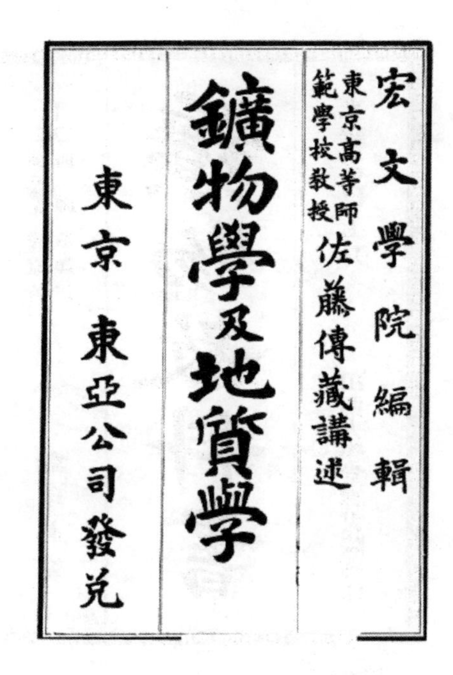
宏文學院編輯
東京高等師範學校教授 佐藤傳藏講述
鑛物學及地質學
東京 東亞公司發兌

图 2-9　《矿物学及地质学》书影（东亚公司，1907）

矿物方法，岩石种类性质并地壳构造、地层学等地质矿物学基础知识，全书内容简明，属提纲性读物。[①]

山西大学堂译书院 1905 年 7 月发行神保小虎所著《矿物教科书》，全书凡 5 编，分述金属、非金属矿物各类性质及地壳、岩石等知识，译笔简洁明畅，图文并茂，可读性强。1907 年，胁水铁五郎著《矿物界教科书》由河北译书社刊印，该书作为中学堂教科书，师范学堂、女子师范学堂及高等女学堂通行。书中除罗列各类矿物性质、特点、用途外，另有章节介绍矿物与自然界、生物及人类之关系，并附金属一览表，又删除矿物在日本主要产地等知识，增补中国产矿情形。同年 8 月，董瑞椿复将石川成章著《中学矿物教科书》译为中文，

① 佐藤传藏讲述，金太仁编辑：《矿物学及地质学》，东京：东亚公司，1907 年。

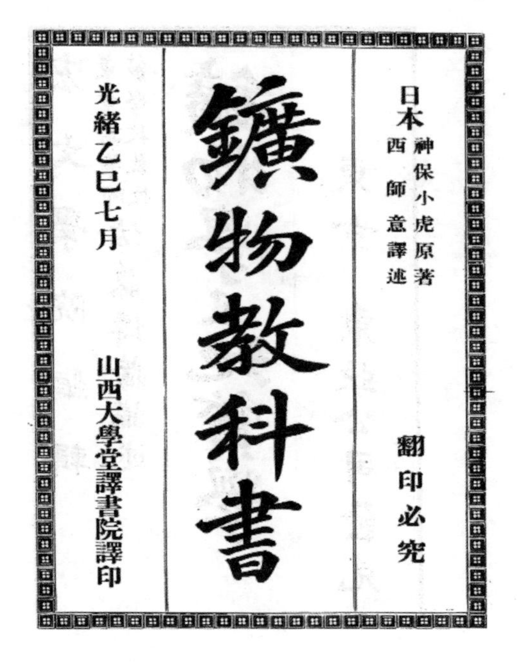
日本 神保小虎原著
西師意譯述
翻印必究
鑛物教科書
光緒乙巳七月
山西大學堂譯書院譯印

图 2–10 《矿物教科书》(山西大学堂译书院，1905)

是书为中学堂博物科第三年教科书，以石川成章著《矿物学》教科书为蓝本，辅以刘康云著《矿政辑要》，顾琅、周树人编《中国矿产志》[①]，神保小虎著、西师意译述《矿物教科书》，广智书局发行之《世界地理教科参考书》等[②]，讲述我国所产重要矿物之性质、功用及鉴别法，学部评语：“是书简要明晰，而于本国矿产事迹亦连类及之，尤不悖于国民教育之旨，作为中学及师范学校教科书用可也。”[③]

清末赴日留学十分风靡，发行矿物学书籍多译自日文，但亦不

---

①《中国矿产志》由上海普及书屋印刷，日本东京留学生会馆发行，1906 年初版，是中国人自己撰写的第一部论述我国地质情形和矿产资源的专著，出版后颇受欢迎，政府和学界给予极高评价。

②《译例》，(日)石川成章著，董瑞椿译：《中学矿物教科书》，上海：文明书局，1907 年。

③(日)石川成章著，董瑞椿译：《中学矿物教科书》，上海：文明书局，1907 年。

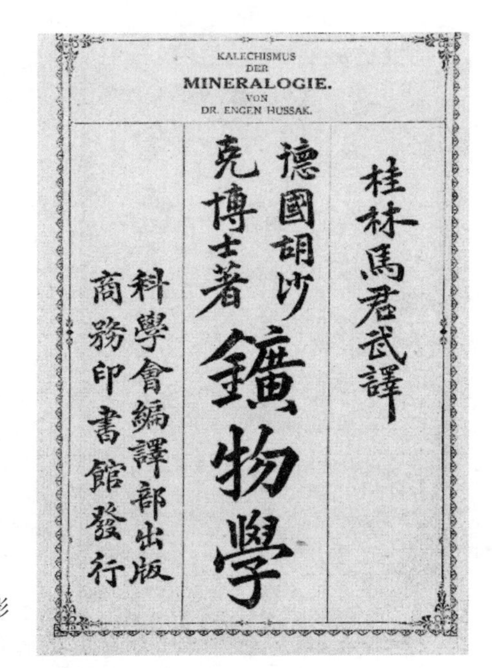

图 2-11　《矿物学》书影
（科学会编译部，1911）

乏他国留学生翻译科学书籍。（德）胡沙克（E. Husaak）著，马君武[①]译《矿物学》即为其中之一。是书由科学会编译部出版，上海商务印书馆发行，为马君武留学德国期间所译，书成于 1910 年 8 月，辛亥年（1911）四月出版，中华民国二十年（1931）三月三版。译者认为中国矿物诸书，于结晶学知识最为薄弱，且矿物一门知识繁杂深奥，非旧时口译笔述之门外汉所能明了，而胡沙克之书，"于结晶学论之綦详"，故翻译此书，期有所裨益。[②]正文凡 2 编 10 章，分述矿物学通论及特论，并于正文前简述矿物学各门分支学科研究内

① 马君武（1882~1939），广西桂林人，近代著名科技翻译家，曾留学日本、德国，1912 年任南京临时政府实业部次长，于实业部矿政司设立地质科，此为行政单位地质机构之发端。

②《序文》，胡沙克著，马君武译：《矿物学》，上海：科学会编译部，1911 年。

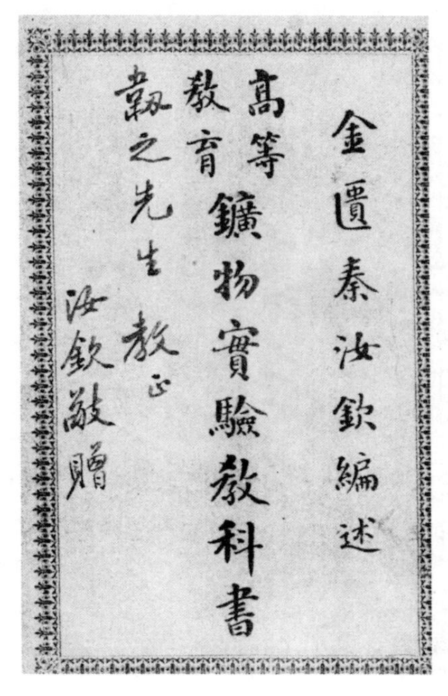

图 2-12 《高等教育矿物实验教科书》封面（文明书局，1911）

容及历史，开列矿物学参考书目数十种。书中除介绍矿物性质、特征、产地、用途、组成矿物基本元素等基础矿物学知识外，还涉及矿物物理学、矿物化学、矿物系统命名法、结晶学等知识，全书附图 223 幅，论述颇为详备。

秦汝钦①编《高等教育矿物实验教科书》是为数不多的专门讲述矿物实验的教科书。②此书摘译自德国雷氏（Dr. Karla Redlich）《吹管术》、凯氏（Konrad Keilhack）《实用地质学》与施氏（Bastian Schmid）《矿物学》中有关吹管显微镜部分，旨在“令吾国普通国

① 秦汝钦，字亮工，江苏无锡人。毕业于京师大学堂，曾任驻新加坡副领事，驻德国汉堡副领事。

② 笔者所见版本的封面上有“韧之先生教正 汝钦敬赠”字样，推测很有可能是秦汝钦赠送给著名教育家黄炎培的礼物。

图 2-13　《中等博物教科书·矿物学》（科学会编译部，1907）

民皆能理会矿物之智识，小可以助化学之化分，大可以资矿山之实验"[①]。第一编"吹管分析法"讲述利用吹管分析鉴别矿物实验中所需的器材、使用方法、实验试剂以及各类矿物焰色反应的特征。部分矿物，尤其是活泼金属矿物，利用吹管分析无法鉴别矿物成分，则需要在显微镜下观察矿物晶体结构，故第二编"显微化学试验法"讲述显微镜的构造、使用方法以及鉴别各类金属矿物所需试剂，其在显微镜下形态特征。通篇结构清晰，讲述明确，颇为实用。

清末学堂主要在格致课（动物、植物、矿物）中讲授矿物学，加之矿物学与物理、化学等学科关系甚密，故除专门矿物学教科书外，另有博物学等综合类教科书介绍矿物学知识。陈用光编，科学会编

① 秦汝钦编：《高等教育矿物实验教科书》，上海：文明书局，1911 年。

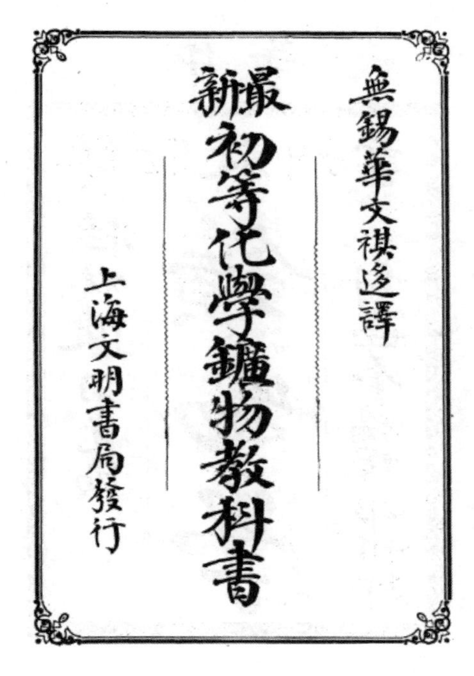

無錫華文祺迻譯
最新初等化學鑛物教科書
上海文明書局發行

图 2-14 《最新初等化学矿物教科书》（文明书局，1907）

译部刊行之《中等博物教科书 · 矿物学》（1907）据胁水铁五郎《新式普通矿物学》、服部舍太郎《中等矿物学》、菊池安《中等教育矿物学》、石川成章《矿物学》及尼克尔之《矿物学课本》（*Text Book of Mineral*），齐克尔（Naumann Zirkel）之《矿物学基础》（*Elemente der Mineraloyic*）及威廉姆斯《结晶学》（*Crystallography*）诸书编译而成，分述矿物、岩石、地质等知识①。又有无锡华文祺编译之《最新初等化学矿物教科书》（上海：文明书局，1907），适用于女子师范学校及女子中学堂，分述化学、岩石学基础知识，详于应用，实验讲述颇为详细。山西大学西学专斋教员卫乃雅（Noah Williams）讲义《选矿学》讲述找矿、开矿、碎矿及冶炼矿石等开采矿物的各

①《例言》，陈用光编：《中等博物教科书 · 矿物学》，上海：科学会编译部，1907 年。

个环节。此外，还有以图表形式分述矿物种类、形状、用途、产地的《矿物学表解》（上海：科学书局，1906），形式新颖，内容简明，重点突出。

第三节 地质学教科书的特点及影响

自1902年教育新政推行，至1911年，短短十年间出版地质学、矿物学教科书数十种。这些书籍多冠以“最新”“实用”之名，编译者大多为受过科学训练的留学生，具有自主选择和翻译他国书籍的能力，与晚清译著在内容、结构上均有明显区别，知识来源不同的教科书编排方式亦有所不同，部分教科书直至民国初年仍多次再版，或作为民国时期新教材的编写蓝本，传播广泛。教科书对中国的影响并只不局限于各类学堂，书中的科学知识引起了晚清学部及时人的广泛关注和讨论，其中使用的部分名词术语更是沿用至今。

1. 教科书编译团体及知识来源

晚清时期，传教士翻译的西学书籍，底本大多来源于维多利亚时代的英国科学家们的著作。如《地理全志》底本之一为维多利亚时代著名女科学家萨默维尔的《自然地理学》（*Physical Geography*, 1851），《地学浅释》底本为赖尔的地学名著，著名天文学家赫歇尔（John Herschel, 1792~1871）的著作更是被多次翻译，如李善兰与伟烈亚力合译的《谈天》（墨海书馆，1859），底本即为赫歇尔 *Outlines of Astronomy*，在晚清中国颇有影响。晚清译著大多由传教士口述翻译，国人仅参与笔译或文字润色工作，故选择何种书籍翻译，译文质量如何，很大程度上取决于传教士的知识水平及教育背景，国人鲜少有自己选择的机会，部分译著不乏科学错误。

甲午战争后，情况发生重要变化，大批学生赴日留学，大量日文书籍翻译和出版，自然科学教科书亦不可避免受日文书籍的影响。清末出版的地质学、矿物学教科书，大多为日文书籍直接翻译。即使是国人自编的教科书，亦主要参考日文书籍。如詹鸿章的自编教科书《最新实用矿物教科书》，几乎全部参考日文文献。梁启超曾描述日文书籍翻译之盛况："日本每一新书出，译者动数家。"[①]地质学、矿物学教科书也出现过"译者动数家"的情况，由前文介绍数本日译教科书即可窥见一二。这一时期译自日文的教科书，除横山又次郎外，尚有小藤文次郎、神保小虎、山崎直万等人著作被翻译为中文，这些人"皆日本斯界第一流学者"[②]。

中国虽然从1896年即派遣学生到日本学习，但从1902年开始，才陆续有人到日本学习地质学及有关科学。[③]1900年后，留日学生开始创办翻译团体，日文地质学相关书籍亦陆续译成中文。陈文哲、陈荣镜、虞和钦、叶瀚等地质学、矿物学教科书编译者，均为留日学生，张相文在南洋公学期间亦尝跟随日本教习藤田丰八修习日文。留学生们受过科学教育，熟悉或能使用他国语言，故有能力直接选择和翻译科学著作，且译文内容有所保障，由于译稿质量较高，留学生所编译的书籍大都畅销，成绩斐然。[④]1903年10月，鲁迅在月刊《浙江潮》（日本：东京）第八期上发表《中国地质略论》，署名索子，为国人所著最早的近代地质学论文。全文述及外人调查中国之历史，地层学知识，中国各时期地层划分以及中国之矿产（主要为石炭）等，文中使用的地层学术语已与现今十分相似。

---

① 梁启超著，朱维铮校注：《清代学术概论》，北京：中华书局，2011年，146页。

② 章鸿钊著：《六六自述》，武汉：地质学院出版社，1987年，22页。

③ 李鄂荣：《中日地学思想交流略述》，王鸿祯主编：《中外地质科学交流史》，北京：石油工业出版社，1992年。

④《教科书之发刊概况》，中华民国教育部编：《第一次中国教育年鉴（戊编）》，227~229页。

參考各書名次

鑛物岩石鑑定及吹管分析表及地質表　岩崎重三
坑業要說　吉井亨
通氣論　的場中
試金術汎論　渡邊渡
試金術提要　眞繼義一郎
簡易製鉄術　向井哲吉
工業用金屬材料學　伍堂卓雄
燃料及熱測法　市川俊雄
陶器製造化學　黑田政憲
普通化學附鑛物　原田長松　藤田忠次郎
化學新編　池田菊苗　和田猪三郎
普通教育化學教科書　龜高德平
實地製造化學　上田眞治郎

六

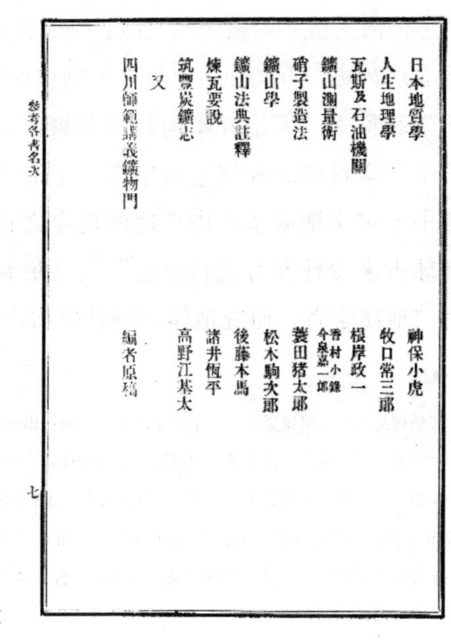
參考各書名次

日本地質學　神保小虎
人生地理學　牧口常三郎
瓦斯及石油機關　根岸政一
鑛山測量術　香村小錄　今泉嘉一郎
硝子製造法　嚢田猪太郎
鑛山學　松木駒次郎
鑛山法典註釋　後藤本馬
煉瓦要說　諸井恒平
筑豐炭鑛志　高野江基太
又
四川師範講義鑛物門　編者原稿

七

图 2-15　《最新实用矿物教科书》（时中书局，1905）部分参考文献

2. 地质学译著与教科书之比较

晚清时期，“地质学”是一个还未独立的概念，往往包含于地学、地理学之中，《地理全志》将地理分文、质、政三等，其中对“质”有如下定义：“其质者，有内有外，内则指地内之形质，或至广磐石，或至细沙泥，所有之层累，及其载生物草木之遗迹，而槁壤海底，常有变迁；外则指地面之形势，如水土支派长延，或州岛、或山谷、或高原、或旷野、或河湖，与海洋天气之形质流动，各处之燥湿雷电噏铁之气，以及人民生物草木之种类。”① 这里“地质”的概念是很广的，也反映出这一时期对地质学的模糊认识。《地学浅释》对地质地理的界限也是很模糊的：“地质时有变化，其变化之故，又有关于生物者，则不得不根究其鸟兽虫鱼草木之种类，以为识别，如是穷源究委，遂成地理一家之学。”②《地理初桄》中认识到地质学与地理学不同，地质学包含于地学中：“地理则详地外之理，如山原河海之成，雨露风霜之故；地学则讲地中之事，如土石之层累，物类之行迹，至溯地道之权舆，则彼此实或无异。”③ 清末出版的地质学教科书，无论底本为日文书籍或是参考了英美教科书，对“地质学”学科概念和研究对象都有了清晰的认识，陈文哲《地质学教科书》定义地质学“讲求地球现今之状态，及构造地球之物质，并地球古来变迁发育之科学也”④，《最新中学教科书·地质学》则认为“地质学者，研究地体往迹暨民物之科学，盖地体之历史也”⑤，

①《地理总志》，慕维廉著：《地理全志》，上海：墨海书馆，1853~1854 年。

②《总论》，（英）雷侠儿著，玛高温、华蘅芳译：《地学浅释》，上海：江南制造局，1873 年。

③《叙》，（美）孟梯德著，（美）卜舫济译：《地理初桄》，上海：益智书会，1897 年。

④ 陈文哲、陈荣镜编译：《地质学教科书》，上海：昌明公司，1906 年，1 页。

⑤《地质学引论》，（美）赖康忒著，张逢辰、包光镛译：《最新中学教科书·地质学》，上海：商务印书馆，1906 年。

这较早期传教士译书定义更加明晰，一定程度上反映地质学学科体系的精细化过程及对地质学研究对象与范围的不断深化。

清末地质学教科书因大多译自日文，具有相同的底本，加之译者大都有留学背景，受过科学教育，因此这些书籍科学错误较少，且在内容上亦具有相似性，具体表现为编排方式、内容选择、语言使用三个方面。译自英美教材的教科书，如《最新中学教科书·地质学》、麦美德《地质学》等，则在编排体例、内容选择上均有别于日式教科书。编排结构是教科书的重要内容，从中可以看出教科书的大致框架，甚至反映了编者对学科构成的不同理解。兹以出版较早的虞和钦《地质学简易教科书》，曾在《蒙学报》连载的叶瀚《地质学教科书》，陈文哲、陈荣镜依《奏定学堂章程》编译而成的《地质学教科书》，以及文本质量较高的张相文自编教科书《最新地质学教科书》为例，与两本底本为英美地质学教科书的著作——《最新中学教科书·地质学》和麦美德编著之《地质学》——作比较，讨论两类教科书的编排方式异同。

表 2-5　地质学教科书结构比较

日译教科书				英美教科书	
虞和钦《地质学简易教科书》（1902）	叶瀚《地质学教科书》（1905~1906）	陈文哲等《地质学教科书》（1906）	张相文《最新地质学教科书》（1909）	赖康忒《最新中学教科书·地质学》（1906）	麦美德《地质学》（1911）
地相篇 岩石篇 动力篇 构造篇 历史篇	地相篇 岩石篇 动力篇 岩成篇 构造篇 历史篇	地相篇 岩石篇 动力篇 岩成篇 构造篇 地史篇	地史篇 动力篇 构造篇 岩石篇 地相篇	地质变迁 地质结构 地质历史	地力学 地历学 地石学

"地质变迁"与"动力""岩成"相对,"地质结构"与"地相""构造"相对,"地质历史"与"地史"相对,两类教科书虽然编排方式略有差异,但对地质学研究内容之介绍实则相似。此外,两类教科书理论知识亦大致相同,内容上有一定同源性。麦美德《地质学》介绍变更地势诸动力,包括水、火、空气与生物物理化学作用;陈文哲《地质学教科书》"动力篇"讲述改变地貌四因:地热、水、风及有机体作用。关于地层变化,陈文哲介绍:"地层有因其所生之裂罅,故令两边之地层,或上或下,或横或斜,犬牙相错,失其联络者,为断层(Fault)。"[①] 麦美德将此现象描述为"石层错落",云:"石层之错落,与凹凸而成波形同原也。或因石质太脆,或因挤力过猛,故石层折断而裂缝,缝两旁之石层,因所受之挤力与压力不均,时而塌陷,时而高起,时而或左移右转,是以层片上下左右,遂错落参差不相对。"[②]《最新中学教科书·地质学》亦对此现象有所着墨,称其为"地错"。

为何两类教科书在理论知识方面会有一定同源性?因日本近代科学技术,实有不少借鉴西方之处。19世纪中后叶,日本积极引进西学,聘请外国地质学家及教师至日本带领学生们进行地质、矿产勘探,日本也派遣学生至英国留学。中国早期的汉译地质学西书(如《地理全志》),出版后曾传到日本,《地学浅释》《金石识别》等著作亦相继传入日本,产生一定影响。此外,早期日本地质学讲义大多参考英美地质学书籍与教科书编写而成。[③] 日本于1877年成立东京大学,开设地质学、矿物学等课程,短短数年便出版了日本地质学者数本著作,大学的地学教师也逐步由本国学者代替外聘的西

① 陈文哲、陈荣镜编译:《地质学教科书》,上海:昌明公司,1906年,121页。

② 麦美德著:《地质学》,北京:北京协和女书院,1911年,1卷,78页。

③ (日)土井正民著,张驰、何往译:《日本近代地学思想史》,北京:地质出版社,1990年。

洋教师，地质调查工作亦开始独立，不再完全依靠于外国地质学家。[①]随着日本地质调查开展，地质人才独立，本土地质学考察成果及地理、地质学的新理论新发现被编入教科书，日本地质学教材内容上渐渐与英美地质学教科书区别开来。总体而言，英美地质学教科书理论知识较为系统，而日译教科书则对学科结构划分更为细致。

名词术语是教科书文本的重要组成部分，甚至在一定程度上影响教科书的受欢迎程度。清末日译名词大量传入，深入中国社会各个方面，影响深远，许多术语至今仍在使用。参考英美国家教材的中文教科书有独立的命名方式，与日译名词差别极大。兹以差别最明显的地层术语译名为例：

表 2–6　日译术语、英译术语译名对照表（以地层术语为例）

地质学术语	日系译名				英系译名	
	虞和钦《地质学简易教科书》（1902）	叶瀚《地质学教科书》（1905~1906）	陈文哲《地质学教科书》（1906）	张相文《最新地质学教科书》（1909）	赖康武《最新中学教科书·地质学》（1906）	麦美德《地质学》（1911）
Cambrian	寒武利亚纪	寒武利亚系	寒武系	寒武利亚系	肯勃林	堪便
Silurian	志留利亚纪	志留利亚系	志留系	志留利亚系	薛鲁林	西路连
Devonian	泥盆纪	泥盆系	泥盆系	泥盆系	特夫泞	地否年
Carboniferous	石炭纪	石炭系	石炭系	石炭系	煤石层	煤炭
Permian	二叠纪	二叠系	二叠系	二叠系	堡米	\
Triassic	三叠纪	三叠系	三叠系	三叠系	脱利爱西时	推阿司
Jurassic	侏罗纪	侏罗系	侏罗系	侏罗系	叙拉西时	注阿司
Cretaceous	白垩纪	白垩系	白垩系	白垩系	白粉石	白粉
Tertiary	第三纪	第三系	第三系	第三系	三等石系	特夏利
Quaternary	第四纪	第四系	第四系	第四系	四等石系	夸天内利

①（日）土井正民著，张驰、何往译：《日本近代地学思想史》，北京：地质出版社，1990 年。

从晚清传教士翻译地质学西书始，至清末英美地质学教科书出版，名词术语往往差别较大，一直未能统一。以地层学术语为例，编译者往往使用音译，因此即使是同一名词，也往往出现译名繁多、不能统一的现象。究其原因，主要在于我国译者多是独立翻译，未能参考旧时甚至是同时期的其他著作。日译教科书情况则相反，早在虞和钦1902年翻译横山氏教科书、鲁迅1903年发表《中国地质略论》时，日译地质学译名即已相对统一，且对中国影响较大，如表中所列地层年代术语，大多沿用至今。日本地质学译名始由横山又次郎等主持，英文原文若出自地名则用音译，有实意则用意译，加之日本地质学者大多师承相同，译名得以沿袭统一，于中国而言，日文地质学教科书中术语多是汉字，译者便直接使用了[①]。

3. 教科书影响及学部与时人对教科书的评价

清末出版的日文书籍对中国社会的影响巨大而深远。时人评说日文书籍之影响："若日本文译本，则以光绪甲午我国与日本构衅，明年和议成，留学者咸趋其国，且其文字迻译较他国文字为便，于是日本文之译本遂充斥于市肆，推行于学校，几使一时之学术，寖成风尚，而我国文体，亦遂因之稍稍变矣。"[②]日译书籍在中国教育、政治、科学领域均影响深远，中国对日译名词的使用即是其中较有代表性的方面，日译地质学名词，如前文所提地层年代术语许多沿用至今。地质学中最常用的名词"化石"一词，也为日译名词，本书以"化石"一词为例，说明日译名词对中国的影响。

"化石"泛指因自然作用在地层中保存下来的地史时期生物的遗体、遗迹，以及生物体分解后的有机物残余（生物标志物、古DNA

---

① 翁文灏：《地质时代释名考》，翁文灏著：《锥指集》，北平：地质图书馆，1931年，85~91页。

② 诸宗元：《〈译书经眼录〉序》，《近代译书目》，北京：北京图书馆出版社，2003年，399页。

残片等），分为实体化石、遗迹化石、模铸化石、化学化石、分子化石等不同保存类型。[①] 英文“fossil”最初来源于拉丁语 *fossilis*[②]，用于指一切从地中挖掘出的物体，后用于表示岩石中保存的生物遗迹（包括动植物残骸、种子、孢子、花粉、足迹、粪便等）。*fossilis* 一词很早即开始使用，但对化石的认识过程却极其漫长。古希腊历史学家希罗多德（Herodotus，约公元前 484~ 前 425）认为保存在埃及金字塔石灰岩中的有孔虫化石是修筑金字塔的工人们的某种食物。中世纪，化石被认为是矿物的半成品。16 世纪初，达·芬奇（Leonardo da Vinci, 1452~1519）提出化石是曾经活着的动植物的遗体[③]。欧洲“矿物学之父”阿格里柯拉（Georgius Agricola, 1494~1555）[④] 使用该词表示所有地下之物，包括地中生物残骸、遗迹、矿石等[⑤]。19 世纪，化石作为生物进化、地球气候变化的证据而受到生物学家、古生物学家的注意[⑥]，英国著名地质学家赖尔用“fossil”一词表示地中生物遗迹，此种用法沿用至今[⑦]。

---

① 古生物名词审定委员会编：《古生物学名词（第二版）》，北京：科学出版社，2009 年。

② 也有说法认为“fossil”来源于拉丁文动词 *fodere*，即“被挖掘”之意，见 *Encyclopedia Britannica*, Chicago: Encyclopedia Britannica., 1964，Vol. 9, p. 649，因 fossil 现多作为名词使用，故本书采用来源于拉丁语 *fossilis* 的说法。

③ 中国大百科全书总编辑委员会编:《中国大百科全书·地质学》,北京·上海: 中国大百科全书出版社，1993 年，276 页。

④ 阿格里柯拉为德国著名冶金化学家，著作《矿冶全书》（*De re Metallica*）被誉为西方矿物学经典之作，出版后一直是欧洲开矿业教科书。全书凡 12 卷，讲述开矿、选矿，以及从矿石中冶炼、分离和鉴别各种金属的方法。明末，耶稣会传教士汤若望（Johann Adam Schall von Bell, 1592~1666）将其翻译，名为《坤舆格致》。

⑤ George W. White, Review: *De natura fossilium* (*Textbook of Mineralogy*) by Georgius Agricola, *The Journal of Geology*, Vol. 65, No. 1 (1957), pp. 113~114.

⑥ *Encyclopedia Britannica*, Chicago: Encyclopedia Britannica., 1964, Vol. 9, p. 649; *The New Encyclopedia Britannica*, Chicago: Encyclopedia Britannica., 1980, Vol. 7, p. 556.

⑦ Charles Lyell, *Elements of Geology, or the Ancient Changes of the Earth and its Inhabitants, as Illustrated*

图 2-16 《点石斋画报》描述“火星化石”现象（《点石斋画报》数集，1895）

中国古代典籍很早即有关于化石的记载，《山海经》曾描述过鱼化石，宋代朱熹、沈括更将在山地发现螺蚌类的化石作为海陆变迁的依据。我国虽对于化石描述较早，但初时并不称作“化石”，如鱼化石叫“石鱼”，民国初年，民间还将脊椎动物的骨骼、牙齿化石称作“龙骨”。

晚清时期，“化石”一词多为地中矿物的总称，或作动词使用，指某物“化而为石”，即石化。1895 年，《点石斋画报》曾讲述奇特现象“火星化石”：某人家夜晚看到天空有物体着火，坠落附近空旷之地，翌日发现着火之物已冷却凝固，化而为石（实则为陨石）。①

---

by Geological Monuments, London: 1865.

①《点石斋画报》，1895 年，数集。

《益闻录》等近代刊物亦将陨石称为“化石”。[①]1908 年，《农工商报》介绍工业制炼化石的方法，即将黏土烧制成化石（坚硬石块）用于工业建筑。[②]

近代最早介绍化石的西学译著当属《地理全志》。《地理全志》译“fossil”为塔石，下编“磐石陆海变迁论”有关于化石成因的介绍：石头受水流冲刷作用腐蚀为大小、轻重不一的石块，其中“轻者为泥沙，荡漾水中，流入湖海，而沉于其底，排列层累；其所沉之质，载飞潜动植之迹甚多，与之俱沉”，“上古时，石质未坚凝之先，飞潜动物之迹，埋于其中，今尚见之，如塔石形”[③]，“塔石”即化石。《地学浅释》译“fossil”一词为“殭石”，“殭石”为石中生物遗迹，根据殭石形态、种类及发现地点可判定从前地域属于淡水或咸水区域。因生物之遗体暴露于空气中易腐烂，故殭石形成条件极为特别，需生物埋于地中，有机体变化而骨骼不变，如今所见的殭石，“不过其肉腐烂而已，而其壳无恙也”[④]；若非如此，则古生物遗迹经腐蚀作用后则形成矿石、煤等。通过殭石种类，可判定地层年代。

日文教科书中将“fossil”一词译作“化石”，用于指石中生物。1902 年，虞和钦、虞和寅译《地质学简易教科书》使用“化石”一词，说明化石为石中生物遗迹，研究化石及地层可知地球发育历史[⑤]。日本地质学家横山又次郎著、叶瀚译的《地质学教科书》定义“化石”为埋于地层中的“前世界之动植物”，据化石之种类及特征岩石可以将地层分为四大界：太古界（老连志亚纪、比宇鲁尼亚纪）、古生界（寒武利亚纪、志留利亚纪、泥盆纪、石炭纪、二叠纪）、中生界（三

---

①《益闻录》，1890 年第 1011 期，500 页。

②《工业：制炼化石》，《农工商报》1908 年第 38 期，26~27 页。

③ 慕维廉编著：《地理全志》（下编），上海：墨海书馆，1854 年，卷 1，3 页。

④（英）雷侠儿著，玛高温、华蘅芳译：《地学浅释》，上海：江南制造局，1873 年，卷 4，7 页。

⑤（日）横山又次郎著，虞和钦、虞和寅译：《地质学简易教科书》，1902 年。

叠纪、侏罗纪、白垩纪）、新生界（第三纪、第四纪）[①]。陈文哲、陈荣镜编译的《地质学教科书》则对化石有更为明确的定义：前世界动植物之遗骸、介壳、足趾等，悉埋没于地层中，变化如石，今日而尤得认其形状者，称曰化石[②]。

1911年《中国青年学粹》第一期刊登《化石说》一文，对化石有着科学、详细的介绍，说明化石，西名fossil，初指凡自地中掘出之矿物，地质学中则专指“生物遗骸之埋于岩石者（遗骸中包括介壳及足迹之印于岩石者）”。地层中某时代特有化石称为标准化石，用于确定岩层之位置及时代，如志留纪特有化石为笔石，寒武纪石炭纪特有化石为三叶虫等。化石的形成需要特定的条件，海生生物因不易受阳光、空气等腐蚀作用，较陆生生物更容易形成化石。学术上则用化石指示地理之变迁、气候之变化及用于划分地质时代。[③]

综上所述，中文“化石”一词初为动词，或指地中矿物，伴随晚清西学东渐，近代地质学知识传入，代指地中生物残骸的英文词语“fossil”先后被译作“塔石”“殭石”。19世纪末，中国借用日译名词，将“fossil”译为“化石”。20世纪初，“化石”用于指地中生物遗迹的说法方得确定，一直沿用至今。由“化石”一词的定名与传播，可窥见日文书籍对中国影响之巨大。

虽然日译教科书销量甚佳，影响较大，不少到民国以后还再版，且在译名等方面对中国社会影响深远，但晚清各方对不同译本评价褒贬不一。张相文《最新地质学教科书》在介绍地质知识时兼顾本国情况，补充最新研究成果，引用古籍相关地质记录，校勘旧时出版错误，出版后深受好评。张氏地学素养颇深，“为国人以近代方法

---

①（日）横山又次郎著，叶瀚译：《地质学教科书》，上海：蒙学报馆，1905~1906年。

② 陈文哲、陈荣镜编：《地质学教科书》，上海：昌明公司，1906年，132页。

③ 弱者：《化石说》，《中国青年学粹》第1卷第1期（1911年），80~86页。

研究地学之始”，“常有发他人所未发，言他人所未言者”[①]，又曾游历各地，博览古籍，故书中能时时补充新近的地质成果及各地游览见闻。《地学杂志》评价该书“文笔流畅，取材丰富，亦考求地理及研究矿学者之善本也”[②]。陈文哲《地质学教科书》依《奏定学堂章程》而出，学部评语：“是书以横山又次郎之《地质学教科书》为主，参取他书，以期合乎吾国之用，译笔亦颇明畅。惟地层名目译音之处仍沿日本文之旧，若以华音译读之，则与西音大相矛盾矣。又化学名及地名均多与旧籍参差，是其缺点也。然以供中学校教员参考之用，则尚合宜。”[③]陈学熙更将张相文译书与叶瀚、陈文哲译书比较，“叶瀚译之《地质学》，陈文哲之《地质学》，说固完善，而证例多他国之事，实未足为国民教育道，学部审为参考书，宜哉！”“张相文出，特树一帜，一切证例悉以中国之事实为本，而张氏之新撰地文[④]、地质两书，尤亲切详赡，诚教育国民之善本，言地质、地文者多宗之。”[⑤]

石川成章著，董瑞椿译《中学矿物教科书》因参考刘康云著《矿政辑要》，顾琅、周树人编《中国矿产志》及广智书局发行之《世界

① 《地学耆旧：张相文先生》，《方志月刊》第6卷第11期（1933年），36~37页。

② 《介绍图书》，《地学杂志》第1卷第1期（1910年），2页。

③ 《附录：学部审定中学教科书提要（续）》，《教育杂志》第1卷第2期（1909年），9~18页。

④ 即张相文所撰《最新地文学》（上海：文明书局，1908年），与《最新地质学教科书》一样，此书内容详实。学部评价“是书谨遵奏定章程，就中国地文上事实羼以普通地文学之教材编辑而成，其中间有采及新闻游记及作者游踪所至，耳目亲接者，故言之亲切有味，远胜他书，而行文雅洁，亦为近日诸译本所不及，自是近日地文教科书中条理清晰之善本”（见《审定书目：张相文呈新撰地文学改正再呈审定批》，《学部官报》1910年第136期，2~3页）。《地学杂志》更盛赞此书“选材闳富，印刷精良，早经教育部审定，教员学生均当手置一编，以资练习”（见《介绍图书》，《地学杂志》第5卷第2期（1914年），96页）。

⑤ 陈学熙：《中国地理学家派》，《地学杂志》第2卷第17期（1911年），1~7页。

地理教科参考书》等书籍[①]，于我国所产重要矿物之性质、功用及鉴别法有详细介绍，被学部选为教学用书，“是书简要明晰，而于本国矿产事迹亦连类及之，尤不悖于国民教育之旨，作为中学及师范学校教科书用可也”[②]。而颇受欢迎的《最新中学教科书·地质学》却未被学部审为学堂教学用书，仅作为教学参考书，因为书中“所言地质，关涉亚洲者甚鲜，不合吾国之用，惟记载甚详，可作为中学参考书”[③]。

除本土地质学知识介绍外，译名问题亦颇受关注，且是教科书评审的重要标准，颇受读者青睐的《最新中学教科书·矿物学》即被认为“译名不尽允妥”[④]，学部评语“是书以金石为主，兼及岩石地质，绪言所称提纲挈领，体例最善，洵非虚语。惟译名间有未能通行之处，幸皆附有英文原名，教者不难改正，应审定为中学用教科书”[⑤]。同样存在译名问题的还有陈文哲《地质学教科书》，此书依《奏定学堂章程》而出，文后附“标本采集旅行法”，介绍野外采集标本的方法及各类岩石、矿物特点，这是同类教科书多没有的，但学部认为此书虽译笔明畅，但“地层名目译音之处仍沿日本文之旧，若以华音译读之，则与西音大相矛盾矣，又化学名及地名均多与旧籍参差，是其缺点也”[⑥]，故仅作为教员参考用书。

---

①《译例》，（日）石川成章著，董瑞椿译：《中学矿物教科书》，上海：文明书局，1907年。

②（日）石川成章著，董瑞椿译：《中学矿物教科书》，上海：文明书局，1907年。

③《附录：商务印书馆经理候选道夏瑞芳呈地质学各书请审定批》，《教育杂志》第2卷第2期（1910年），7~8页。

④《审定书目：商务印书馆经理候选道夏瑞芳呈地质学各书请审定批》，《学部官报》1909年第107期，1~2页。

⑤《附录：学部审定中学教科书提要（续）》，《教育杂志》第1卷第2期（1909年），9~18页。

⑥《附录：学部审定中学教科书提要（续）》，《教育杂志》第1卷第2期（1909年），9~18页。

地质学教科书出现于甲午战后，1900 年后，日译教科书大量涌现，横山又次郎、佐藤传藏等人的地质学教科书在此时期传入中国。彼时距离《地理全志》出版相隔近半个世纪，地质学学科本身在发展，传入的地质学知识也趋于成熟。早期传教士翻译的地质学译著内容庞杂，对地质学没有明确的学科界定，对许多地质现象停留在宏观的描述，往往只说其然，不说其所以然。地质学教科书具有较为完整的知识体系，编排体例较为系统，注重由浅入深，对地质学基础知识有详细而生动的介绍，是早期汉译西书所望尘莫及的。清末出版的地质学教科书多以日本学堂教科书为原本翻译而成，加之译者多有留学背景，受过科学训练，故译文质量较高，书中名词、术语也相对统一。许多教材直至民国年间还多次再版，影响深远。虽然教科书具有不少优点，但编译者对文本内容的选取及中国地质矿物相关情况的增补，导致晚清学部及时人对这些书籍褒贬不一。

学部要求地质学教科书不能“关涉亚洲者甚鲜”，时人希冀地质学教科书“一切证例，悉以中国之事实为本”，译名问题也备受关注，说明彼时国人已经不满足于单纯译自外文的书籍了，他们迫切渴望知道有关中国地质的详细情况，需要有一本为中国人而写的地质学书籍。地质学是一门区域性很强的学科，尤其是中国，国土广阔，地势复杂，想要了解各地地质情况，非亲身游历或实地考察不可得。张相文尝游历各地，又遍览古籍，故其著作才能详实精当，麦美德在撰写《地质学》时多处参考外国人在华地质考察成果，这也是当时大多教科书的编译者很难做到的。大规模的地质考察在当时更加不能实现，既无相关机构，也无人才储备，地质调查谈何容易。民国以后，随着中国地质调查的开展，情况得以改变。

第三章　地质学建制化与地质学教科书的发展（1912~1921）

我国虽然在晚清时期出版了不少地学译著和教科书，于新式学堂开设地质学和矿物学课程，但地质学直到民国以后才真正得以发展，“仿佛民国两字和地质两字是一个双生胎”[①]。地质调查所的成立是中国近现代地质学史上最重要的事件之一，中国地质学家们筚路蓝缕，创办了属于自己的研究机构，并培养了中国本土调查专员，高等地质教育也在此时得以延续和发展。地质调查所的成立，专门期刊的创办，地质调查专员的培养，为地质学在中国的发展奠定了坚实基础，也为教科书的本土化提供了重要知识保障。

第一节　地质学的建制化

1912~1913 年，民国政府颁布“壬子－癸丑学制”，进行一系列教育改革，客观上要求教科书内容和体例上作出相应调整，以适应新学制要求。与此同时，地质调查所的成立成为中国地质发展史上的大事，地质期刊的创办，则使研究成果有了交流与发表的平台，多位外国著名地质学家来华考察或工作，并在中国地质专刊发表研

① 章鸿钊：《纪录：中国地质学之过去及未来》，《矿业》第 5 卷第 7 期（1923 年），139~142 页。

究成果，中国地质学蓬勃发展，地质调查所成为真正的国际化研究所并取得卓越成果。

1. 民国初年的学制改革

1912年中华民国成立，着手进行教育改革，改晚清学部为教育部，蔡元培任首任教育总长，管理全国教育工作，晚清各学堂改称学校，监督、堂长一律通称校长。学制分三段：初等教育（初等小学校四年，高等小学校三年）、中等教育（四年）、高等教育（大学本科三或四年，预科三年）。另设师范学校和实业学校以培养专门人才，初等教育下设蒙养院，为学前教育，史称“壬子－癸丑学制”。

与“癸卯学制”相似，“壬子－癸丑学制”未要求中小学堂开设地质学、矿物学相关课程，仅规定中学校需修习博物学课程，授以重要植物、动物、矿物、人身生理卫生之大要，兼课实验。[①] 其中第三学年教习矿物，使学生了解普通矿物及岩石之概要、地质学之大要，每周2课时[②]。系统地质学、矿物学教育仍至大学阶段进行。《教育部公布大学规程》规定大学设文科、理科、法科、商科、医科、农科、工科，其中理科包括数学、星学、理论物理学、实验物理学、化学、动物学、植物学、地质学、矿物学九门[③]。地质学门需修习地质学、应用地质学、地质学实验、岩石学、岩石学实习、矿物学、矿床学、矿物学实验、结晶光学、化学实验、古生物学、古生物学实验、动物学及实验、植物学及实验、地理学、测量学及实习、测地学、人类学、制图学、地质巡验、实地研究等课程。矿物学门则开设矿物学、应用矿物学、矿床学实验、矿床学、采矿学、地质学、地质学实验、

① 舒新城编：《中国近代教育史资料（中）》，北京：人民教育出版社，1981年，522页。

② 舒新城编：《中国近代教育史资料（中）》，北京：人民教育出版社，1981年，531页。

③ 舒新城编：《中国近代教育史资料（中）》，北京：人民教育出版社，1981年，644页。

岩石学、岩石学实验、结晶光学、化学、化学实验、古生物学、古生物学实验、动物学及实验、植物学及实验、地理学、冶金学大意、制图学、测量学及实验、矿物巡验、实地研究等课程[①]。虽有明确的课程安排及课时要求，但大学地质教育直至1917年北京大学地质学门恢复招生，始得施行。

除对各级学校开设课程等作相关要求外，新学制对各学校所用教科书亦有新要求。“凡各种教科书，务合乎共和民国宗旨，清学部颁行之教科书，一律禁用。”“凡民间通行之教科书，其中如有尊崇清廷及旧时官制、军制等课，并避讳、抬头字样，应由各该书局自行修改，呈送样本于本部，及本省民政司、教育总会存查。如学校教员遇有教科书中不合共和宗旨者，可随时删改，亦可指出，呈请民政司或教育会，通知该书局改正。”[②]“中学校教科用图书，由校长就教育部审定图书内择用之”[③]。1912年教育部颁布《审定教科图书暂行章程》及《审定教科用图书规程》，规定除教育部审定教科书外，各省设立图书审查会，成员由各省视学、师范学校校长及教员、中学校校长及教员、高等小学校校长及小学校校长组成，审查会设会长一人，从教育部审定的教科书中选择书目供学校使用，1914年又公布《修正审定教科用图书规程》，取消各省图书审查会。[④]各类章程的颁布为教科书的编写提供了指导方向，但因政府缺乏有效监管部门，民国初年许多学堂仍沿用晚清时期教科书。

---

① 舒新城编：《中国近代教育史资料（中）》，北京：人民教育出版社，1981年，648~649页。

② 李桂林等编：《中国近代教育史资料汇编·普通教育》，上海：上海教育出版社，2007年，473~474页。

③ 舒新城编：《中国近代教育史资料（中）》，北京：人民教育出版社，1981年，521~529页。

④ 中国第二历史档案馆编：《中华民国史档案资料汇编（第三辑·教育）》，南京：江苏古籍出版社，1991年，875~879页。

2. 地质调查机构的成立

章鸿钊曾说：“自地积言之，我国国于亚之中土，东达东海，西尽川藏，南沿雷琼，北包蒙回诸部落，占全亚面积四分之一，二十五倍于日本，视欧洲全陆，犹夐乎过之。地沃野丰，百物殷阜，人口稠密，文物璀璨于古昔，此诚天地之奥区也。顾人杰者地自灵，人言东洋历史，中国历史而已，我亦言东亚地质，我国地质而已。”①中国地质学家们很早即认识到中国地质考察工作的重要性及必要性。早在1912年，南京临时政府即于实业部设矿物司地质科，“中国行政界有地质两字之名始此”②，时矿物司地质科科长、留日归国的章鸿钊发表长文《中华地质调查私议》，介绍各国地质考察之历史，并建议我国成立地质调查局及地质学专门学校。章鸿钊结合我国情况，认为开设地质调查局最为合适，调查局成立之初，组织形式及规模可以取经他国，而为保证地质调查事业的顺利开展，还应培育地质人才。“以调查事业，委之于私立学会之手者，其例古矣，而不适于今，取之我国，尤无济焉，是调查局之设尚矣。顾经营之始，何所取法乎，试即欧美诸强与日本地质调查事业参观而比拟之”，“亟设局所以为之经略之基，亟趋实利以免于首事之困，亟兴专门学校以育人才，广测量事业以制舆图”③。后因南京临时政府迁至北京，章鸿钊所提方案皆未施行，仅对各省发出一道咨文④，章氏颇感失望，借故他去⑤，设立地质调查局及人才储备学校等事由此不了了之。

---

① 章鸿钊：《中华地质调查私议》，《地学杂志》第3卷第1期（1912年），1~8页。

② 章鸿钊著：《六六自述》，武汉：地质学院出版社，1987年，30页。

③ 章鸿钊：《中华地质调查私议》，《地学杂志》第3卷第1期（1912年），1~8页。

④ 章鸿钊：《南京实业部为筹办地质调查征调各项咨文》，《地学杂志》第3卷第2期（1912年），10~11页。

⑤ 章鸿钊著：《六六自述》，武汉：地质学院出版社，1987年，31页。

临时政府迁都北京后，工商部设矿政司，张轶欧任矿政司司长，邀请自英国格拉斯哥大学毕业归国的丁文江来京任职。1913 年 1 月，丁文江应张轶欧之邀赴北京，供职于矿政司地质科，2 月任地质科科长[①]。考虑到地质调查急需人才，丁文江与张轶欧商量在工商部开设地质人才培养学校。4 月 17 日，丁文江拟《工商部试办地质调查说明书》，着手筹备地质调查团。同年，地质科改为调查所，并于工商部附设地质研究所（见本章第二节），以培养地质调查专门人才，二者"一主培养人才，一主规划久远，以丁君文江主调查所，章君鸿钊主研究所，盖二者实相辅而行也"[②]。1913 年 9 月 4 日，丁文江被任命为地质调查所所长兼地质研究所所长，后由于他赴云南等地考察，章鸿钊代理地质研究所所长一职。1914 年 2 月 19 日，丁文江复被正式任命为地质调查所所长，同日，章鸿钊被任命为地质研究所所长[③]。同年 8 月，农商部聘请瑞典前地质调查所所长安特生（Johan Gunnar Andersson, 1874~1960）为矿务顾问，地质调查所规模初具，遂着手进行地质考察的筹备工作。

地质调查所自成立后即将重心放于全国地质考察，但彼时缺少地质专门人才和考察经费，诸多工作难以开展。有鉴于此，农商部考虑成立地质调查局，专门负责地质考察工作。1915 年 12 月，农商部为筹设地质调查局上奏折，认为"欲发天然之宝藏，必先赖人力之探讨"，"中国地大物博，冠绝宇内，然以限于交通，昧于学术，地虽大而不能举其方隅，物虽博而不能别其名类，虽欲进行，末由着手。夫欲兴矿业必先知矿质之优劣，矿床之厚薄；欲辟农林，必先知土性之肥硗，山川之形势"，而欧美各国"对于地质调查之一事，

---

① 宋广波著：《丁文江年谱》，哈尔滨：黑龙江教育出版社，2009 年，87 页。

②《地质调查所沿革事略》，1922 年 7 月，1 页。

③ 宋广波著：《丁文江年谱》，哈尔滨：黑龙江教育出版社，2009 年，100 页。

无不年费巨金，各设专局”，即使在中国古代，亦设有专门官职分司矿业之事。农商部虽然自成立始即留心实业考察，选聘中外专门人士，从事于研究调查，“惟以绌于经费，限于人才，仅收支节效，究非根本之图”，而此时正值“国基甫奠，正海内喁喁望治之时”，“国家之富强端赖实业，而实业之振兴首资地利”。地质调查一事关系经济实业，至为重要，刻不容缓，因此农商部“拟就原有设备，量加扩充，改设专局，分科治事，以专责成，统筹全局，以规久远”[①]。同时拟定调查局规程十四条，至于所需经费，拟暂由农商部聘用洋员及调查地质矿产经费项下覆实动用，不必另筹他款。

1916 年 1 月 4 日，农商部奉令按照拟定规程筹办地质调查局，申令指出：则壤成赋，夏政所先，土化之经，周官实重，所以物土宜兴民利者，至纤至悉。方今泰西各国化学日精，研究地质蔚为专科，别其刚柔，审其饶贫，阐明新说，功用无穷。中国物产丰盈，冠绝区宇，农林矿产，尤为实业大宗。徒以科学失修，人力未尽，货弃于地，生计奇艰。宝藏之兴，端资提倡，调查地质，为创办实业之始基，亟应统筹全局，锐志经营。[②]2 月 2 日，地质调查局正式组织成立，暂设四股一馆，办事人员则从农商部现有人才及东西洋地质矿科毕业学生分别选拔，切实进行全国地质调查事宜，“务期发明新知，助商利国”[③]。同年 3 月 16 日，农商部饬矿政司接令裁撤地质调查所。[④]

地质调查局直接隶于农商总长，掌理地质矿产调查事宜，分置四股一馆：地质股、矿产股、地形股、编译股、地质矿产博物馆。其中地质股负责地层调查、地质构造实测、古生物鉴定、地文研究、

---

①《奏折》，《农商公报》第 2 卷第 7 期（1916 年），5~6 页。

②《政事》，《农商公报》第 2 卷第 7 期（1916 年），1~2 页。

③《奏折》，《农商公报》第 2 卷第 8 期（1916 年），7 页。

④《纪事》，《农商公报》第 2 卷第 9 期（1916 年），35 页。

地质图编制等事项；矿产股掌管矿产岩石鉴定、矿床调查、矿业调查、土性调查等事项；地形股负责地形测量、经纬测算、地形制图以及照相等事项；编译股工作包括报告编纂、矿业统计、翻译、出版、图书仪器保存等。地质矿产博物馆则负责标本的采集、保存及陈列等工作。①

地质调查局处理事务除遵照官吏服务令及农商部处通则外，还制定了详细的办事细则，相关人员均需依照规则办事，具体包括：地质调查局调查计划每半年由局长会办会同股长酌拟呈总长核定；地质调查局事务分调查、研究两种，前项事务之分配由局长定之；凡图书、仪器、标本等件，应由局指定专员管理并编号登册；局员需用图书仪器或标本时，应向管理员领取并于借用簿签名；凡用款在十元以上五十元以下者，应由事务员商承局长核准；凡用款在五十元以上者应呈总次长核准。此外，还需遵守农商部庶务科办事细则，庶务科关于存储物品、消耗物品的规定同样适用于地质调查局，即凡仪器图书于购入一年以内如有遗失或损坏至不能复用者，除有特别原因可临时请局长会办核夺外，概由负责任者照原价赔偿，其购入已迨一年者，赔偿应照原价减三分之一。②

办公地点及经费方面，1913 年地质研究所初办时设立于景山东街北京大学内，而地质调查所则设于粉子胡同农商部内，1916 年，一同迁入丰盛胡同三号及兵马司九号附属房屋。1913 年虽改地质科为地质调查所，但所有经费仍统归于农商部本部预算之内，1916 年才另设立预算。③规定经费每年六万八千元，但实际支出则为四万二千元。④

---

①《农商部地质调查局规程》，《农商公报》第 2 卷第 7 期（1916 年），49~50 页。

②《章程：地质调查局办事细则》，《农商公报》第 2 卷第 9 期（1916 年），53 页。

③《中国地质调查所概况》，1931 年 3 月，2~3 页。

④《地质调查所沿革事略》，1922 年 7 月，2 页。

人员方面，拟设局长一人、会办二人、股长四人、馆长一人、技师八人、调查员二十人、测绘员三人、事务员一人。其中局长综理局务，统筹监督，会办辅佐局长综理局务，股长、馆长会同技师、调查员、测绘员等，分理本股或本馆事务，事务员兼管文牍庶务事项，会计事务由农商部会计科兼任之。此外，可酌情雇用二人以下负责抄录事务工作，调查局总设人员大致为40~42名，但由于有一人身兼数职现象，实际在局人员不足40人。[①]值得一提的是，1916年6月，地质研究所毕业生经农商部委派进行实地调查，成绩优异者，分别选派任地质调查局调查员、学习员等职[②]，“由是益专致力于调查事务矣”[③]。

1916年1月15日，农商部令张轶欧任地质调查局局长，安特生、丁文江分任地质调查局会办[④]，“实际任事者仍丁君也”[⑤]。2月10日，令丁文江兼任地质矿产博物馆馆长，章鸿钊任地质股股长，兼任编译股股长，翁文灏充矿产股股长兼地形股股长。同时，叶良辅、赵志新、王竹泉、刘季辰、谢家荣等为地质调查局学习员，安

---

①《农商部地质调查局规程》，《农商公报》第2卷第7期（1916年），49~50页。

②据《地质研究所沿革事略》所载，1916年6月，地质研究所毕业生21人，经农商部考核，成绩优异，分别委派地质调查局调查员、学习员等职；丁文江1919年在《地质汇报》创刊号中所作之序曾言地质研究所毕业生18人任地质调查局调查员，但《农商公报》有明确任命记录者，仅叶良辅、赵志新、王竹泉、刘季辰、谢家荣五位地质研究所毕业生担任地质调查局学习员，其余毕业生是否进入地质调查局工作，担任何职等信息则未有明确记载；1916年11月农商部复改组地质调查局为地质调查所时曾云：叶良辅、赵志新、王竹泉、刘季辰、谢家荣为调查员；周赞衡、徐渊摩、徐韦曼、谭锡畴、朱庭祜、李学清、卢祖荫为学习调查员；马秉铎、李捷、仝步瀛、刘世才、陈树屏、赵汝钧仍留所学习，“所有职员薪俸津贴仍照地质调查局时期额数给发”，由此可推地质研究所毕业生18人或全部进入地质调查局工作。

③《中国地质调查所概况》，1931年3月，1页。

④《纪事》，《农商公报》第1卷第7期（1916年），49页。

⑤《中国地质调查所概况》，1931年3月，2页。

特生的两位助手丁格兰（Felix Reinhold Tegengren）、新常富（Erik Nyström, 1879~1963）任地质调查局技师，张景澄、罗文柏为地质调查局调查员，刘乾一、李彝荣为地质调查局测绘员，曹树声为地质调查局调查员。[①]3月3日，令黄伯芹试充地质调查局调查员，3月21日，令王臻善派充地质调查局技师[②]，6月20日，张景澄任技士，6月24日，耿善工调任地质调查局测绘员[③]。至此，地质调查局初具规模，“人员有定额，经费有预算”，“调查事业渐以发展”[④]。

调查局直接隶属农商部，经费、人员较为独立，但维持时间不到一年。1916年10月31日，时农商总长古钟秀呈大总统修订地质调查局章程，请鉴核备案文，指出年初将地质调查所改为地质调查局，其中设立的局长、会办等官职，与彼时官制不符，“名目非惟组织与本部所辖其他之附属机关均不符合，即按诸现行官制亦嫌割裂”。因此提议修改地质调查局章程，复将地质调查局改名为所，设所长一人，裁去局长、会办等职，并将地形股裁撤，地质矿产陈列事宜归矿产股兼理，不另设馆长。而地质调查局原定技师、调查员数额酌量减少，行政事务仍由矿政司管辖。地质调查所分置三股：地质股，矿产股，编译股。地质股负责地层调查、地质构造实测、古生物鉴定、地文研究、地质地形图编制等事项；矿产股负责矿物岩石鉴定、矿床调查、矿产标本陈列、矿质化验、土性调查等事项；编译股分管考察报告编纂、矿业统计、翻译、出版、图书仪器保存等事项。人员方面，设所长一人，股长三人（其中一股股长由所长兼任），技师六人，调查员十二人，测绘员三人，事务员一人，另得酌情雇用

---

①《纪事》，《农商公报》第2卷第8期（1916年），15页。

②《纪事》，《农商公报》第2卷第9期（1916年），35页。

③《纪事》，《农商公报》第2卷第12期（1916年），41页。

④《地质调查所沿革事略》，1922年7月，2页。

二人以下人员负责抄录事务，计二十五人左右。[①]

11月1日，农商部令原地质调查局所有办事学习人员按照修正章程另行分配。任命丁文江为地质调查所所长，兼任地质股股长，翁文灏任矿产股股长，章鸿钊任编译股股长，丁格兰、新常富、王臻善为技师，曹树声、张景澄、叶良辅、赵志新、王竹泉、刘季辰、谢家荣为调查员，李彝荣、耿善工为测绘员，张祖耀为事务员，周赞衡、徐渊摩、徐韦曼、谭锡畴、朱庭祜、李学清、卢祖荫为学习调查员，马秉铎、李捷、仝步瀛、刘世才、陈树屏、赵汝钧仍留所学习，所有职员薪俸津贴仍照地质调查局时期额数给发。[②]至此，地质调查局正式裁撤。同年，地质调查所正式成立，其中机构运营、人才配置与考察工作内容其实与地质调查局时期差别不大。[③]除地质研究所培养的地质人才外，地质调查所又聘请安特生、新常富等外国技师，地质调查所一时人才荟萃，成为名副其实的国际化研究所。[④]

---

①《公文》，《政府公报》1916年10月31日。

②《部令》，《农商公报》第3卷第5期（1916年），1页。

③ 1919年《地质汇报》创刊，丁文江回忆地质调查局时期历史，认为彼此人员初聚，图书标本在列，工作井然有序，后来虽复改名为地质调查所，但工作形式实际上并无太大变化。丁文江说："五年春，周总长子廙，改调查所为局，以张君轶欧兼局长，以余任会办，章君、翁君分任股长。是年夏，以地质研究所卒业生十八人任调查员，增置图书，陈列标本，分室而居，比屋而读，出行有期，居守有置，不复若前此之简且陋矣。是年冬，复改局为所，余被任为所长，以及于今，屈指三载，名称间有损益，事实初无变更。"见丁文江：《序》，《地质汇报》第1期，1919年。

④ 有关地质调查所的组织形式、人员构成及取得的成果，前人已有丰富的研究（参见张九辰著：《地质学与民国社会（1916~1950）》，济南：山东教育出版社，2005年；顾晓华主编：《中国地质调查事业百年（1913~2013）》，北京：地质出版社，2013年；李学通：《中国地质事业初期若干史实考》，《中国科技史杂志》2006年第1期，61~74页；李学通：《地质调查所沿革诸问题考》，《中国科技史料》2003年第4期，351~358页；韩琦：《从矿务顾问、化石采集者到考古学家——安特生在中国的科学活动》，《法国汉学》第18辑，北京：中华书局，2019年，第29~52页），故本书重点论述1915~1916年地质调查所短暂更名为地质调查局时期的组织工作，以窥中国地质学建制化的初期面貌及中国地质学家在地质事业起步阶段为探寻地质学独立发展道路的努力与尝试。地

1919年，张轶欧在为《地质汇报》作序时曾高度评价地质调查所："民国凡百设施，求一当时可与世界学子较长短，千百载后，可垂名于学术史者，惟此所而已。"[①]1922年，胡适曾在《努力周报》撰文说"中国学科学的人，只有地质学者，在中国的科学史上可算得已经有了有价值的贡献。自从地质调查所成立以来，丁文江、翁文灏和其他的几位地质学者，用科学的精神，作互动的研究，经过种种的困难，始终不间断，所以能有现在的成绩"，地质调查所的工作及中国地质学家对地质学的研究，"已经能使'中国地质学'成一门科学"，"单这一点，已经狠可以使中国学别种科学的人十分惭愧了"[②]。

3. 地质学专门期刊的出现

随着本土地质调查的开展，考察成果的增多，地质工作者需要研究成果的交流及发表平台。早在1914年，丁文江自山西考察归来，

质调查局因存在时间较短，加之史料不多，以往著述亦鲜有着墨，本书补充《农商公报》《政府公报》及地质调查局相关原始材料，对地质调查局成立始末、机构设置、人员组成加以说明，希冀补充我国早期地质学的发展相关史料，以便全面地认识中国地质研究的发展历程。地质调查局存在的时间不足一年，且处于中国地质事业的起步阶段，人员、经费等各种资源稀缺，但仍然取得不少成果，是中国地质学者建立独立地质调查机构的一次尝试。地质调查局还提出建立地质矿产博物馆的愿望，虽然地质调查所陈列馆直到1920年后才建成，但中国地学家们对中国地质事业的宏远规划，由此可见一斑。中国第一代地质学家们已经意识到地质调查工作的重要性，希望成立完善的专门研究机构，独立进行科学考察，管理科研经费。地质调查局直接隶属农商部（此前，地质科和地质调查所均隶属于农商部矿政司），希望实现经费预算与机构管理独立。地质调查局是地质调查所的特殊阶段，1916年，时地质研究所学生即将毕业，中国有了本土培养的第一批调查人才，加之安特生等外国知名地质学家的加入，人才齐聚，中国地质学家们信心倍增，故扩充机构，想要做一番大事业。后虽因地质调查局规制、官职设置与当时行政管理不符，又恢复为调查所，但此后工作模式与调查局时期差别不大。有关地质调查局成立始末及地质考察工作，参见杨丽娟：《农商部地质调查局始末考》，《地质论评》第67卷第4期（2021年），1193~1197页。

① 张轶欧：《序》，《地质汇报》第1期，1919年。

② 《努力周报》1922年第12期（7月23日）第1版。

张铁欧即建议他将考察报告出版发表，丁氏以地质研究所课业繁重，无暇编纂，婉言谢绝。1916 年，地质研究所学生毕业后，始将出版计划提上日程。[①]1919 年，中国最早的地质学专刊《地质汇报》《地质专报》创刊，农商总长田文烈，次长江天铎，张铁欧、丁文江等人为之作序，皆认为这是中国地质事业之创举，此后，外国地质学者亦纷纷在相关刊物上发表研究成果，实现了中国地质学的国际交流与合作。

《地质专报》系长篇专著，为“地质研究之较为完全，自成卷帙者”[②]，分甲、乙、丙三种。甲种多为各地地质、矿产考察报告，如丁格兰著、谢家荣译《中国铁矿志》（*The Iron Ore Deposits and Iron Industry of China*，第二号，1921~1923），安特生《中国北部之新生界》（*Essays on the Cenozoic of Northern China*，第三号，1923），巴尔博（George Brown Barbour, 1890~1977）《张家口附近地质志》（*The Geology of the Kalgan Area*，第六号，1929）等。《地质专报》创刊号发表叶良辅长文《北京西山地质志》（*Geology of the Western Hills of Peking*, 1920），系农商部地质研究所师生于西山考察实习成果汇总，影响深远[③]。乙种共十号，以翁文灏《中国矿产志略》（1919）为创刊，内容多为地质学奠基人重要著作，或地质学史上具有重要意义之发现，包括章鸿钊《石雅》（第二号，

---

① 丁文江：《序》，《地质汇报》第 1 期，1919 年。

②《中国地质调查所概况》（本所成立十五周年纪念刊，中华民国二十年三月印）。

③《北京西山地质志》是我国最早的区域地质调查报告，系地质研究所师生十三人对北京西山地区考察成果总结，全文由叶良辅执笔完成（火成岩一章为翁文灏撰稿），分五章详细论述北京西山地区地层、构造、地文、火成岩和经济地质，纠正了庞佩利、李希霍芬等人在地层分类上的错误，为以后研究西山地区地质构造提供了宝贵详实的史料。章鸿钊回忆称：“《北京西山地质志》就是他们（地质研究所师生）东方破晓的第一声。中国的地质调查事业，也算在那时踏上了机能发动的阶段。”参见章鸿钊：《我对于丁在君先生的回忆》，《地质论评》第 1 卷第 3 期（1936 年），227~236 页。

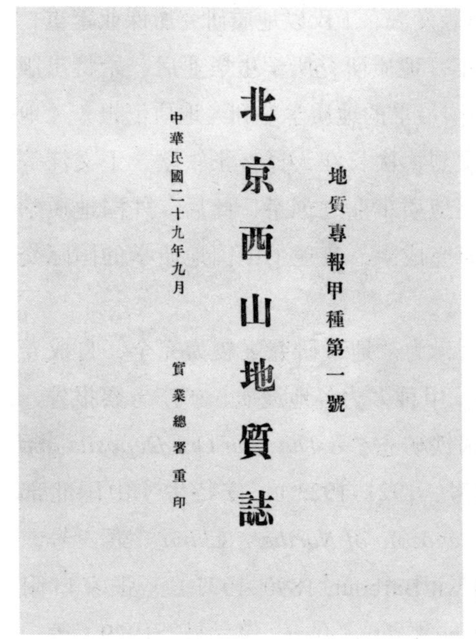

地質專報甲種第一號

北京西山地質誌

中華民國二十九年九月　實業總署重印

图 3-1 《北京西山地质志》(《地质专报甲种》第一号，1920）

1927)，丁文江《云南个旧附近地质矿产报告》（第十号，1936)，杨钟健《中国人类化石及新生代地质概论》（第五号，1933）及裴文中《周口店洞穴采掘记》（第七号，1934）。丙种为丁文江、翁文灏开创的矿业编年史纪要，共七号，分别记载民国元年至五年（第一号，丁文江、翁文灏记）、民国六年至十四年（第二号，谢家荣记）、民国十五年至二十三年（第三至五号，侯德封整理）、民国二十四年至二十九年（第六号，金耀华记）、民国二十四年至三十一年（第七号，白家驹记）之中国重要矿产储量、各省重要矿产调查情况及已开采矿业的经济效益。[1]

---

① 程裕淇、陈梦熊主编：《前地质调查所（1916~1950）的历史回顾——历史评述与主要贡献》，北京：地质出版社，1996 年，89~105 页。

《地质汇报》由短篇文章汇编而成，多为区域地质、矿产、地层、古生物考察报告，“每册载报告数篇，区域地质报告多入此”[①]，第一号刊载丁文江的《冀北煤田报告》及翁文灏与曹树声合著的《绥远土默特旗地质报告》。至1948年，共出版38号39册[②]，发表中外学者论文百余篇，丁格兰、葛利普（Amadeus William Grabau, 1870~1946）、安特生、师丹斯基（Otto Zdansky, 1894~1988）、赫勒（Thore Gustaf Halle, 1884~1964）皆为其撰稿。

《地质专报》《地质汇报》的创刊，不仅为地质成果的发表及交流提供了平台，更是我国地质事业日渐成熟的重要标志，时农商次长江天铎盛赞此为“吾国未有之创举，而将为学术界、矿业界开一新纪元者也”[③]。

第二节　地质研究所与高等地质教育的发展

我国在晚清时期就开始了高等地质教育及人才培养工作，1909年京师大学堂格致科设地质学门并招收学生，但因学生人数少，地质学门仅开办一届即暂停招生，专门地质人才的培养直到民国才得以实现。1913年成立的地质研究所，为中国培养了第一批地质工作者，此后数十年，他们活跃于政府机关、研究所及高等学校，考察足迹遍及中国各个地区，为中国地质调查事业作出了卓越贡献。

---

①《中国地质调查所概况》（本所成立十五周年纪念刊，中华民国二十年三月印）。

② 程裕淇、陈梦熊主编：《前地质调查所（1916~1950）的历史回顾——历史评述与主要贡献》，北京：地质出版社，1996年，90页。

③ 江天铎：《序》，《地质汇报》第1期，1919年。

1. 地质研究所成立缘起

1912 年，时南京临时政府实业部矿物司地质科科长章鸿钊发表《中华地质调查私议》，介绍各国地质考察之历史，拟定调查方案。章氏认为地质事业初创阶段，以经费、地图、专门人才为三大基本要素，而“人员则非作育于前，虽阅几何年，而未能蔚起，以为国家用者，是尤有事于调查地质者，所宜首先筹及者也”。大学教育，收效甚缓，学生毕业后尚需数年方可独立研究，故章氏建议除于理科大学内设地质系外，另设地质调查储才学校，隶属地质调查局，专门培养地质调查人才，拟招收中学毕业生五十名，分甲、乙两级。乙级以采矿为主，主修矿业、冶金等课，两年毕业；甲级以能独立调查各地地质情形为目标，系统学习地质、构造、古生物学，三年毕业，“期于二三年之间，造就技师与技手若干人，统以有学术与经验者，驰赴实地，相助考察”，而大学地质系学生毕业后则“择其尤优异者，使分赴各省，组织支局，以期大举”，由此则“远以树长久之宏规，近以收旦夕之速效”①。后章鸿钊辞职，设立地质人才储备学校一事由此作罢。

1913 年 1 月，丁文江应工商部矿物司司长张轶欧之邀赴北京，供职于矿物司地质科，2 月任地质科科长，着手筹备创办地质研究所，培养地质人才。②4 月 17 日，丁文江拟《工商部试办地质调查说明书》，该文发表于《政府公报》，除预备筹集地质调查团以调查实业外，另拟定地质研究所章程，培养地质人才。研究所借得原京师大学堂地质学门之图书、仪器及校舍③，计划在北京、上海、广东三处招生，

---

① 章鸿钊：《中华地质调查私议》，《地学杂志》第 3 卷第 1 期（1912 年），1~8 页。

② 宋广波著：《丁文江年谱》，哈尔滨：黑龙江教育出版社，2009 年，87 页。

③ 1915 年，地质调查所与地质研究所一同迁入丰盛胡同。

图 3-2　地质研究所校舍

拟招收中学毕业、身体强健之学生三十人，分甲（重矿物）、乙（重古生物）两科，每科十五人，7 月举行入学考试（考试科目包括国文、英文、算术、物理、无机化学）。[①]9 月 4 日，丁文江被正式任命为工商部地质调查所所长兼地质研究所所长。[②]10 月，地质研究所正式开学，“以中国之人，入中国之校，从中国之师，以研究中国之地质者，实自兹始”[③]，中国第一个专门培养地质人才的高等教育机构由此拉开序幕。

---

① 丁文江著：《工商部试办地质调查说明书》，1913 年。

② 宋广波著：《丁文江年谱》，哈尔滨：黑龙江教育出版社，2009 年，93 页。

③ 翁文灏：《序》，翁文灏、章鸿钊编著：《地质研究所师弟修业记》，北京：京华印书局，1916 年。

2. 地质研究所开设课程

研究所以培养地质调查专员为宗旨，章鸿钊据此制定课程，第一学年以基础课程为主，第二、第三学年采矿、冶金等实用学科课程增多，第三学年尤重地质实习。研究所初聘梭尔格为教员，因“一战”爆发，梭尔格回国，后由原京师大学堂地质学门学生王烈讲授德文及地质构造，除丁文江、章鸿钊外，翁文灏自比利时留学回国，亦担任教员。研究所又聘时矿政司司长张轶欧教授矿物冶金学，农商部技监亦在所中担任教习。除专任教师外，另有庶务员向祥善、会计钱敏、文牍张祖耀在所工作。研究所初创之时，经费、材料有限，书籍仅有京师大学堂所得之维理士《在中国之研究》、李希霍芬《中国》、洛川《山东地质及古生物》等几种早期考察报告，后增加东京地学会《扬子江流域》《地学杂志》、日本《地质杂志》、伦敦地质调查局季报、部分实业报告等出版物，另有矿物学、岩石学、动物学英文教材数种。具体开设课程及授课人如下表：

表 3-1　地质研究所课程表（修订版[①]）

学年	学期	课程	课时	授课人
第一学年	第一学期	地理学	2	项大任、邢端
		普通矿物学	讲义 2 实习 2	章鸿钊、翁文灏
		物理学	3	王鎏、余怀清
		化学	2	王季点
		动物学	讲义 3 实习 2	冯庆桂
		大三角	2	
		解析几何	3	
		德文	3	王世澄、顾兆熊、王鎏、王烈

①1915年第二学年第二学期终，章鸿钊根据授课情况及调查需求调整课程表，认为地质调查刻不容缓，故增加实习考察课时，取消原有甲、乙二类学科划分（甲科重矿物学，乙科重古生物学），又增采矿学、冶金学两门课程，以期使用。

续表

学年	学期	课程	课时	授课人
第一学年	第二学期	地理学	2	项大任、邢端
		普通矿物学	讲义 2 实习 3	章鸿钊、翁文灏
		物理学	3	王蓥、余怀清
		化学	2	王季点
		动物学	讲义 3 实习 2	冯庆桂
		大三角	2	
		解析几何	3	
		德文	3	王世澄、顾兆熊、王蓥、王烈
		微积分	3	
		画图实习	2	
	第三学期	地质构造	5	王烈
		岩石矿物	讲义 3 实习 2	翁文灏
		植物学	3	章祖纯、钱稻孙
		化学	2	王季点
		定性分析	4	
		测量学	讲义 2 实习 3	孙瑞霖、张景光、沈瓒
		地理学	2	项大任、邢端
		微积分	1	
		图画	2	李彝荣、李善富
		德文	3	王世澄、顾兆熊、王蓥、王烈
		地质实习	暑假 7 天	
第二学年	第一学期	地质通论	4	虞锡晋、翁文灏
		造岩矿物	讲义 1 实习 2	翁文灏
		地史学	3	章鸿钊
		岩石学	讲义 3 实习 2	翁文灏
		分析化学 / 化学	4/2	
		测量学	讲义 2 实习 3	孙瑞霖、张景光、沈瓒
		植物学	2	章祖纯、钱稻孙
		德文	3	王世澄、顾兆熊、王蓥、王烈
		图画	2	李彝荣、李善富
		地质旅行	随时	

续表

学年	学期	课程	课时	授课人
第二学年	第二学期	地史学	3	章鸿钊
		植物学	2	章祖纯、钱燧孙
		构造地质学	3	王烈
		高等矿物学	讲义 2 实习 3	翁文灏
		岩石学	讲义 3 实习 3	翁文灏
		定量分析	6	
		古生物学	讲义 2 实习 3	丁文江
		德文	3	王世澄、顾兆熊、王蓥、王烈
		地质旅行	随时	
	第三学期	冶金学	2	张轶欧
		采矿学	3	李彬、朱焜
		构造地质学	3	王烈
		高等矿物学	讲义 2 实习 3	翁文灏
		岩石学	讲义 3 实习 3	翁文灏
		定量分析	6	
		古生物学	讲义 2 实习 3	丁文江
		德文	3	王世澄、顾兆熊、王蓥、王烈
		地质旅行	随时	
第三学年	第一学期	地文学	3	丁文江
		冶金学	2	张轶欧
		采矿学	3	李彬、朱焜
		矿床学	3	翁文灏
		制图学	3	王绍瀛
		机械学	2	阮尚介
		经纬测量	1	胡文耀
		岩石学	实习 3	翁文灏
		德文	3	王世澄、顾兆熊、王蓥、王烈
		照相术	2	王季点
		地质旅行报告	两天半	

续表

学年	学期	课程	课时	授课人
第三学年	第二学期	地文学	2	丁文江
		冶金学	2	张轶欧
		采矿学	3	李彬、朱焜
		矿床学	3	翁文灏
		岩石学	实习 3	翁文灏
		德文	3	王世澄、顾兆熊、王鋆、王烈
		国文	1	崔适
		照相术	2	王季点
		地质报告	6	
		地质旅行	随时	
	第三学期	地文学	3	丁文江
		冶金学	3	张轶欧
		采矿学	3	李彬、朱焜
		矿床学	3	翁文灏
		岩石实习	3	翁文灏
		德文	3	王世澄、顾兆熊、王鋆、王烈
		国文	1	崔适
		地质报告	6	
		地质旅行	随时	

（据章鸿钊《农商部地质研究所一览》整理）

3. 地质研究所与早期地质考察

除基础地质学、矿物学课程外，研究所尤重野外实习，除每年寒暑假由教员带领学生分队实习外，学生亦可根据考试成绩自行组队考察。学生毕业论文亦以考察报告形式完成，成绩 80 分以上者，每人授以仪器一副，分赴直隶各煤铁矿附近单独调查，以考察报告为毕业报告；成绩 60 分以上，命两三人一组，于暑假中在所居地附近练习，来年春天再从事毕业报告；60分以下则旅费自备。[①] 三年间地质研究所学生们分赴直隶、山东、江苏、浙江、安徽、江西、山西等省，“登泰山而考片麻岩，涉长江而观冲积层”[②]，“袖采石之锥，蹑双屐随诸先生后，上下山谷间，纵横及六七省，于京畿方数百里以内，足迹无不遍归”[③]，尤其是北京附近西山、斋堂、门头沟、碧云寺、卧佛寺、玉泉山、周口店、潭柘寺、唐山、滦县、开平等地，考察尤为详细。又因山东地质甚古，为北部基础山脉，昔年李希霍芬、维理士等皆对山东地质详细调查，为与前人考察对比，1915年底，丁文江、翁文灏特意带地质研究所学生赴山东泰安等地实习。1916年，章鸿钊、翁文灏在学生野外考察报告的基础上编写的《地质研究所师弟修业记》出版，书中参考借鉴大量外国地质学家在华考察成果，凡六章，讲述研究所考察范围、地层系统、各地岩石、地质构造、矿产及南北地层之异同，各时期地质变迁，中国矿产与地质之关系。全文引用考察报告六十九篇，是极为详尽的中国地质考察成果，“举如上下地层之系统，南北地质之异同，类能发其大凡，以视东西前贤后先所获，详略出入，互各不同”[④]。

1916年7月14日，地质研究所为22名学生[⑤]举行毕业典礼，这

---

① 宋广波著：《丁文江年谱》，哈尔滨：黑龙江教育出版社，2009年，113页。

② 翁文灏：《序》，翁文灏、章鸿钊：《地质研究所师弟修业记》，北京：京华印书局，1916年。

③ 章鸿钊：《序》，翁文灏、章鸿钊：《地质研究所师弟修业记》，北京：京华印书局，1916年。

④ 章鸿钊：《序》，翁文灏、章鸿钊：《地质研究所师弟修业记》，北京：京华印书局，1916年。

⑤ 研究所最初录取学生36名（正式录取27名，备选9名），至1916年7月结束时共有22名学生，其中18名获毕业证书。获得毕业证书学生分别是：叶良辅、王竹泉、李捷、李学清、卢祖荫、朱庭祜、周赞衡、谢家荣、谭锡畴、赵志新、刘季辰、徐渊摩、徐韦曼、仝步瀛、陈树屏、刘世才、赵汝钧、马秉铎；肄业学生有：杨培纶、张蕙、唐在勤、祁锡祉。有关地质研究所师生情况，参见李学通：《农商部地质研究所始末考》，《中国科技史料》2001年第2期，139~144页；潘江：《农商部地质研究所师生传略》，《中国科技史料》1999年第2期，130~144页；国连杰：《“十八罗汉”与中国早期地质学》，《科学文化评论》2014年第5期，55~80页。

图 3-3　地质研究所师生在唐山附近考察合影
（《地质研究所师弟修业记》，1916）

图 3-4　地质研究所师生在周口店附近考察合影
（《地质研究所师弟修业记》，1916）

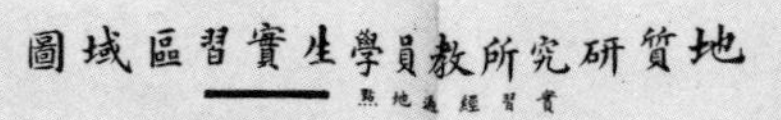

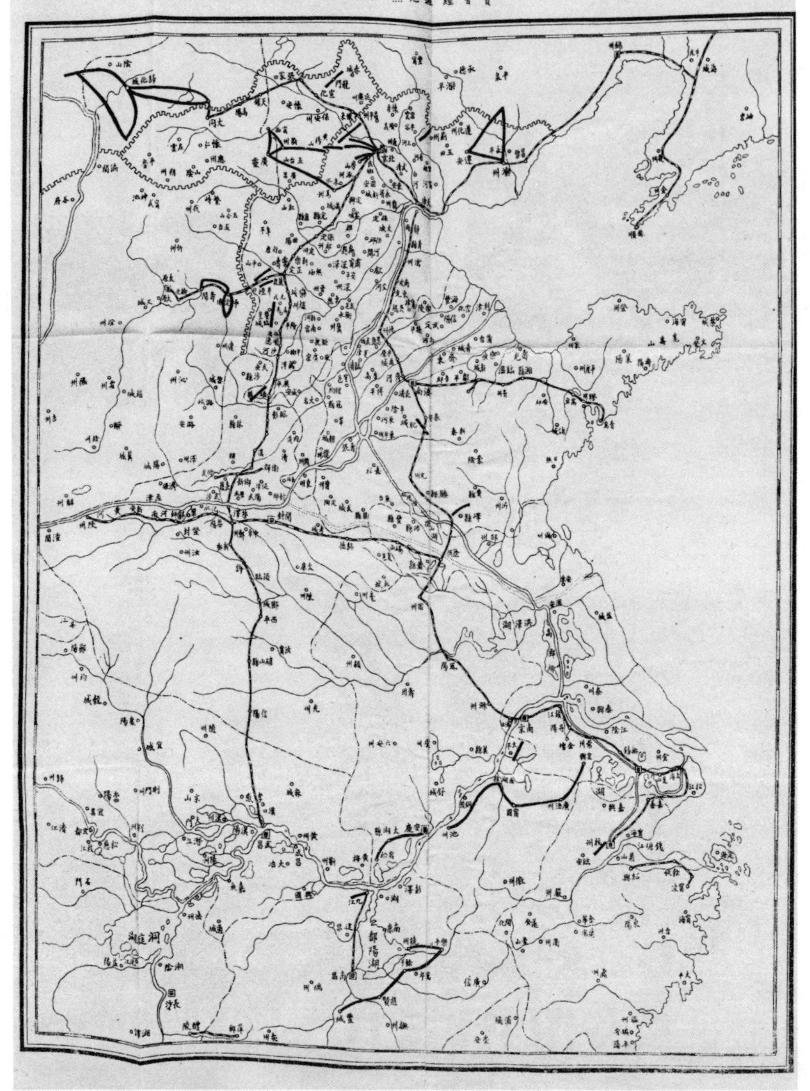

图 3-5 地质研究所师生考察路线图（《地质研究所师弟修业记》，1916）

图 3-6 地质研究所师生毕业留影

是中国本土培养的第一批地质人才，他们毕业后先后供职于地质调查所及各高校地质系，为中国地质调查工作作出卓越贡献[①]。毕业典礼当天因农商总长张乾若有事未能出席，次长李国珍携全体部员并中外来宾数十人出席毕业礼。李国珍、丁文江发表讲话；章鸿钊报告地质研究所创办缘起及民国后中国地质机构之变迁；安特生、新常富等人皆对毕业生赞赏有加。[②]

---

① 地质研究所学生毕业后即已经能独立考察及承担教学工作，据章鸿钊回忆，地质研究所学生“每一星期必由教员率领，分组实地工作一次，因此我们也得着分头参加的机会，环北京城外数百里间，斧痕屐印，至今还处处可寻。实地归来，每组必须提出报告，归教员负责审查，指示得失。所以地质研究所毕业诸君在当时已能人人独立工作”。参见章鸿钊：《我对于丁在君先生的回忆》，《地质论评》第 1 卷第 3 期（1936 年），227~236 页。

②《地质研究所毕业记》，章鸿钊著：《农商部地质调查所一览》。

1916年地质研究所学生毕业后，研究所即停办[①]。1917年，北京大学地质学门恢复招生，1919年改称地质学系，丁文江、翁文灏、朱家骅、李四光、谢家荣、葛利普等先后任教于该系，“教授者极一时专精之选，数年之间，已设备井然”，“较之外国大学之地质学系殆无多让”[②]，成为民国时期培养地质人才的重要摇篮。北京大学地质系毕业学生如孙云铸、杨钟健、王恒升、斯行健、丁道衡、赵亚曾、裴文中等，均在地质领域作出重要贡献。彼时其他大学虽未有地质系之专门设置，但部分大学设有采矿系或者采冶系，亦将地质学列为必修科。如天津北洋大学之采矿系，自光绪三十一年（1905）起，即聘美籍教授担任地质学课程；第一任教授是德雷克（N. E. Drake），以后亚当士（Geogre I. Adams）、毛里士（Frederick Morris）、巴尔博、司麦斯（Donald D. Smythe）等相继担任同样的课程。山西大学也有地质课程，担任教席的有瑞典人新常富等。[③]1919年燕京大学设地理与地质学系，巴尔博任教授。1921年，国立东南大学（1928年改名国立中央大学）亦设地质系，竺可桢、李学清任该系主任，地质研究所毕业生徐渊摩、徐韦曼等先后执教于此，丁文江、李四光、翁文灏等先后任名誉教授。中国高等地质教育得以延续及传承。

---

① 地质研究所开办颇为坎坷，创办之初即困难重重，又遇裁撤危机。1916年夏，农商部欲裁撤地质研究所。时农商总长张謇“颇不以办地质研究所为然”，认为该所的教育工作应属于教育部分管，非农商部职责，因张轶欧与章鸿钊竭力挽留，部长遂命办至该班毕业（章鸿钊著：《六六自述》，武汉：地质学院出版社，1987年，32~33页）。又有人认为调查事业繁重，调查员无法兼任教学任务，故建议停办地质研究所，同时请北京大学校长蔡元培于校内设地质科，以期地质教育与地质调查分途并进，各致其功（《中国地质调查所概况》，1931年，2页）。也有人认为是丁文江提议裁撤地质研究所，农商部采纳其议（李学通：《中国地质事业初期若干史实考》，《中国科技史杂志》2006年第1期，61~74页；宋广波著：《丁文江年谱》，哈尔滨：黑龙江教育出版社，2009年，120~121页）。

② 翁文灏：《近十年来中国地质学之进步》，《科学》第9卷第4期（1924年），374~397页。

③ 杨钟健：《新生代研究室二十年》，《科学》第30卷第11期（1948年），325~328页。

第三节　地质学教科书举隅

清末教科书出版盛极一时，但民国初年教科书出版情况发生了变化。1912 年民国政府成立后，虽然颁布新学制，要求停止使用晚清教科书，但由于新学制没有明确颁布详细的课程及教材编纂标准，加之时局不稳，政府对教科书的编写、发行与使用缺乏有效的监管，因此民国初年使用的地质学教科书大多为晚清地质学教科书的重印或修订版本。这一时期的地质学教科书，或沿用清末出版的教材，或稍加修改后使用，尽管也有新编教材，但是知识体系与清末教科书差别不大，且大多仍参考日文教材，仅商务印书馆新出版诸如《地质学名人录》等普及读物。矿物学教科书方面，因“壬子－癸丑学制”要求中小学堂开设矿物相关课程，尚有部分新书出版，部分教科书至民国中后期依然被教科书编写者视为参考书目。

1. 钟观诰《新式矿物学》

1900 年，留日学生创立第一个译书团体——译书汇编社，后又成立分社教科书译辑社，译书汇编社以翻译大学教材为主，教科书译辑社专译中学教科书，译本多选取日本中小学及大学通用教材，最早的出版计划，即包括翻译《新式矿物学》[①]。

《新式矿物学》系日本地质学家胁水铁五郎所编中学教材，钟观诰[②]译，杜亚泉校。胁水铁五郎为日本著名地质学家，曾做过中国黄土相关研究。是书先由上海启文译社于 1903 年出版，后由商务印

① (日) 实藤惠秀著，谭汝谦、林启彦译：《中国人留学日本史》，北京：三联书店，1983 年，222~223 页。

② 钟观诰，字衡臧，浙江镇海人，精化学，曾参与编辑理化教科书多种。

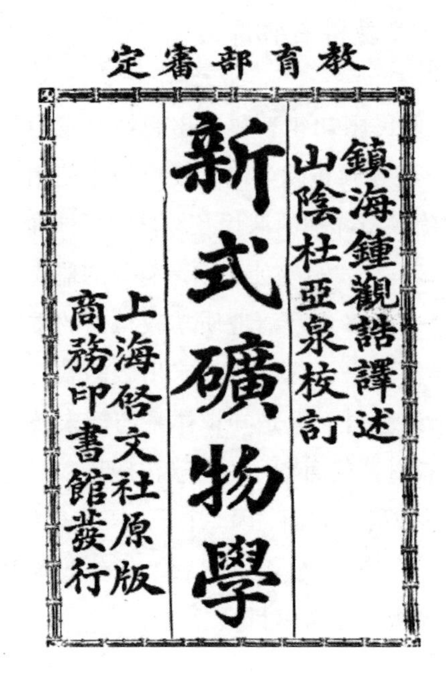

图 3-7 《新式矿物学》书影
（商务印书馆，1915）

书馆翻印，己酉年（1909）初版[1]，并多次再版，民国以后依然作为中学及师范学校教材（本节所据为 1915 年版）[2]。除总论介绍地质学、岩石学研究对象及内容外，正文凡 5 章，分述组成岩石之矿物、岩石之种类、矿物之种类及应用、矿物之成因和岩石之风化。又附矿物一览表，讲述矿物颜色、属性、光泽度、硬度、密度及化学成分，以及吹管分析大意。常用鉴别矿物方法有三种：依据颜色、密度等

① 因本书所据版本为 1915 年版《新式矿物学》，笔者未得见晚清各个版本，不能确定民国后出版的《新式矿物学》是否在内容上进行了修改，内容较晚清时期有何异同，加之此书在民国初年一直作为中小学堂教学用书，故将《新式矿物学》相关内容放于本节讨论。

②《批上海商务印书馆〈新式矿物学〉一册仍当继续审定作为中学教科用书》，《教育公报》第 7 卷第 11 期（1920 年），113 页；《命令：教育部布告第二十七号，本部审定教科图书第十五次公布（中华民国二年五月十五日）》，《江西学报》1913 年第 17 期，7~9 页。

物理性质鉴定；依据矿物晶形判断；依据矿物化学成分判定，即用吹管分析法即可（通过吹管等设备燃烧矿物，根据矿物焰色反应进行鉴别），而化学成分判定虽然较为准确，但日常使用不多，且需要专门器材，故通过矿物的颜色、硬度、晶形等物理性质鉴别矿物种类最为实用，书中于此部分讲述也最为详细，民国中后期许多矿物教科书亦仿此例。

《新式矿物学》另一明显特点为全书于岩石学知识讲述颇为详细。矿物学、岩石学、地质学本关联紧密，但一般矿物学教科书往往详于介绍矿物名类，忽视基础知识介绍，学生往往知其然不知其所以然，不能触类旁通举一反三，是书将矿物岩石视为整体，理论实验均有涉及，颇受各方好评。《译书经眼录》认为此书“所言颇多新理，其于地壳原料、岩石关系、构造沿革、言之綦详，至其识别各矿性质、成分，莫不阐明其生育变化之理，并指明日本所产各矿之地，以为印证。附录矿质一览表、吹管分析法大意、日本矿物模范本图一大幅，均便矿学参考之用”①。学部评语：“记浅近矿物，颇有条理，末附矿物一览表，便于鉴别矿物，译笔亦明畅”，故审定为中学用书②。

2. 徐善祥《民国新教科书・矿物学》

徐善祥③所编《民国新教科书・矿物学》于民国二年（1913）

---

① 顾燮光辑：《译书经眼录》，4 卷，2 页，见《近代译书目》，北京：北京图书馆出版社，2003 年，521 页。

②《附录：学部审定中学教科书提要（续）》，《教育杂志》第 1 卷第 2 期（1909 年），9~18 页。

③ 徐善祥（1882~1969），字凤石，上海人，毕业于耶鲁大学，曾任中央大学、东吴大学教授，中央工业试验所所长，为中国最早涉及接触法制硫酸设备的专家，曾任商务印书馆董事，主编民国新教科书（理化类）十余种。参见马学新、曹均伟主编：《上海文化源流辞典》，上海：社会科学院出版社，1992 年，560 页。

教育部審定
中學校師範學校用
美國耶路大學理科學士徐善祥編
民國新教科書
礦物學
上海商務印書館出版

图 3-8 《民国新教科书 · 矿物学》书影（商务印书馆，1913）

十一月初版，商务印书馆发行，为“民国新教科书”系列之一。此书专为中学校、女子中学校及师范学校、女子师范学校一学年教学之用，讲述寻常之矿物，岩石之成因，地质学之要旨，“选料务极普通，说理务极明晰”①。凡十章（绪论、结晶学、矿物之物理性质、矿物之化学性质、矿物之分类法、金属矿物、非金属之矿物、造岩石、岩石之概要、地质学之大要），文后附矿物比重表及中西名词索引，以便参阅，另讲述矿物分析实验过程及矿物焰色反应。书中内容侧重于矿物形态及性质之研究，而岩石、地质只述其要，又以矿物外观为重（形状、颜色、晶形），内容（如化学成分之类别、鉴定）次之，化学性质之重要者又次之，主次分明，旨在使学生了解重要矿

①《编辑大意》，徐善祥编：《民国新教科书 · 矿物学》，上海：商务印书馆，1913 年。

物之种类、性质、用途，而于岩石、地质亦能明晰。[①]

徐氏书中矿物标本以普通常见为主，内容知识准确详尽，且难易得当，由浅入深，编写颇为用心，以求适合中学校教学之用，作者又在《编辑大意》部分介绍矿物学教授方法、学时及知识点侧重部分，对于矿物实验所用器材及准备事项等相关内容讲述亦颇为详尽，故是书直至民国中后期依然是中学教师的重要参考书目。王恭睦[②]评价此书："原书依其编法，尚属得体。普通矿物学部分之取材亦佳，惟矿物部分对于初中学生未免过繁。再则，外国矿产中学生似可不必十分注意，至少可以删去一部。而中国之矿产应加详。岩石学部分中之各论尚足用，惟通论则太略。地质学部分，依著者之编辑方针而言，自可称为得法，然太略于动力。地质部分末章之矿物实验亦佳，惟'普通之化学反应'一段，应在化学教科书中说明之，可以删去。"[③]

3. 吴冰心《实用教科书 · 矿物学》

吴冰心[④]编《实用教科书 · 矿物学》由商务印书馆出版，民国八年（1919）二月初版，为中学校及同等学校之教材，供第三学期之用。是书参考书目包括《大清一统志》，《地质研究所师弟修业记》，顾琅、周树人《中国矿产志》，日本地学协会出版《扬子江流域》，翁文灏《中国矿产志略》，岩崎重三《实用矿物学讲义》，山崎直方《岩石学教科书》，柴田承桂、熊泽善庵《应用矿物讲义》，大森千藏《矿物讲义》，各种日报、杂志、通志、县志中关于矿物、岩石、地质相关记

---

①《编辑大意》，徐善祥编：《民国新教科书 · 矿物学》，上海：商务印书馆，1913 年。

② 王恭睦（1899~1960），浙江黄岩人，1923 年毕业于北京大学地质系，1928 年毕业于德国民兴大学，获理学博士。先后任职于中央研究院、国立编译馆等地，并曾任西北大学地质系主任。

③ 王恭睦，《中学用地质矿物学教科书总评》，《图书论评》第 1 卷第 2 期（1932 年），85~88 页。

④ 吴家煦，字冰心，撰写过多篇《江苏植物志略》，曾任中华书局编辑，编著教科书多种。

教育部審定

吳縣吳冰心編

實用教科書礦物學

商務印書館出版

图 3-9 《实用教科书·矿物学》初版书影（商务印书馆，1919）

载及农商部相关统计表，旁征博引，取材可谓详尽全面。全书凡四编，依次讲述矿物各论（金属、非金属矿物）、矿物通论（矿物之分类、矿物之结晶、鉴别法、产状、金属矿物之制炼法、应用、我国之矿产）、岩石概要（水成岩、火成岩、变成岩、岩石之组织风化及分类、鉴别法、应用）、地质概要（地球之生成及构造、地层与化石之关系、地质时代），“无论矿物、岩石、地质，靡不根据本国叙述，除参考中外书籍及报章杂志外，并参以著者平日调查所得，纂辑而成，故信而有征，绝无杜撰武断及摭拾浮言等弊，期成为我国适用之教科书”①。因是书以实用为主，故于矿物、岩石之鉴别，重要矿物之制炼及其加工品相关制造之法，记载颇详，文后附实验，以增加全文可读性，

①《编辑大意》，吴冰心编：《实用教科书·矿物学》，上海：商务印书馆，1919 年。

图 3-10　《实用教科书 · 矿物学》修订版书影（商务印书馆，1922）

而结晶学因难度较大，非中学生所易领会，故较简略。考虑到我国矿藏丰富，但采矿业相对薄弱，很大程度源于无科学的矿物统计表及比较表，故除详细介绍我国矿产产地外，该书特别绘制重要矿物的产地一览图及统计表、比较表，以资参考。书中插图、事例则多以我国地质情形为主。①

虽著者在编撰方面颇为用心，强调内容参考多部教科书编撰而出，书中例证多以考察事实为主，皆信而有征，但吴氏对地质学并不熟悉，故于知识点之准确度、内容之侧重点难以把握。王恭睦认为此书错误太多，且各项统计大多采用 1915 年以前的数据，内容未免陈旧，地史部分中所述之中国古生代石层，更是错误。全书结构

①《编辑大意》，吴冰心编：《实用教科书 · 矿物学》，上海：商务印书馆，1919 年。

也颇受质疑，因“研究博物，演绎法不若归纳法”，故编者将各论居前，通论置后，岩石章后附断口，长石节后附矿物硬度及劈开等性质表，云母小节附矿物之比重，辉石及角闪石节附光泽，食盐附矿物焰色反应实验。但此种编法“显不合于体裁”，而“以‘硬度表’及‘劈开’列入‘长石’节中，亦属不合”。王恭睦认为该书应将化学成分之分析改为矿物之鉴定，而“岩石篇中无岩石通论，已成缺点。又将分类法列在各论之后，亦属倒置”[①]。张资平[②]曾于《创造日汇刊》先后发文指出吴氏《高等矿物学》《矿物学》两本教材科学错误数种，为吴氏及中学生不知辨别教材好坏感到可惜[③]，后商务印书馆再出《实用教科书·矿物学》修订版，张资平参与修订校阅，改正不少错误，可谓一大进步。

除上述三种教材外，这一时期另出版有杜亚泉所编《矿物学讲义》（商务印书馆，1912），是书凡三编（矿物学、岩石学、地质学），讲述重要矿物之种类、性质、用途，三大类岩石成因，常见岩石种类等，文后附地质学要略，介绍古生物、地层相关知识，体例与杜亚泉编《普通矿物学》（1903）及《最新中学教科书·矿物学》（1906）差别不大，但内容较前两者删减较多，略去难度较大的结晶学知识，地史部分亦有删减，以适用于中学堂教学。

1912 年，“壬子－癸丑学制”颁布，进行一系列教育改革，客观上要求教科书内容体例上作出相应调整，以适应新学制要求。但新

---

① 王恭睦：《中学用地质矿物学教科书总评》，《图书论评》第 1 卷第 2 期（1932 年），85~88 页。

② 张资平（1853~1959），广东梅县人，1922 年毕业于日本东京帝国大学理学部地质科，曾在武昌执教，教授地质学、矿物学等课程，故有能力指出地质学教科书中的科学错误，后亦参与校订部分教科书。

③ 张资平：《新制矿物学教科书》，创造社编：《创造日汇刊》，上海：光华书局，1927 年，62~69 页；张资平：《高等矿物学讲义的批评》，创造社编：《创造日汇刊》，上海：光华书局，1927 年，291~294 页。

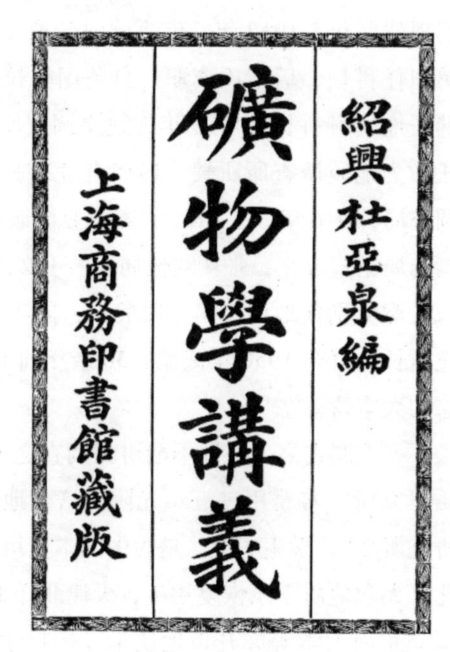

图 3-11 《矿物学讲义》书影
（商务印书馆，1912）

学制对教材编纂标准缺少明确规定，加之时局动荡，政府对教科书缺少有力的监管，故地质学教科书少有新书出版，大多为晚清地质教科书的重印或修订。此外，“壬子－癸丑学制”未要求中小学堂开设地质学、矿物学相关课程，仅规定中学校需修习博物学课程，授以重要植物、动物、矿物知识，系统地质学、矿物学教育需至大学阶段进行，而彼时我国高等地质教育刚刚起步，多聘外籍教师，教材亦以外文为主，这一时期出版的中文中小学地质学教科书不多，这或许也是重要原因。矿物学教科书则有不少新书出版，部分教科书还被后来教科书编译者作为参考书目。总体而言，此时出版的教科书仍多译自日文。

由科至所，由所至局，再而独立成所，中国地质学在探索中逐渐实现建制化。1912年，南京临时政府于实业部设矿物司地质科，章鸿钊任科长，后章氏离职，自英国格拉斯哥大学毕业归国的丁文江继任地质科科长。1913年，地质调查所成立，次年2月，丁文江被任命为地质调查所所长。1915年12月30日，农商部奏请设立地质调查局，1916年1月4日，农商部奏设地质调查局一事获批，2月2日，调查局正式成立，张轶欧任局长，丁文江、安特生任会办，章鸿钊、翁文灏分别任地质、矿产股股长，同年11月，复改局为所，丁文江充所长，直至1950年裁撤，30余年间地质调查所一直是中国地质学家的大本营。

“无调查之人，即不能讲到调查之事”[①]，1913年，农商部设地质研究所，希冀用三五年光阴，培养地质调查专员，1916年，地质研究所22名学生毕业，是为中国本土培养的第一批地质人才。此后，北京大学地质学系恢复招生，天津北洋大学、山西大学、燕京大学、国立东南大学等亦开设地质学、矿物学相关课程，中国高等地质教育得以延续，并为中国培养大批地质人才。

高等地质教育的发展，为中国培养了大批地质人才，专门地质调查机关的成立使大规模地质考察成为可能，地学期刊的创办则为地质考察成果提供了发表及交流平台，新的考察成果又被编入教材，不断改变地质学、矿物学教科书的知识体系，教科书在中国地质学发展过程中逐渐实现了本土化。

---

① 章鸿钊著：《农商部地质调查所一览》。

第四章　地质事业的发展与地质学教科书的完善（1922~1937）

日本教育对中国社会的影响巨大而深远，直至民国初年，中学教材依然以日译书籍为主。1922年后，情况发生变化，美式教育对中国的影响日渐加深，1922年颁布的“壬戌学制”，即仿照美国学制。新学制的颁布，加之相应课程标准的制定及教科书编审制度的调整和完善，教科书出版数量大大增多，质量也颇有保证。中国地质事业也在此时迅速发展，本土考察的开展使中国独特的地质资源进一步被发现和认识，国际交流与合作进一步促进了地质学知识体系的完善，地质学会的成立及专门期刊的创办则为地质学最新考察成果交流与传播提供了平台，教科书编写者有机会看到中国地质学家的考察成果并将其编写入教科书，为地质学教科书的本土化提供了重要知识来源与保障。职业地质学家和中学教师也参与到教科书的编审队伍中，为教科书的科学体例及知识点把关。总体而言，这一时期我国地质学蓬勃发展，教科书出版也呈现出繁荣景象。

第一节　中国地质事业的发展

清末大批留学生赴日留学，民国初年则有大量学生赴美留学，随着留美学生回国并参与到中国的教育、文化事业，美式教育对中国影响日渐加深，1922 年，民国政府颁布学习美国学制的“壬戌学制”。中国地质事业在此时蓬勃发展，高等地质教育进一步完善，专门地质学会的成立、专业地质期刊的增多和本土地质考察的开展，使中国地质事业在理论水平与实践考察方面均硕果累累，也为教科书的编写提供了本国案例与材料。

1. 新学制改革及教科书的规范化

1922 年，民国政府颁布《学校系统改革令》，史称“壬戌学制”。与效仿日本教育制度而定的“壬寅 – 癸卯学制”不同，“壬戌学制”仿照美国，规定施行“六三三四”学制，即小学六年，中学六年（初高中各三年），大学、高等师范学校四年，同时废除预科。[①] 学制改革的标准，应达到“适应社会进化之需要，发挥平民教育精神，谋个性之发展，注意国民经济力，注意生活教育，使教育易于普及，多留各地方伸缩余地”[②] 七条。科学教育方面，初中开设自然科，教授内容包括动植物、矿物、物理、化学、天文、气象、地质等，意欲使学生能了解自然界各项普通原理，增进其生活常识，进而为系统研究打下基础。高中则实行学分制和选课制，分设普通、农、工、商、师范、家事等科[③]，普通科、农科等开设地质学课程。1929 年，教育部又聘专家拟定《初级中学暂行课程标准》及《高级中学普通科暂行课程标准》,《初级中学暂行课程标准》规定自然科共十五学分，要求学生能够了解“自然界与人生的关系”，有能力“考察自然界的

① 璩鑫圭、唐良炎编：《中国近代教育史资料汇编·学制演变》，上海：上海教育出版社，1991 年，990~993 页。

② 李景文、马小泉主编：《民国教育史料丛刊（1028）·师范教育》，郑州：大象出版社，2015 年，288 页。

③ 璩鑫圭、唐良炎编：《中国近代教育史资料汇编·学制演变》，上海：上海教育出版社，1991 年，1011 页。

普通现象和互相的关系，使有紧要的科学常识”，培养学生“爱好自然的情感及接近自然的兴趣”，“养成观察，考察及实验的能力与习惯”。除了课堂讲授外，还有实验作业与野外作业要求。实验作业要求学生“注意手眼之练习及作明确之记录图画”，能“制作简易之标本与仪器”。课外作业则要求学生“随时举行野外观察，采集标本及实地参观”，“鼓励科学书报之阅览”。课程内容方面，第二学年课程以化学为主题，兼及矿物学、地质学，共五个学分。①

除课程标准发生变化外，教科书的编审制度也有所调整。庚子之变后，美国退还部分庚款作为教育基金，并成立清华学堂，选送优秀人才赴美留学。随着留美学生归国并参与国家决策，美式教育对中国社会经济、文化、教育方面的影响随之出现。1924 年，负责管理美国第二次退还庚款，旨在利用庚款促进中国教育文化事业的“中华教育文化基金会”（China Foundation for the Promotion of Education and Culture）成立，该会采取各项措施积极促进中国教育文化事业发展。科学教育方面，中基会将工作重心放在提高中学科学教育师资水平、充实科学教育设备及编译科学教科书等方面，以达到促进教学研究之目的。为培养中学教师以改进教学质量，中基会定期举办暑期研究会与补习班，为中学教师提供短期进修的机会。鉴于当时中学自然科教授内容包括动植物与矿物、天文、气象等科目，但教学方法极不统一、专业教材缺失、混用自然科课本等不规范现象，1928 年 2 月，中基会成立科学教育顾问委员会②，聘请十位专家主持教科书编译工作（地学组专家为李四光、竺可桢），自编中学科学教

---

①《初级中学暂行课程标准》，《河南教育》1930 年第 16 期，24~27 页。

② 1930 年改为编译委员会，胡适任委员长，另聘丁文江、丁燮林、赵元任、陈源、闻一多、陈寅恪、傅斯年、梁实秋等十三位委员，分文史与自然科学两组。参见杨翠华著：《中基会对科学的赞助》，台北：“中央研究院”近代史研究所，1991 年，127 页。

材数种以供本国学生使用。大学教材则多用外国教本，基本为美国出版的自然科学教材，教师亦以留学欧美居多。考虑到自然科学区域性强，中基会要求使用的外国教本未必符合本国情形，编译委员会重要工作之一即为编写适于本国学生之教材，希冀以自编中文科学教科书取代外文书籍。①

1927 年，民国政府设立大学院，施行大学区制，规定教科书的编审工作由大学院下的文化事业处负责。1928 年大学院通过《教科图书编辑大纲》，拟编写教材并在全国推广，但未能成功，1929 年大学区制度废除，教科书的审定编写工作仍由教育部负责。1929 年，教育部颁布《教科图书审查规程》，规定学校所用之教科图书，未经国民政府行政院教育部审定或已失审定效力者，不得发行或采用。教科书编写完成后，样本需由教育部审查，通过后会在教育部公报公示，教科书封面亦要求注明，审查后试用期为三年，三年后需重新送审。1930 年后，教育部要求理科教科书使用白话文编写。

1932 年 6 月，教育部为“发展文化，促进学术暨审查中等以下学校用图书”，特设编译馆，隶属于教育部，掌管“各种学校之图书编译事务，编译书籍”，“文化及高深学术者”，“世界专门学者所公认具有学术上之权威者”，“内容渊博、卷帙浩繁，非私人短时间内所能完成者”，“教育上必要之图书”，“学术上之名辞审查”，“学校用之图书、标本、仪器及其他教育学术用品”②等七类教育文化相关事项，并由行政院任命辛树帜为馆长，每月划拨经费两万元，组织专门编审人员，审查中等以下学校用图书，编译或审查各种专著及图书、标本、仪器，审定学术译名及奖励国内各种出版物等。自然

---

① 有关中基会的发展始末及对中国科学的帮助，参见杨翠华著：《中基会对科学的赞助》，台北：“中央研究院”近代史研究所，1991 年。

②《国立编译馆组织规程》，《中华教育界》第 20 卷第 1 期（1932 年），106~107 页。

图 4–1　国立编译馆审定发行的地质矿物学教科书

科学方面有专任编审四人（王恭睦、赵士卿、康清桂、陈可忠），兼任编审一人（张钰哲），编审员七人，书记及缮写三人。[①] 编译馆按照《教科图书审查规程》及课程标准审核教科书，组织专门人员编写中小学教科书及教科书补充教材，编写完稿后会请各学科专家校订，最后呈送教育部核定出版，审核及编写的教科书会在《国立编译馆馆刊》上公布，并在图书封面上说明为国立编译馆审定或编著字样。

新学制的施行与课程标准的制定，为教科书的编写确定了方向，与此同时，高等学校地质系也进一步完善。1924 年，国立广东大学（1926 年改名为国立中山大学）成立，理学院内设矿物地质系，黄

①《科学新闻：国立编译馆之工作》，《科学》第 17 卷第 7 期（1933 年），1134 页。

著勋任主任[1]。1927年，中山大学正式成立地质系，朱家骅任主任，教授普通地质学，王若怡教授古生物学，叶良辅、李学清、张席禔、何杰、叶柯尔（O. Jackel）先后执教于此，教授岩石、矿物等课程。[2]

2. 地质学会的成立与专业刊物的创办

学会是学科发展到一定阶段的产物与必然要求，学会的成立为从业人员提供研究交流的平台，这一时期我国地质学发展蓬勃，标志之一即为专门学会的成立与地质期刊种类的增多。早在1909年，张相文即同张伯苓、陶懋立等在天津创立中国地学会，张相文任首届会长。次年，学会刊物《地学杂志》创刊，初为月刊，后改为双月刊、季刊。中国地学会日常工作多侧重于地理方面，《地学杂志》刊登文章亦以地理居多，但也涉及地质学知识，如邝荣光《直隶地质图》即刊登于《地学杂志》创刊号，章鸿钊、翁文灏、谢家荣等亦为其撰稿，后虽曾因经费问题几度停刊，但《地学杂志》前后出版近三十年，发表文章数千篇，"吾国专门杂志，恐无一能及其悠久也"[3]。

我国最早的地质学学术团体当属北京大学地质研究会。1920年9月，北大地质学系学生杨钟健、赵国宾、田奇瓗、吴国贤、罗运磷、曾钦英、李芳洲拟成立地质研究会。[4]学会以"本共同研究的精神，

---

① 于洸：《中国高等地质教育概况（1909~1949）》，《中国地质教育》1999年第3期，40~46页。

② 孙云铸：《谈谈几个标准地质系》，《大地》1937年第4期，1~5页。

③《地学名宿张相文逝世》，《国立北平图书馆读书月刊》1933年第5期，21~22页。

④ 具体筹备过程：1920年9月17日，杨钟健、赵国宾约同学田奇瓗、吴国贤、罗运磷、曾钦英、李芳洲于北大第一院平民教育演讲团事务室召开茶话会，考虑到中国地质急需发展，且尚无专门团体，北大为全国最高学府，似应成立研究会，以"互相研究，增长课外之学识"，拟成立地质研究会。同月28日，七人联名在《北大日刊》发布研究会成立公启及学会简章，30日向教职员发送邀请函20封，10月5日公布成立日期，"谨订于十月十日（国庆日）上午九时在第二院第三教室开成立大会"。见赵国宾：《纪事录：本会筹备时代纪要》，《地质研究会年刊》第1期（1921年），116页。

增进求真理的兴趣，而从事于研究地质学”为宗旨，选定北大二院为学会会址，旨在促进地质学学术交流，日常会务包括敦请学者研究、实地调查、发刊杂志、编译图书。[①]10月10日，地质研究会正式成立，与会者20余人，除会员外[②]，北大校长蒋梦麟，地质系主任何杰，教师代表孙瑞林、孙谋、杨铎到场祝贺。会上推选杨钟健为临时主席，蒋梦麟[③]、何杰[④]分别发表演讲，对地质研究会寄予厚望。[⑤]地质研究会成立后即积极筹备会务工作，为促进地质学传播助力颇多，第一年举行六次演讲[⑥]，组织会员参观地质调查所一次[⑦]。为普及地质知识，地质研究会拟创办地学刊物，刊名《地质杂志》，格式仿中国科学社编辑刊物《科学》，每册二百至三百页（后因故未能发行）[⑧]，

①《北京大学地质研究会简章》，《地质研究会年刊》第1期（1921年），122~123页。

②会员包括吴国贤、杨钟健、赵国宾、曾钦英、罗运磷、田奇瑰、李芳洲、王恭睦、吴方楼、吴应福、熊卫邦、高尚德、王世庠、胡奎弼、蔡堡、张文成、廖友仁、李家弼、赵亚曾、王春阁、许寅威、余澜、李光宾、张席禔、胡显仁、华赞廷、胡殿士、汤炳荣、宋作梅、蒋志澄。会员多为北大地质系或工科采冶门学生。见《本会会员录》，《地质研究会年刊》第1期（1921年），129~130页。

③蒋梦麟演讲大意如下：希冀研究地质，应使普通人知道地质为何物，作通俗的、普通的研究；一方面求应用，一方面研究学理，重视实验。参见《蒋梦麟总务长演说词》，《地质研究会年刊》第1期（1921年），118~119页。

④何杰演讲，认为研究中国地质颇为困难，建议学会同学重点从两个方法研究地质：先从诸如矿床构造之类的小问题着手研究；学以致用，注重考查，博览书籍。参见《何杰教授演说词》，《地质研究会年刊》第1期（1921年），117~118页。

⑤《纪事录：本会成立大会记事》，《地质研究会年刊》第1期（1921年），116~117页。

⑥六次演讲分别为：1920年11月7日，丁文江演讲《扬子江下游之变迁》；1920年11月14日，葛利普演讲《美国地质构造与地文》（Topography and Geological Structure of North America）；1920年11月21日，何杰演讲《露头与矿床之关系》；1920年11月28日，王烈演讲《中国之海浸时代》；1921年1月19日，葛利普演讲《地震》（Earthquake）；1921年3月5日，丁格兰演讲《电器采矿法》（Some Notes Regarding Prospecting with Electricity），并佐以幻灯片说明，参见《地质研究会年刊》第1期（1921年）。

⑦《纪事录：本会第一年的大事记》，《地质研究会年刊》第1期（1921年），113~114页。

⑧赵国宾：《本会创刊〈地质杂志〉计划书（第十二次委员会议议决）》，《地质研究会年刊》第1期（1921

并积极筹备编译委员会，从审查术语入手，编辑通俗地质丛书及编译地质专科书籍。为使公众了解地质学，地质研究会同北大平民教育演讲团合作，每周六晚派会员一人，轮流至该团体演讲，介绍地质学基础知识。[①] 会员还积极筹备成立矿石室、图书阅览室，收集各地标本化石及中外地质学专业书籍，会友、北大教师、地质调查所及地方相关部门亦慷慨捐赠化石、矿物标本及书籍。[②]1922年，北大地质系教授、著名古生物学家葛利普在地质研究会举行系列演讲《地球与其生物之进化》，杨钟健、赵国宾记录，讲稿后由商务印书馆出版，作为“新智识丛书”之一种[③]。1923年，中亚考察团发起人之一、美国地质学家、古生物学家、美国自然历史博物馆馆长奥斯朋（Henry Fairfield Osborn, 1857~1935）来华，赴北大演讲，即由北大地质研究会接待，讲稿亦刊登于《国立北京大学地质研究会年刊》。1929年11月26日，学会改名为“北京大学地质学会”。

北京大学地质学会是以学生团体为主要成员的学校社团，中国地质学会则是以世界各地地质学研究者为成员的学术团体。中国地质学会的成立可谓地质学发展史上的大事。为促进成果交流与发表，1922年1月27日，中国地质学会在北京成立，创会会员26人（章鸿钊、翁文灏、李四光、谢家荣、李学清、安特生、董常、丁文江、王宠佑、王烈、葛利普、叶良辅、袁复礼、赵汝钧、钱声骏、周赞衡、朱焕文、朱庭祜、李捷、卢祖荫、麦美德、孙云铸、谭锡畴、仝步瀛、王绍文、王竹泉）齐聚地质调查所图书馆，讨论章程和组

年），124~126页。

① 赵国宾：《本会一年来的回顾和年来拟办的事项》，《地质研究会年刊》第1期（1921年），8~10页。

② 何杰曾向地质研究会捐赠玉石，葛利普欲向外国友人募款，地质调查所亦曾赠送新出版的地质刊物《地质汇报》及《北京西山地质志》。

③ 有关葛利普在北京大学科学活动，参见孙承晟：《“他乡桃李发新枝”：葛利普与北京大学地质学系》，《自然科学史研究》第35卷第3期（2016年），341~357页。

图 4-2　北大地质研究会成立纪念留影（1920）

建委员会。2 月 3 日，中国地质学会成立大会召开，丁文江主持讨论会，会上拟定了学会章程（英文），推章鸿钊为会长，翁文灏、李四光为副会长，谢家荣为书记，李学清为会计，丁文江、王烈、王宠佑、董常、葛利普、安特生为评议员，并决定出版学会刊物《中国地质学会志》（*Bulletin of Geological Society of China*）。3 月 2 日，中国地质学会第一次常会在地质调查所图书馆召开，中外来宾汇集一堂，章鸿钊率先演讲《中国地质科学之历史》（On the History of the Geological Science in China），丁文江、安得思（Roy Chapman Andrews, 1884~1960）、谷兰阶（Walter Granger, 1872~1941）、步达

图 4-3　中国地质学会早期会徽

生（Davidson Black, 1884~1934）等[①]随后演讲。[②]此后地质学会每年召开年会一次，常会二至三次，不定期举行特别会议。1923 年 11 月瑞典著名地质学家斯文·赫定（Sven Hedin, 1865~1952）来华，1926 年 10 月瑞典王储古斯塔夫六世（Gustav VI Adolf, 1882~1973）来华，1929 年 12 月 2 日周口店北京人头盖骨的发现，中国地质学会均举行特别会议。至 1926 年底，中国地质学会已有中外会员数百名，不少为国际知名地质学家，直至抗战以前，中国地质学会都是中外地质学者交流成果和探讨新知的大本营，学会刊物《中国地质学会志》更是国际地质学界认可的重要刊物。

除《中国地质学会志》及前文述及《地质专报》《地质汇报》外，

---

① 演讲题为：（1）丁文江 “The Aims of the Geological Society of China”；（2）安得思 “China as a Field for Scientific Research”；（3）谷兰阶 “The Wider Significance of Palaeontological Research in China”；（4）步达生 “The Geological Society and Science in China”；（5）E. Ahnert “The Geological Society and Science in Asia”（法语演说，葛利普翻译）；（6）勃吉（Charles Berkey, 1867~1955）“The New Petrology”。

② 见《中国地质学会志》（*Bulletin of Geological Society of China*）第一卷，1922 年。

另有两本重要期刊在此时创立。1922年，中国古生物学最早的专刊《中国古生物志》创刊，葛利普、孙云铸、尹赞勋、杨钟健、周赞衡任编委。刊物分甲（中国古植物学）、乙（中国无脊椎动物化石）、丙（中国脊椎动物化石）、丁（中国古人类及文化）4种，至1937年出版数百册，发表多篇具有国际影响力的文章，如李四光的代表著作之一《中国北部之䗴科》，即发表于《中国古生物志》乙种第4号（1927年）。《中国地质学会志》同《中国古生物志》成了“世界各国地质图书馆所不可或缺的重要参考资料”①。1936年1月，谢家荣提议创办中文刊物《地质论评》，匿名投票通过。3月，《地质论评》创刊，至今仍在出版。

3. 地质调查所与本土地质考察

20世纪20年代初至全面抗战爆发的十多年，是中国地质事业迅速发展的重要时期，地质方面“有几个比较努力的机关，有一个综合全国的学会，往往有很好的特出人才与研究成绩”②。彼时地质调查所人员进一步增加，图书馆及陈列馆建立，建制亦得以完善。1922年7月17日，地质调查所举行图书馆及矿产陈列馆开幕典礼，大总统黎元洪、农商总长张国淦、次长江天铎等出席，黎元洪给予地质调查所高度评价，张国淦、江天铎依次讲演。③此后，新生代研

---

① 杨钟健：《新生代研究室二十年》，《科学》第30卷第11期（1948年），325~328页。

② 翁文灏：《促进中国地质工作的方法》，《地质论评》第2卷第1期（1937年），1~4页。

③ 胡适曾在《努力周报》撰文盛赞地质调查所陈列馆和图书馆，认为陈列馆是“科学排列的博物馆”，文中说：“这一周中国的大事……乃是十七日北京地质调查所的博物馆与图书馆的开幕……这一次开幕的博物馆有三千二百五十种矿物标本，图书馆里有八千八百多种地质学书报，在数量的方面，已狠可观了。最可注意的是博物馆里的科学的排列法。中国人自办的博物馆最缺乏的是没有科学的排列法……读者如要知道什么叫作科学排列的博物馆，不可不去参观丰盛胡同的地质调查所。”参见《努力周报》1922年第12期（7月23日）第1版。

究室（1929）[①]、土壤研究室（1930）[②]、沁园燃料研究室（1930）[③]的创立使得地质研究领域得以扩展。

翁文灏认为，中国地质学要有好的发展，除需有“公证的批判”，“努力求工作的继续与进步”外，还要有“诚挚的合作”，合作应放下“机关的门户之见”“身份分别”，绝不能有“任何门户、地域、身份等无聊的见解”[④]，故此时地质调查所与外国学者或团体机关展开了深度的国际合作，大批外国地质学家亦在此时纷纷来华考察，地质考察成果不断增多。西北科学考查团即为此时来华考察的重要考查团之一。1926 年，德国汉莎航空公司为开辟从柏林到北京、上海的新航线，出资聘瑞典著名探险家斯文·赫定率领考查团到中国西北收集气象、地学、考古等方面的资料，经过半年的努力，中瑞双方达成合作协议，成立考查团。1927 年 4 月 26 日，周肇祥、斯文·赫定作为中、瑞双方代表签署《中国学术团体协会与斯文·赫定博士所订合作办法》，中瑞西北科学考查团正式成立。从 1927 年 5 月至 1933 年秋，西北科学考查团历时六年多，足迹遍布甘肃、新疆、西藏等西北地区，收集大量气象、地质、古生物、矿产、民俗、考古等方面资料，并出版 56 卷考察报告集。[⑤]

另一来华考察团为美国中亚考察团，1915 年中亚考察团发起人之一，美国地质学家、古生物学家、美国自然历史博物馆馆长奥

---

①1927 年开始关于周口店的很多文件中就提到“新生代研究室”，但 1929 年 4 月 19 日才由农矿部批准正式成立。人事方面，丁文江担任指导，步达生任名誉主任，杨钟健为副主任，德日进为名誉顾问。

②1930 年地质调查所受中基会委托成立土壤研究室，美国土壤学家潘德顿（Robert L. Pendleton）来华指导工作。

③ 有关沁园燃料研究室的成立始末，可参见孙承晟：《在商业与科学之间：金绍基的科学活动及其身份转型》，《科学文化评论》第 17 卷第 1 期（2020 年），56~72 页。

④ 翁文灏：《促进中国地质工作的方法》，《地质论评》第 2 卷第 1 期（1937 年），1~4 页。

⑤ 罗桂环著：《中国西北科学考查团综论》，北京：中国科学技术出版社，2009 年，41~45 页。

斯朋在《旧石器时代的人类》（*Men of the Old Stone Age*, New York, 1916）一书中将亚洲视为动物及人类进化的主要舞台。是年，美国探险家、博物学家、中亚考察团团长安得思向奥斯朋提议前往亚洲考察。1921 年 4 月，丁文江致函外交总长颜惠庆，详述安得思与他接洽来华从事调查的原委、经过。1922 年 4 月 1 日，考察队员在北京首次聚首，17 日前往张家口开始第一次考察。在安得思的盛情邀请下，巴尔博、葛利普和地质调查所的孙云铸加入队伍，重点考察沿途的红土层[①]，以验证中亚考察团关于白垩纪地层可能继续往长城以内地区延伸的推测[②]。1923 年 4 月，中亚考察团开始进行第二次考察。7 月 13 日，中亚考察团团员奥尔森（George Olsen）在火焰崖发现第一枚恐龙蛋。同年 9 月，奥斯朋来华。[③] 虽然考察团与中国合作最终解除，但依然取得不少成果。[④]

---

① G. B. Barbou, "Preliminary Observation Made in the Kalgan Area", *Bulletin of Geological Society of China*, Vol. 3, No. 2 (1924), pp. 153~168.

② 此次考察为巴尔博的学术生涯开启了新的方向。此后他又受翁文灏之邀，对张家口商贸路线两侧地区进行了地质考察。巴尔博在中国的地质学研究，以对华北地文地质发育的研究最为知名，而张家口地区则是其中最为重要的区域。从 1922 至 1926 年的四年间，他利用暑期时间进行地质考察，发表了多篇学术论文。有关巴尔博对张家口地区考察的详细情况，参见陈蜜、韩琦：《泥河湾地质遗址的发现——以桑志华、巴尔博对泥河湾研究的优先权为中心》，《自然科学史研究》第 35 卷第 3 期（2016 年），320~340 页；陈蜜：《法国古生物学考察团研究（1923~1924）》（指导教师：韩琦），中国科学院大学博士学位论文，2017 年。

③ 为欢迎奥斯朋及第三次中亚考察团成员，中国地质学会专门召开常会，丁文江主持会议，奥斯朋、安得思、谷兰阶、毛里士相继发表演讲（奥斯朋 "The Broader Aspects of the Work of the Third Asiatic Expedition"；安得思 "The Second Year Work of the Third Asiatic Expedition"；谷兰阶 "Palaeontological Discoveries of the Third Asiatic Expedition"；毛里士 "Physiography of Mongolia"）。李四光亦代表北大地质系欢迎奥斯朋教授，并希望其能够前往北大进行演讲交流，参见《中国地质学会志》，1923 年。

④ 有关美国中亚考察团成立始末及在华活动，参见宋元明：《美国中亚考察团在华地质学、古生物学考察及其影响（1921~1925）》，《自然科学史研究》第 36 卷第 1 期（2017 年），60~75 页；宋元明：《美国中亚考察团在华地质学、古生物学考察及其影响》（指导教师：韩琦），中国科学院大学硕士学位论文，2015 年。

这一时期地质调查所的工作，不得不提的还有周口店遗址的发掘。1903 年，在北京行医的德国医生带回一箱从中药店买的“龙骨”，德国古脊椎学家施洛塞（Max Schlosser, 1854~1932）研究发现其中有一颗类人猿的牙齿，这一发现引起关注，外国学者纷纷来华寻找人类遗址。1917 年 3 月，安特生得知周口店附近发现龙骨，亲往调查。[①]1921 年，奥地利地质学家师丹斯基应安特生之邀来华，参与周口店发掘工作。7 月，谷兰阶前往周口店指导师丹斯基发掘，与安特生等发现龙骨山。1926 年 10 月 22 日，安特生在北京瑞典皇太子欢迎大会上宣布周口店早期人类牙齿化石的发现，周口店顿时为学界所瞩目。次年，美国洛克菲勒基金会拨款 24000 美元用于周口店发掘，周口店古人类遗骸发掘工作于春天正式开始。新生代研究室成立后，名誉主任步达生对该室的发展有着清晰的规划，“欲将新生代研究室建成为一最完备之研究室”。他“目光四射，完全以新生代之一般研究为对象，企图解决与原始人类有关之一切问题。故于成立之初，即注意中国新生代地层及古生物之研究，地文、冰川、考古等均包括在内”[②]。1929 年 12 月 2 日，裴文中在周口店洞穴层中发现猿人头盖骨化石，举世瞩目，“国际科学界几乎没有人不知道中国地质调查所工作的重要”[③]，新生代研究室亦成为地质调查所中“最出风头的一部分”[④]。1936 年 11 月 15 日，贾兰坡于周口店发现猿人头骨两个，26 日又发现一个完整的头骨。一月之内先后发现三个猿人头骨，周口店发掘工作再次轰动世界。略显遗憾的是 1937 年以前中学地质学教科书对中国新生代研究及“北京人”的发现着墨甚少。

---

①J. G. Andersson, *Children of the Yellow Earth: Studies in Prehistoric China*, London: Kegan Paul, Trench, Trubner & Co., LTD., 1934.

② 杨钟健：《新生代研究室二十年》，《科学》第 30 卷第 11 期（1948 年），325~328 页。

③ 丁文江：《我国的科学研究事业》，载 1935 年 12 月 4 日、6 日、8 日、9 日《申报》。

④ 杨钟健著：《杨钟健回忆录》，北京：地质出版社，1983 年，72 页。

第二节　从翻译到编译：教科书的出版

与清末民初教科书编译者多为留日学生不同，1922年后出版的地质学教科书，编写方式由翻译逐渐改为自编，编者或为中学教师，或为参加过地质学独立调查的专业人员，职业地质学家亦参与教科书的编写或审定工作。他们有一定的科学背景，有能力鉴别并选用多种教材，并选择编译适合中国的教科书。除借鉴国外教材外，部分教科书编写者还会参考民国初期出版的教材、科学杂志刊载的地质学相关文章，并结合自身教学经验或加入新的考察成果，使得教科书知识体系进一步完善，并能反映彼时地质学研究热点问题。随着中国地质事业的发展及大规模地质调查的开展，本土考察成果被编入教科书，书中案例和材料多以本国为主，部分教科书还附有中国矿物一览表或地层结构表。教科书无论从出版数量还是文本质量来看，均呈现蓬勃发展的景象，书中编排结构与知识体系也逐步完善。

1. 地质学教科书的出版

张资平[①]《地质矿物学》（商务印书馆，1924）分矿物、地质两大篇讲授基础地质学、矿物学知识。矿物部分取材于小藤文次郎《岩石学讲义》、石川成章《矿物学》、伊原敬一《结晶学》、徐善祥《民国教科书·矿物学》等书，插图多摘自作者在日本留学时候导师加藤武夫的《中等矿物界教科书》及神保小虎《晚近矿物学教科书》。正文凡三部分：绪论、矿物学通论及矿物学各论，讲述各类矿物物理、化学性质，结晶学性质、产状、生成、变化及矿物与岩石、与人类之关系。地质学部分讲述地质构造、岩石、地史学等基础知识，

① 张资平（1893~1959），广东梅县人，1911年入日本东京帝国大学地质学学习，1922年回国，曾任武昌师范大学岩石矿物学教授，在《学艺》等杂志发表多篇文章介绍近代地质学、矿物学知识。

内容参考横山又次郎《地质学讲义》及《前世界史》，佐藤传藏《地质学》，小藤文次郎《岩石学讲义》，加藤武夫《矿床地质学》，日本东京帝国大学《地质学杂志》，中华学艺社《学艺》杂志文章及部分英美教材，供高级中学参考之用。[1] 其中第五章地史学部分讲述新生代地质及第四纪早期人类，如德国发现之“海德尔堡古人（*Homo Heidelbergensis*）”，德国莱茵河畔发现之原人，英国南海岸发现之“曙人（*Eoan-thropusdawsoni*）”，为其他教科书所未有。文末附地质时代表，以供野外实地观察之参考。全书内容详实，主次分明。作者根据学生时代学习经验，认为矿物之鉴别，利用物理性质较多，亦较便利，而以化学性质鉴别矿物，除吹管分析外则较为少用，故矿物篇偏重矿物之物理性质，实验以简单的物理性实验为主，除吹管分析之使用方法外，其余化学理论从略。为使学生注重矿物学理论，作者详述结晶学一章，于矿物之产状叙述亦较为深入，以备学生实地探矿之用。地质部分则详述岩石种类及其性质，于火成岩之产出状态及水成岩之构造论述尤详，为使学生了解地球之历史，地史学部分多备古生物插图。

张资平另编有《普通地质学》（商务印书馆，1926），是书为“学艺丛书”之一种，参考横山又次郎、加藤武夫等人书籍及部分英美教科书，东京地学会《地质学杂志》，中华学艺社《学艺》杂志及克莱兰（Cleland）之 *Geology*。因作者认为地质学包括普通地质学、地史学及应用地质学三大学科，故正文凡三篇：地球物质学讲述构成地球之材料（岩石、水、大气、生物等）及各自之种类、对地壳结构之影响；构造地质学讲述褶皱、断层等地质现象；动力地质学分析外力（大气、水、生物等）、内力（火山、地震、地壳之变动等）等作用对地球之影响。此书编撰缘于 1924 年作者《地质矿物学》教

---

① 《编辑大意》，张资平编：《地质矿物学》，上海：商务印书馆，1924 年。

科书出版，时人评价“材料之丰富，似足适用于高中，惟慊缺普通地质学部分耳”[①]，作者亦自觉第二编地质部分，尤其是岩石学，有未详尽之处，意欲弥补缺憾。加之作者调查发现，不少中学虽开设地理学和矿物学课程，但真正教授两种课程的学校不多，究其原因，皆因地理学、矿物学与地质学关系密切，没有基础地质学知识，不能了解这两门学科之理论。但任课教师往往地质学知识浅薄，故开设课程达不到预期，时中华学艺社欲出版系列科学书籍以供中学生阅读，张资平主动承担普通地质学部分，作为教授自然地理学和矿物学教师的参考用书。除《普通地质学》外，作者另筹备撰写姊妹篇《地史学》，年底完稿。[②]

张资平教科书多借鉴日文书籍，俞物恒[③]编译之《新学制高级中学教科书·地质学》（商务印书馆，1928）则几乎全部参考美国教材。是书为商务印书馆“新学制”教科书系列之一种，适合师范学校及中学校。凡四编：首编讲述地质现象，详细说明各种地质现象的因果，改变地表形态的各种动力，并举世界著名事例，以资说明；次编介绍地壳材料，叙述构成岩石的主要矿物和组成地壳的主要岩石；三编叙述地史，详述各时代海陆之变迁，岩石之生成及动植物之进化，同时介绍我国各处地质；末编着重矿藏，详述金属矿物的生成及我国著名矿藏之地，因石炭与石油用途甚广，作者讲述最为详细，其他矿物则略述其梗概。参考书目包括哥伦布（G. Colomb）和乌尔俾（C. Houlbert）合编之《地质学》，培尔逊（L. V. Pirsson）、希德

---

① 王恭睦：《中学用地质矿物学教科书总评》，《图书论评》第1卷第2期（1932年），85~88页。

②《序（脱稿之后）》，张资平编：《普通地质学》，上海：商务印书馆，1926年。

③ 俞物恒（1893~？），原名知本，字觉光，浙江新昌人，为鲁迅在绍兴府中学堂的学生，1918年间为北京大学理科预科学生，1920年赴美留学，6月15日鲁迅为其赴美作保（见鲁迅著：《鲁迅日记（第三册）》，人民文学出版社，2006年，181页），归国后曾任山东省农矿厅技正，青海金矿办事处主任。

图 4-4 《新学制高级中学教科书·地质学》扉页赖尔肖像

（C. Schuchert）合编之《地质学》，纳尔登（W. H. Norton）之《地质学》。[①] 每章节前有“提纲”，概述本章节重要知识点；章节后则附“提要”，对知识点进行补充，讲述与本章节有关的地质现象，有时会涉及生活常识，并用地质学知识加以解释，生动有趣。

杜芳城编译的《生物地质学》（北新书局，1930）仿法国教本编写而成。之所以取名“生物地质学”，缘于生物学与地质学关系密切，古生物学更是地质学的分支学科和划分地层时代的重要工具，非专攻地质学的学生，不了解由生物作用引起的地质变化及其特征；非生物系学生则不明白生物进化之历程，故编译此书，以便利一般读者。是书专供高等学校生物系及地质学系预科之用，讨论生物在地质变

①《编辑大意》，俞物恒编译：《新学制高级中学教科书·地质学》，上海：商务印书馆，1928 年。

化方面的作用及地球上生命之进化，体例仿法国 Stanislas Meunier 之 *La Geologiebiologique*，首先讨论生物地质作用之特性，其次论述生物作用，最后讲述生命之出现。[①] 本书强调生物进化之重要，有专文讨论拉马克（Jean-Baptiste Lamarck, 1744~1829）、达尔文、赖尔等于进化论上所作贡献及各学说主旨，对于生物由初级至高级进化过程介绍尤为详细，重点述及头足类及鱼类、两栖类、爬虫类、哺乳类动物之全盛时期。

百城书局在此时出版有梁修仁编《地质学》（1932）。是书于民国十六年（1927）初稿完成后，即在北平各高级中学校作为讲义，后又参考英文及日文新书，时时修正，专供高级中学校作为教本之用，研究地文、矿物以及古生物学者，亦以此书为参考。凡六篇：绪论叙述地球之由来及太阳系；地相篇介绍地球之形状及水陆分布之大概；地壳之成分篇叙述岩石与矿物之种类及性质；地壳变迁之势力篇讲述大地变迁之内生力及外生力；地壳之构造篇则描述褶皱、断层及其他地面之状态；地史篇介绍地质年代及系统，各代各纪化石之状态，以及我国各纪分布之情形。书中除介绍中国各地调查情形外，亦引用外国地质学家在华考察成果，对于有些不能确定的，作者特别注明，以备日后调查参考之用。如“二叠纪”部分引用横山又次郎所述山西、江苏、安徽、湖北、湖南、贵州、云南等地二叠纪调查之情形。[②] 值得注意的是，书中已有“奥陶纪”[③] 相关介绍，虽短短数语[④]，却是中学地质教科书中介绍奥陶纪为数不多的书籍。

---

①《凡例》，杜芳城编译：《生物地质学》，上海：北新书局，1930 年。

② 梁修仁编：《地质学》，天津：百城书局，1932 年，268~269 页。

③“奥陶纪”一词在中国定名较晚，故民国中期地质学教科书对“奥陶纪”鲜有介绍。与寒武纪等日译名词不同，“奥陶纪”系中国地质学家独立定名，后被日本地质学界采用（详见第五章），这也是中国本土地质学发展进步的客观反映。

④ 书中介绍奥陶纪为寒武纪及志留纪之间的地层，因“为期甚短，地层不厚，本书此纪从略”。参

20世纪20年代后，地质学已不再是神秘及新奇的科学，除学堂教授地质学、矿物学课程外，普通读者亦对地质学兴趣渐浓。随着专门地质调查机构的建立及本土地质考察成果的增多，越来越多的读者不仅可以从科普读物中获得地学常识，亦能了解各地矿产、岩石、特征地貌，甚至考古知识。科普书籍不仅促进地质学、矿物学知识的传播，亦能客观反映读者的普遍兴趣及阅读取向。“万有文库”“百科小丛书”“新智识丛书”等系列丛书都有地质学、矿物学专门读物。有介绍地质学基础知识的，如周太玄《地质学浅说》，中国科学社丛书之一《中国地质纲要》（翁文灏，1928）等；有介绍地学名人小故事的，如张资平《地质学名人录》《地质学者达尔文》等；有地质学演讲，如1922年由葛利普在地质研究会举行系列演讲成书的《地球与其生物之进化》（杨钟健、赵国宾记录，商务印书馆出版，“新智识丛书”之一种）；还有专门地质学分科知识，如商务印书馆王云五主编的“万有文库”，出版图书近百种，翁文灏参与编写地震部分，谢家荣参与编写石油部分，矿物学则由董常负责。

与教科书的严肃规矩不同，科普读物可读性强，兼具科学性与趣味性，更能吸引读者兴趣，一定程度上受众更广，是考察地质学发展与传播情况的重要研究对象，本书限于篇幅，不能一一详述，希冀以后能补充相关研究。兹仅以赵国宾[①]《通俗地质学》（商务印书馆，1924）为例简要论述地质学科普书籍之特点。

《通俗地质学》为“新智识丛书”之一，该书撰写缘于民国九

见梁修仁编：《地质学》，天津：百城书局，1932年，257页。

① 赵国宾（1898~1934），字次庭，陕西蓝田人。1923年毕业于北京大学地质系，曾任职于中央研究院、陕西省实业厅。1920年与杨钟健、田奇瑰等成立北京大学地质研究会，1922年葛利普在北大举行系列演讲《地球与其生物之进化》，赵国宾、杨钟健等担任翻译员、记录员，演讲稿后由商务印书馆出版发行。有关赵国宾生平及学术活动，参见杨丽娟：《地质学家赵国宾》，《今日科苑》2020年第6期，46~51页。

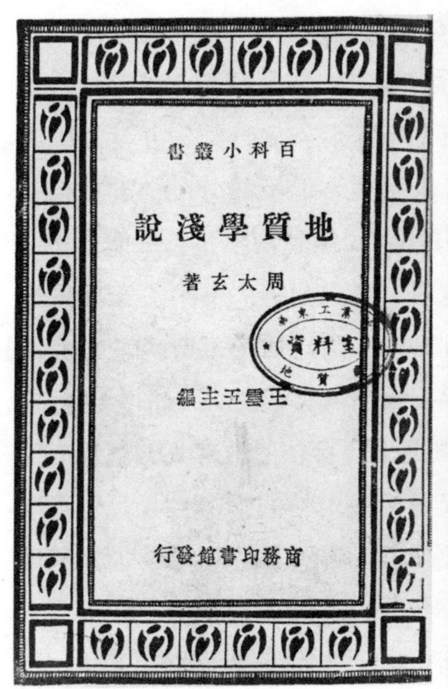

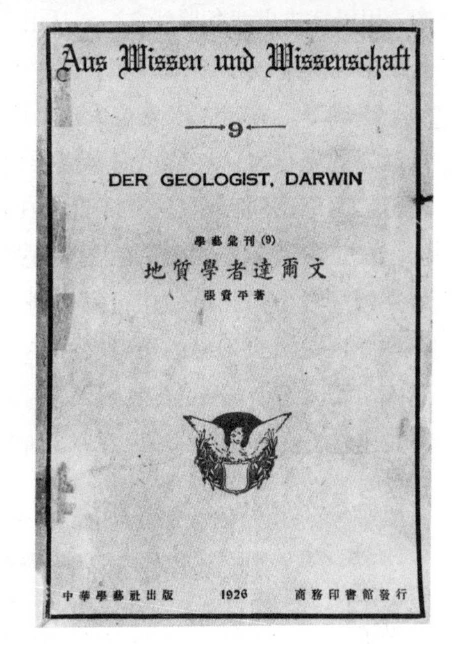

图 4-5　图 4-6
图 4-7

图 4-5　《地质学浅说》封面（商务印书馆，1935）

图 4-6　《地质学名人传》封面（商务印书馆，1937）

图 4-7　《地质学者达尔文》封面（商务印书馆，1926）

年(1920)冬天，时赵国宾拟和杨钟健共同翻译葛利普之《地质学》(*A Textbook of Geology*, 1920)，后因琐事纷扰，仅完成全书八分之一。1922年冬赵国宾随师友赴西山考察，归来后作旅行笔记并发表于商务印书馆《学生杂志》（即《通俗地质学》附录部分）；五月初又随李四光赴河南六合口，后欲找矿厂实习，因经济不足，未能如愿，便有闲暇，将手边多种考察材料整理，编成此书。书中关于中国地质一章，以翁文灏《中国矿产志略》论中国地质的部分为蓝本；西山地质各段，一半为随李四光教授在西山考察所见，一半参考叶良辅《北京西山地质志》。① 作者编撰此书，旨在"教常人知道地壳间的现象，获得些普通知识"，"不仅教给些干枯的事实，并且可以引导初学的人，怎样用他自己的眼光，考察自然界的现象，加以判断的能力"②。

作者开篇即描述了一个颇为生动的情景：倘若我们取一张中国地图，用铅笔描出两条路线，一条从山海关起，经天津，沿津浦、沪宁、沪杭甬三铁路，达到钱塘江口；另一条从恰克图起到库伦、宁夏、兰州、阴平、成都、康定、巴安、大理，到达片马和缅甸交界处。两位来自远方的旅行家，一位由海参崴乘船至秦皇岛上岸，沿铁路向南行旅行，游记论调一定是："呵！中国原来占在一块大平原间，河流网织，土壤肥美，无怪乎他在东方号称最早的农国……"另一位由恰克图穿过中国腹地的旅行家，则会说："我真不明白为什么你们都说中国是沃野千里的平原呢？……尽都是山岭重峦了。数百里间除去山腰间的小县城，苦乡镇以外，简直没有人烟。居民所住的地方，不是土穴，就是石洞……"③ 何以如此？因他们的见闻，岩石、山川、

---

①《自序》，赵国宾著：《通俗地质学》，上海：商务印书馆，1924年。

② 赵国宾著：《通俗地质学》，上海：商务印书馆，1924年，181页。

③ 赵国宾著：《通俗地质学》，上海：商务印书馆，1924年，4~6页。

湖泊、海岸、峡谷、裸露的岩层、动植物、地质现象，都是无声的语言，传递着大地的神秘，指引人们寻出从前陆上葱茂的森林，消失的遗迹，灭绝的海陆动物。全书故事由此开始，作者先“根据于浅显的岩石学，先把三种岩石——递积岩、有机岩、凝结岩解释清楚后，慢慢引到地壳上的现象，和地质的构造，末了略举些中国地质的概要”①。全书知识由浅入深，图文并茂，科学性强②，并涉及生物进化等知识，生动有趣，甚至章节目录都颇能吸引读者眼球。

2. 矿物学教科书的出版

民国中期出版的矿物教科书数目、种类均不少，多以介绍矿物种类为主，编排体例和清末民初教材并无太大区别，但矿物标本多以本国材料为主，部分教科书附中国矿物一览表，除中学教师参与编写教材外，职业地质学家亦参与矿物教科书审阅校订。

宋崇义编《新中学教科书·矿物学》（中华书局，1923）由王烈审阅，钟观诰、糜赞治参与校订，适合中学校、师范学校教学之用。凡四编：矿物各论讲述矿物特性，论述各类金属、非金属矿物特征、性质、用途；矿物通论则讲述矿物通有之产状、形态、性质；岩石概要分述三大类岩石（水成岩、火成岩、变成岩）及岩石之风化；地质概要则略述地壳构造及地史知识。内容除涉及普通矿物学知识外，另参考日本矢津昌永之《清国地志》及德国李希霍芬、匈牙利洛川、俄国奥勃鲁切夫（Владимир Афанасьевич Обручев, 1863~1956）、法国里昂商会、日本地质调查会等在中国地质考察的成果③。文后附

①《自序》，赵国宾著：《通俗地质学》，上海：商务印书馆，1924年。

②“奥陶纪”一词在中国定名较晚，加之教科书的知识更新滞后于地质研究前沿，故20世纪20年代大多教科书并未有关于“奥陶纪”的介绍，《通俗地质学》则不然，这或许是职业地质学家参与编写地质专著的一大好处，即将新近成果及时编入教科书。

③《编辑大意》，宋崇义编，钟衡臧、糜赞治参订，王烈阅：《新中学教科书·矿物学》，上海：

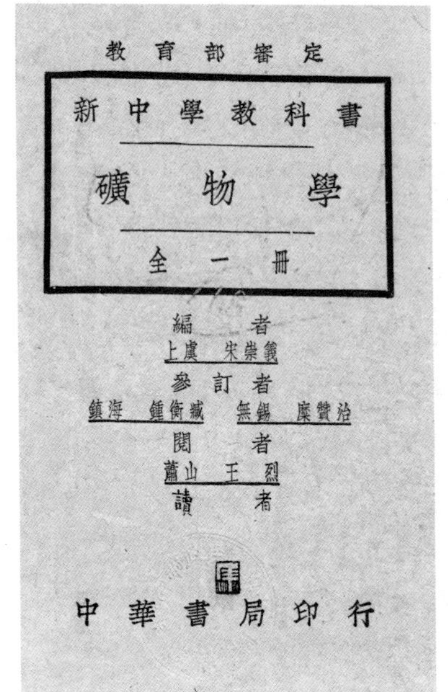

教育部審定

新中學教科書

礦物學

全一冊

編者

上虞 宋崇義

參訂者

鎮海 鍾衡臧　無錫 糜贊治

閱者

蕭山 王烈

讀者

中華書局印行

图 4–8 《新中学教科书·矿物学》（中华书局，1923）

简易矿物鉴定表，通过矿物颜色，金属光泽度、硬度等物理性质鉴别矿物。王恭睦认为此书“错误太多，即地质学之定义亦错误，文句又多意义不明，令专家读者亦难以推想。再则矿物各论列在卷首，而地质概要部分中仅简述地质构造学，皆为缺点。但矿物各论中矿物种类性质之描写颇为简晰，且偏重普通及应用矿物，为此书之特长”①。

杜若城②编《新撰初级中学教科书·矿物学》（商务印书馆，

中华书局，1923 年。

① 王恭睦：《中学用地质矿物学教科书总评》，《图书论评》第 1 卷第 2 期（1932 年），85~88 页。

② 杜其堡（1898~1942），号若城，浙江绍兴人，为近代著名科技翻译家杜亚泉侄子。1916 年入北洋大学地质采矿科，1920 年毕业后任上海商务印书馆编译所理化博物部编辑，精通英、德、法三国

1926）凡13章：绪论明确何为矿物，矿物学研究对象及常用矿物界术语；地壳部分略述地球外部之岩石圈、水圈、大气圈及内部之岩浆；随后依次介绍火成岩及造岩矿物、矿物之形态、主要非金属矿物、水成岩、变质岩、风化作用及土壤、主要金属矿物、地史之大意、矿物界之应用、矿物成因及其分布、矿物之识别及吹管分析；另辟章节专门讲述石油、天然气、沥青等矿物主要用途。文末附矿物特征一览表，从矿物透明度、光泽、结晶癖性及集合状态等物理性质鉴别矿物。全书内容详实，辅以新近矿物考察成果及中国采集之矿石标本图片，地层系统亦对中国考察成果作相关补充，如太古界之泰山系，古生界之奥陶纪，远古界之五台系，第三纪之垣曲系等，内容“虽不甚陈旧”，但“以火成（凝结）岩与造岩矿物混成一篇，而将矿物之形态夹入火成岩与非金属矿物之间，又将水成岩与变质岩夹入金属与非金属矿物间，而石油及矿物成因及分类等部分列于最后（在地史大意之后），变质岩之后忽插入风化作用——其编法之颠倒错乱如此，为此书之最大弊病”[①]。1933年，杜若城再编《矿物学》（凡四编，分别讨论矿物通性、矿物个性、岩石和地质），以供中等学校参考研究之用[②]，内容与1926年教科书差别不大，但对于地质学讲述颇详，且各节附提要和问题，便于学生预习、复习之用。

北大地质系教师王烈[③]编有《矿物学》（北京书局，1930），体

文字，撰写和编译了不少地质学、矿物学方面的书籍。主要论著有：《矿物学》《河海成因》《山岳的成因》《矿物一瞥》《地质矿物学大辞典》。编译著作有：《岩石学》《矿物学测验及切片法》《岩石发生史》，并在《自然界》等科普期刊发表数篇文章介绍中国地质学、矿物学，对传播近代地质学知识有一定贡献。参见王恒礼、王子贤、李仲均编：《中国地质人名录》，武汉：中国地质大学出版社，1989年，145页。

① 王恭睦：《中学用地质矿物学教科书总评》，《图书论评》第1卷第2期（1932年），85~88页。

②《编辑大意》，杜若城编：《矿物学》，上海：大东书局，1933年。

③ 王烈（1887~1957），字霖之，浙江萧山人，中国地质学会创始会员。早年就读于京师大学堂地质学门，

例中规中矩，但内容准确度较高。是书凡五编，“绪论”明确矿物的定义、矿物学的分类；“矿物通论”讲述矿物通有形状、性质（结晶学、物理的矿物学、化学的矿物学）；“矿物各论”介绍各类金属、非金属矿物形态、性质、成分、种类、产状、应用、鉴别方法等；“岩石学”讲述三大类岩石成因、种类；地质部分则侧重于动力学，讲述内力作用（火山、地震、地壳变动等）、外力作用（水、冰、风、生物）对改变地球之作用。①

王恭睦曾对中学矿物教科书做过整体评价，认为当前出版发行之矿物学教科书，编法多仿日本，大多偏重于矿物，编排则偏重于矿物之分类，次及岩石学，以地史学为其最终部分，将普通地质学部分完全忽略，使学生不仅对自然界普通现象之相互关系无从推知，更无基本的地质观念，且无论矿物、岩石，或地史部分，均乏理论，仅详于专门名词，使初学者见而生厌，不能引起其求地质知识之兴趣，“不甚合用于目前之初中教育”。除内容外，教科书结构的不合理亦饱受争议。如宋崇义编《矿物学》（中华书局）、吴冰心编《矿物学》（商务印书馆）、王季点编《矿物界教科书》（商务印书馆）等均将矿物通论列于各论之后，被视为缺点，吴冰心更将“硬度表”及“劈开”②列入“长石”节中，颇不合理。而叶与仁编《矿物学教本》（中华书局）先矿物，后岩石，终及地史，又将矿物及岩石之通论

后赴德国留学，1913 年归国，任北京高等师范学校博物系教授，后受聘于地质研究所，讲授德文及构造地质学。1917 年北大地质学门恢复招生，王烈担任该系教授，直至退休，并于 1924~1927、1928~1933 年两度担任北大地质学主任。1920 年杨钟健等发起成立北大地质研究会，王烈热情支持，并给予多方帮助。参见于洸：《王烈（1887~1957）》，《中国地质》1991 年第 8 期，33 页。

① 王霖之著：《矿物学》，北平：北京书局，1930 年。

② 即矿物各分子间粘合力大小随方向而不同，粘合力最弱方向最易断裂，外力加之，矿物即沿此方向断裂，是为“劈开”。矿物不同，劈开方向不同，为鉴别矿物方法之一。

列于各论之前，“编法尚称得体”[①]。王烈有专门教学经验，又曾参与中国地质调查，其编写的教科书避免了此类问题，无论是编排方式抑或内容选择，均由易到难，由总而分，循序渐进，又重点讲述重要矿物之种类、性质及用途，符合中学矿物课程标准。

张宗望[②]参考矿物诸家著作及实地考察成果编撰而成之《中学矿物学》专供初中三年级或高中所用，编纂颇为用心，于我国矿物产地记载尤详。是书凡六章：绪论明确何为有机物、无机物、矿物等本书研究对象；矿物的物理性讲述矿物在结晶、构造、光、热、电、磁等方面的物理性质及矿物的凝集力、比重；矿物的化学性则系统讨论矿物的组成及化学变化；矿物的产状则讲述矿床学知识；随后介绍各类矿物（重金属矿物、非金属和轻金属矿物）性质、特征、用途等；最后介绍造岩矿物及岩石学知识，包括岩石与矿物的区别、岩石分类及三大类岩石特征。全书插图颇多，作者认为矿物成分十分重要，故于每种矿物名后附有矿物分子式，供读者参考。因结晶学在矿物学中占有重要地位，故此书第二章专门讲述结晶学知识。书中对于我国矿物产地记载颇详，相关信息有的是从矿物学家的著作中参考而得，有的是作者实地调查所得，记载准确可信。文末附矿物实验法（化验矿物器具、试药、火焰的构造和用法、实验应用各表），详细说明矿物试验中应用的器具和药品，于吹管分析的工作，火焰的用法和实验应用表格的查法，亦有详细的指导，教师可根据实验附表指导学生，此皆为“编者教授矿物十余年来的心得，尤为别种教本书上所没有”[③]。

黄人滨所编《矿物学》经翁文灏、章鸿钊校订，南城著名经史

---

① 王恭睦：《中学用地质矿物学教科书总评》，《图书论评》第1卷第2期（1932年），85~88页。

② 张宗望，浙江平湖人，北洋大学矿科毕业生，后从事中等学校理科教学工作。

③《编辑大意》，张宗望编著：《中学矿物学》，上海：世界书局，1932年。

学家和图书馆专家欧阳祖经为其作序。是书以“养成中学生矿物学上必要知识为宗旨”，分普通矿物之研究、矿物概说、岩石之类别、地壳之构造、地壳之变迁、地壳之历史六篇，名词部分参考农商部地质调查所编写词典，侧重地质，将矿物结晶学及矿物各论略为减省，以地质学上最重要之动力部分代替，矿物产地则以我国著名产地、矿物为例①。文末附中国南北地层略图、中国重要矿物分布图及简易矿物识别表，又专文讲述我国民国以后始得定名的奥陶纪地层，“吾国奥陶纪与寒武纪，地层连续无大更变，故地质学家曾统括称之为震旦层”②，并介绍我国济南、冀州、南京等地奥陶纪之石灰岩，为其他教科书所没有，为“新学制颁行后适时之巨制”③。

曾在农商部地质研究所担任教师，讲授化学及摄像术的王季点④编写有《中学矿物界教科书》（商务印书馆，1922）。《中学矿物界教科书》除绪论讲述矿物之形态及成分外，正文凡三编：“矿物编”介绍各类金属、非金属矿物种类、性质、用途，讲述矿物通有之物理性质及普通矿物学分类方法，详述通过矿物外形、晶形等性质鉴别矿物方法；“岩石编”讲述三大类岩石及成因；“地质编”论地球之原始、变迁、构造、动力及地史等知识。

王季点精通化学知识，地质学与化学密切相关（如吹管分析法即利用化学焰色反应鉴别矿物），故凡与地质学相关之化学知识，作者

① 《编辑大意》，黄人滨编：《矿物学》，北平：北平文化学社，1933年。

② 黄人滨编：《矿物学》，北平：北平文化学社，1933年，93页。

③ 欧阳祖经：《序》，黄人滨编：《矿物学》，北平：北平文化学社，1933年。

④ 王季点（1879~1966），字巽之，号琴希，江苏吴县人。早年在江南制造局任编译及教育工作，清末参加留学考试，奖给工科举人，1902至1906年留学日本，毕业于日本东京高等工业学校。回国后曾任农商部技正、京师大学堂提调（物理系教授）、汉冶萍公司监督、北平工业实验所技正兼所长等职，通物理，精化学，为中华化学工业会发起人之一，酷爱摄影，曾和严复等组织“光社”，研究摄影艺术。除矿物教科书外，王季点另译有《新式物理学教科书》。参见杨维忠编著：《东山名彦：苏州东山历代人物传》，苏州：古吴轩出版社，2007年，457页。

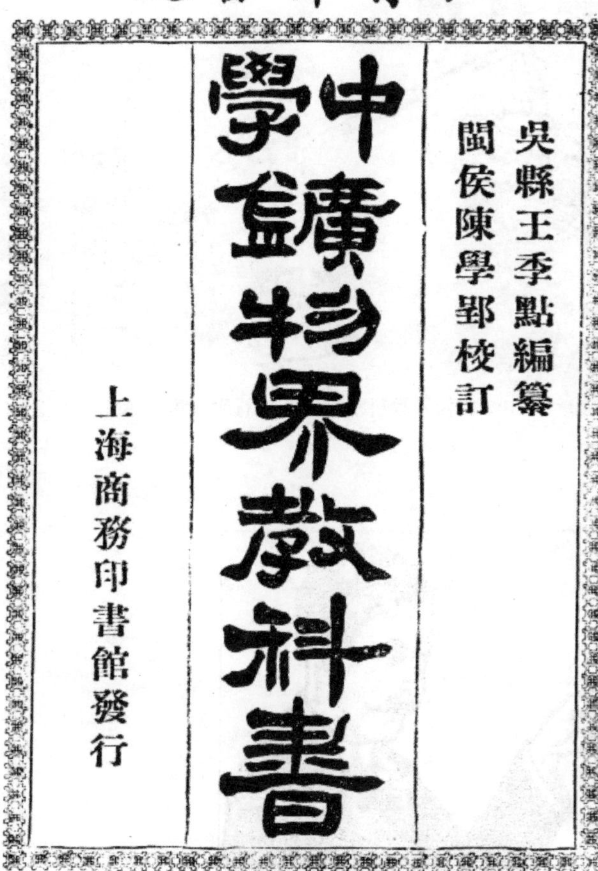

教育部審定

吳縣王季點編纂

閩侯陳學郢校訂

中學礦物界教科書

上海商務印書館發行

图 4–9　《中学矿物界教科书》书影（商务印书馆，1922）

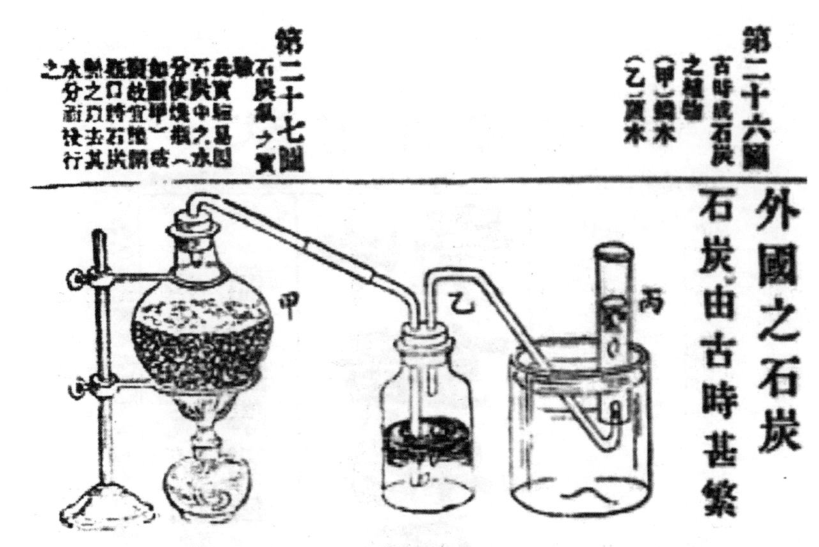

图 4-10 《中学矿物界教科书》中利用石炭收集可燃性气体相关实验

图 4-11 《中学矿物界教科书》所述可燃性气体验证实验

均有介绍，且附图介绍化学实验，例如书中有讲述利用石炭制造可燃性气体实验的详细过程。此书至民国后期便不复使用，王恭睦认为此书“不但陈旧，且将矿物通论列在各论之后，而岩石部分并通论而无之，已成一大缺点，即取材亦不甚得当。地质部分，精采毫无，不能作教科书之用”[①]。

除上述书籍外，尚有数本教科书及系列丛书介绍近代矿物学知识。教科书如北平师大附中教师李约编著的高级中学教科书《矿物学》（百城书局，1931 年 11 月），分上下二编，上编为系统矿物学，即矿物通论，专论矿物一般性质；下编为记述矿物学，即矿物各论，讲述各类矿物产状性质，尤重应用，辅以实验。每节知识点后有“备考”栏，点明章节知识重点。北平师大附中教师朱隆勋编著《新制初级中学教科书・矿物学》（理科丛刊社，1931）供初级中学及同等学校教科书之用[②]，首编绪论，讲述矿物在自然界之位置及矿物学研究范围，末编结论，论述矿物与人类之关系，正文凡十一章，论地球之原始及现状、矿物之生成、矿物之形状、矿物之性质、矿物之成因及分类，因矿物、岩石、地质关系密切，故另辟文讲述岩石学概说及地壳之构造、变迁、地史学相关知识。丛书方面，毛起鹇著《矿物学问答》（上海大东书局，1930 年 1 月）为“百科问答丛书”[③]之一，以问答形式讲述矿物学内容，矿物形状、性质、种类、用途，以及地质、岩石概略。董常编《矿物学》（商务印书馆，1934）为“万有文库”之一种，凡三编，讲述矿物、岩石、土壤及地质学，另附矿物鉴定略表、中英名词索引等。

---

① 王恭睦：《中学用地质矿物学教科书总评》，《图书论评》第 1 卷第 2 期（1932 年），85~88 页。

②《编辑大意》，朱隆勋编著：《新制初级中学教科书・矿物学》，北平：理科丛刊社，1931 年。

③“百科问答丛书”分为：党义、政治、经济、法律、教育、社会、文学、史地、数学、自然科学十种，每种一册至数册不等，作为中等学校补充读物，亦可作为预备学校考试教师出题之参考书。

第三节 职业地质学家与教科书编纂：以谢家荣《地质学》为例

除自编教科书逐渐替代直接译自他国的教材外，职业地质学家亦参与教科书的编纂校订工作，如王烈编写《矿物学》，翁文灏、章鸿钊参与部分教科书校订。与中小学教师及出版机构教科书编纂者不同，职业地质学家多有地质调查经历，且了解研究前沿和动向，对教科书科学性的把握更准，其教材与传统译自外文书籍或根据外文书籍所编教材有所不同。本节以谢家荣所编中学教科书《地质学》为例，探讨职业地质学家编书特点。

1.《地质学》编辑缘起

谢家荣（1898~1966），字季骅，我国著名地质学家，主要研究方向为地质学、矿床学、石油地质学、煤岩学等。1916 年谢家荣于农商部地质研究所毕业后入地质调查所工作，后赴美留学，1920 年获威斯康辛大学理学（地质学）硕士学位，1929 年又赴德国地质调查所及弗兰堡大学研究煤矿和金属矿床，1930 年回国后任沁园燃料研究室名誉主任，并先后在北京大学、中山大学、中央大学、清华大学任教，讲授普通地质学、经济地质学、矿床学、地文学等。其于 1935 年任北京大学地质系主任，1935~1937 年任地质调查所北平分所所长，1955 年当选为中国科学院学部委员。

谢家荣是中国地质学会创始会员和首任书记，兴趣广泛，博学多才，著述颇丰，在地质研究所求学期间即是佼佼者，颇受丁文江、翁文灏等人赏识。丁文江评价其为“中国地质学界最肯努力的青年”，“好读书，能文章”[①]。1934 年翁文灏在杭州遭遇车祸，重伤住院，时丁文江亦在协和养病，病中嘱咐胡适代为转告农商部，万一翁文

① 丁文江：《序》，谢家荣著：《地质学》，上海：商务印书馆，1924 年。

灏有生命危险，或需静养，地质调查所万不可随便委派他人担任所长。丁文江认为谢家荣资格最为适宜，如有必要，可以代理地质调查所所长一职。[①] 地质调查所为丁、翁二人二十年心血所寄，危难之时愿托之于谢家荣，足见其对谢家荣能力的肯定。1936 年谢家荣建议创办的双月刊《地质论评》至今仍在出版发行。

编写《地质学》教科书源自 1916 年农商部地质研究所停办后，北京大学、东南大学、厦门大学、西北大学等相继设地质学系或地质科，各省高等师范亦多于博物部或史地部中开设地质学课程，中国高等地质教育蓬勃发展。但中学课程中地质学所占比例反而减轻，所教授知识，又多肤浅谬误，加之各民营出版社所出矿物学、地质学教科书，“或称实用，或矜新知，而究其实质，则视十年以前所出诸书，虽有进步，究亦无多”[②]。有鉴于此，中国科学社与商务印书馆协定出版科学丛书，由科学社担任编辑，商务印书馆负责印刷与发行，以弥补科学书籍之不足。[③] 考虑到“中学教本原最难编，而中国专门研究地质者，犹多专精一隅，未暇普及，于普通教本更有未遑”，加之地质专门材料“散见各刊，文字间隔，采用为难，体例纷纭，贯通非易”[④]，编写颇为不易。故请地质调查所年轻学者谢家荣、徐韦曼编写地质部分，分上、下二编，上编论地质学之原理方法，由谢家荣编写，下编专论地史，归徐韦曼续撰。因谢家荣从地质研究所毕业后，又赴美国求学，归国后一直进行中国地质考察工作，足迹“东北到独石口，西北出嘉峪关，东到山东、江西，西到湖北、四川的交界，南到湖南的郴州、宜章、江华”，他又曾是中国地质学

① 宋广波著：《丁文江年谱》，哈尔滨：黑龙江教育出版社，2009 年，404 页。

② 翁文灏：《近十年来中国地质学之进步》，《科学》第 9 卷第 4 期（1924 年），374~397 页。

③《中国科学社第十次年会书记报告》，《竺可桢全集》（第 22 卷），上海：上海科技教育出版社，2012 年，141 页。

④ 翁文灏：《近十年来中国地质学之进步》，《科学》第 9 卷第 4 期（1924 年），374~397 页。

会的书记，熟知中外地质最新成果，得地质学界元老葛利普、丁文江、翁文灏等人的指导，所以《地质学》由他执笔最为合适，全书“条理分明，次序井井”，例证皆是中国事实，如地震之原因，矿产之分布，河流之变迁，都采用最新研究，以引起读者的兴趣。

《地质学》成书于1924年，丁文江为之作序。序言中丁文江一针见血地指出中国地质学教科书甚至是科学教科书面临的普遍问题，即缺少中国人用本国语言撰写的适合于学校教育的教科书，且教科书的编写者要么没有教学经验，要么专业知识不够，像地质、生物类本土特征较为明显的学科，还需要编写者具备相当资质，熟悉中国事例，但在中国寻找具备这些资质的人十分困难。丁氏认为从前中国科学教科书大多译自外文，地质学教科书亦是如此。但他种学科教材尚可译自外文，惟地质学同地理关系密切，倘若不了解本国地质学，便无从下笔，加之本国的学生对于世界地理知识太薄弱，不熟悉外国地名，若是直接将美国或英国的地质学教科书译成中文，“满纸是面生可疑的地名”，是不能引起学生兴趣的。欲编写好的教科书，作者不仅得熟悉本门知识，还要能做独立的研究，又需有教书的经验。“不然不是对于本科没有亲切的发挥，就是不知道学生的苦处”，可要找这样的编写者，谈何容易。退而求其次，在熟悉基础知识、有教书经验和能做独立研究三者中，尤以独立研究更为重要，因“做过独立研究而有几分天才的人，就是没有教书的经验，还能想像教书的需要，若是没有独立工作过的人，教的书是死的不是活的，做出来的教科书，自然带几分死气”，而谢家荣显然具备这样的资质，故所编写的教材，“不能不算是教科书中的创著了”。①

---

① 丁文江：《序》，谢家荣著：《地质学》，上海：商务印书馆，1924年。丁文江在《地质学》文前所作之序，深入思考了彼时中学教科书的诸多问题，以及由此引起的中学教育的诸多弊端。这些问题不是地质学教科书所独有，其他学科教科书亦存在类似问题。丁文江提出的改良意见及对教科

2.《地质学》主要内容

《地质学》原计划出上、下二编，上编专论地质学原理及方法，由谢家荣执笔，下编讲述地史学知识，徐韦曼负责撰写（下编地史部分笔者并未得见），体裁仿照葛利普为北京大学地质学系编写的教材《地质学教科书》（*A Textbook of Geology*）。全书先论地球之组织成分、矿物岩石之性质分类，后论各种动力现象与产生之结果，最后述及地质构造及矿床概论，循序渐进，由浅入深，希冀读者易于了解。又因地史学为地质学之基础，古生物学尤其重要，而对于非地质专业的学生而言，"既无暇习古生物学，自未易骤习地史学"，故虽地史部分由徐韦曼下编专门论述，但《地质学》书末仍附《地史浅释》一章，以供参考，使学生得以了解"地球发育之端，生物进化之迹"。书中所用地质、矿物及岩石等专门学科名词，悉遵照地质调查所董常出版之《矿物岩石及地质名词辑要》，以期统一。书中所用国内地质照片、插图等，大半系地质调查所历年研究考察所得，安特生、叶良辅、谭锡畴、王竹泉、周赞衡等人亦提供考察所摄照片，书中例证亦尽量以中国为主，凡是我国调查成果，可作为教学之用的，皆已编入教材。尽管如此，部分材料还是不得不取材于他国。作者在《例言》中说明："地质教科书之教材，理论之外，尤重实例。实例之选择，首重本国材料，盖既便读者记忆，且足以鼓励研究之兴趣。我国地质调查，方在萌芽，搜集材料，颇不易易，乃就目下所知，而足为教材用者，咸为采入；其为本国所无或犹未发见者，如火山、喷泉等等，则仍不得不取材于异国。"[①] 地质学习，尤重实习，

书编写者资质的要求，颇有值得借鉴之处，故本书摘录全文（见附录），以供参考，从中亦可窥见职业地质学家对中学教育及教学用书的关注。

①《例言》，谢家荣著：《地质学》，上海：商务印书馆，1924 年。

寻常地质教科书，只讲理论知识而无方法介绍，学者、学生对此颇有争议，《地质学》欲弥补此类缺点，故文后附地质测量及中国地层表二章，略述地质调查方法、中国地质概况，以便野外旅行参考之用。①全书写作过程中，丁文江、翁文灏、章鸿钊、葛利普、安特生等时时指导，书成后章鸿钊、翁文灏参与校阅。

《地质学》凡 17 章。首编总论地质学定义及应用、地质学之分门及地质学发展史。在《地质学发达史》一节中，作者以精练的语言回顾了中外地质学发展历史，这是以往教科书所没有的。②以后各章分别论述构成地壳之成分——矿物、火成岩、水成岩、变质岩，分

①《例言》，谢家荣著：《地质学》，上海：商务印书馆，1924 年。

②《地质学》之《地质学发达史》小节回顾了地质学学科发展史，是别种教科书所没有的。谢家荣对地质学史的回顾及重要人物、著作的评述，时至今日依然颇具参考价值，故摘录如下，以供参考：地质思想肇端甚古，原人时代智识未开，然对于地震、火山、温泉、水灾诸现象，不无一二合乎科学之理想。惜历史记载，残缺不全，难资考证耳。尝考吾国史乘，矿产、土壤之性质，五帝时代已有记载。《禹贡》言土壤最详，当时九州不啻以土色为分界。乃至春秋战国，学术勃兴，地质思想亦因以萌芽，故《诗经》有云：高岸为谷，深谷为陵。由今思之，与风化轮回之说，若合符节。唐朝颜真卿作抚州南城县《麻姑仙坛记》中有“海中扬尘，东海三为桑田”一语，即由麻姑山东北获得贝壳类化石而推论及此。《朱子》语录，言化石生成之理，尤为精当。由是言之，地质虽为吾国新发达之科学，而远溯古人，已有先欧洲学者而言者，不亦历史上至为光荣之事乎。考之欧洲，当希腊罗马时代，哲学发达最盛，而于地质学理，亦多所发明，如地盘之升降、河流之剥蚀，以及地震、火山诸现象，颇多具体之讨论。惟地质学之成为独立科学，实始于十八世纪，而自一七九〇年至一八二〇年之间，其发明之多、人才之众，尤为可惊。是时如韦纳（Werner）、汉登（Hutton）、施密士（Smith）、拉马克（Lamarck）、居维（Cuvier）诸氏，皆为一时泰斗，地质学之基础，实胚胎于是时，故说者谓此时代为地质学之黄金时代，洵不诬也。至一八三三年，雷侠儿《地质通论》（Lyell's *Principles of Geology*）出版，其书精深宏博，即在今日亦颇有参考之价值，正不啻于地质界辟一新纪元焉。及十九世纪以后，研究地质者愈众，各国政府多设地质调查所，以研究一国之地质，各大学亦列地质为专修之科，于是地质学之发达，一日千里。专精之士，辄各就范围，分门研究，造诣愈深，分类益繁。驯至今日，各分科几皆有成为独立科学之概。晚近以来，赖其他科学之进步，研究地质之方法亦益精密，昔之仅观察现象，而未尝以数量计者，今则有应用天文数理等为定量之研究者矣，是亦地质学进步之一端也。见谢家荣著：《地质学》，上海：商务印书馆，1924 年，3~4 页。

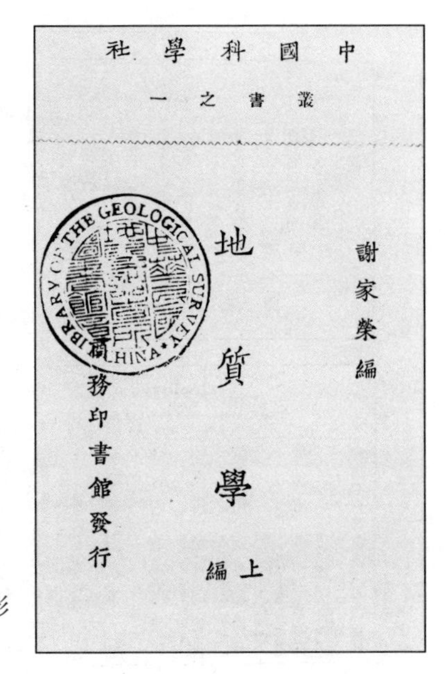
中國科學社

叢書之一

謝家榮編

地質學

上編

務印書館發行

图 4-12　《地质学》书影
（商务印书馆，1924）

述各类矿物岩石成分、性质、分类、在地层中位置及各类岩石之鉴定，我国各类研究分布区域及所属地层系统。动力部分介绍火山、地震、大气、河流、湖泊、冰川、生物等各种改变地质结构之动力，我国新疆、西藏盐湖。构造部分讲述地层、岩层结构，断层、褶皱与断裂之原因、山脉之分类及其构成史，特辟文讲述中国重要山脉之分布及其构造。最后介绍矿床成因、分类、形状及中国矿产区域。文后附地史浅释、地质测量及中国地层表，介绍地层学、古生物学知识及野外地质考察之事项（事前之准备、测量、记录地质、地层测算、采集标本、鉴定系统、绘图解说）。全文辅以各地采集所得标本图片，山川、峡谷等实地拍摄照片及有关火山、地震等近闻报道，例证皆以中国为主，以便“读者记忆，且足以鼓励研究之兴趣”①，详实精当，生

①《例言》，谢家荣著：《地质学》，上海：商务印书馆，1924 年。

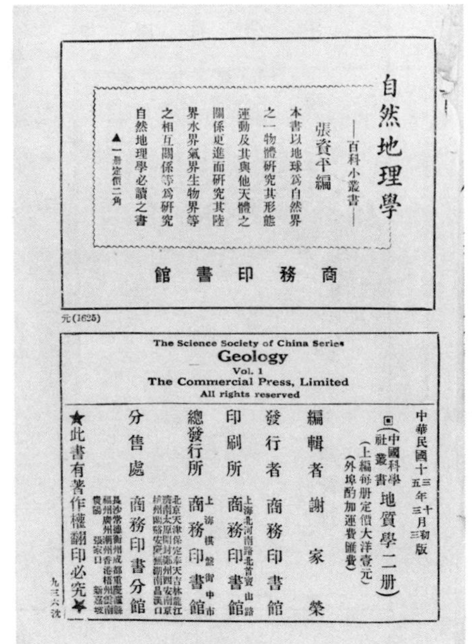

自然地理學

——百科小叢書——

張資平編

本書以地球爲自然界之一物體研究其形態運動及其與他天體之關係更進而研究其陸界水界氣界生物界等之相互關係等爲研究自然地理學必讀之書

▲一册定價二角

商務印書館

元(1625)

The Science Society of China Series
Geology
Vol. 1
The Commercial Press, Limited
All rights reserved

中華民國十三年三月初版
十五年十月三版

（中國科學社叢書）地質學二册
（上編每册定價大洋壹元）
（外埠酌加運費匯費）

編輯者 謝家榮
發行者 商務印書館
印刷所 上海北河南路北首寶山路 商務印書館
總發行所 上海棋盤街中市 商務印書館
分售處 北京 天津 保定 奉天 吉林 龍江 濟南 太原 開封 鄭州 西安 南京 杭州 蘭谿 安慶 蕪湖 南昌 漢口 長沙 常德 衡州 成都 重慶 瀘縣 福州 廣州 潮州 香港 梧州 雲南 貴陽 張家口 新嘉坡 商務印書分館

★此書有著作權翻印必究★

九三六沈

图 4-13 《地质学》版权页（商务印书馆，1924）

动有趣，又结合我国特有地质情况，讲述黄土之成因、我国黄土分布、黄河流域之变迁及水患成因等。除介绍基础地质学、矿物学知识外，又结合古生物学介绍达尔文生物进化论，冰川地质讲述阿加西冰川理论等。

3.《地质学》知识来源

如果说教科书的知识体系能体现编纂者的知识水平及科学素养，教材案例及材料能体现作者本人的研究经历，那么参考书目则最能体现作者的学术鉴赏水平及对国际学术前沿的把握，也是职业地质学家编纂教材最明显的优势。地质学虽然自 19 世纪中叶后传入中国，但民国以后始有独立地质调查机构，至 1924 年《地质学》成书之时，中国虽进行过一些地质考察，获得了部分考察资料，但对于地质理论、基础地质学部分的研究仍较为薄弱。我国早期地质教科书均译自外文，例证亦多为外国事实，不足为中国之用，饱受批判，中国地质调查的开展得以弥补此缺，《地质学》所用例证，大多为地质调查所多年于各地考察成果，“就目下所知，而足为教材之用者，咸为采入”，而“为本国所无或犹未发见者，如火山喷泉等等，则仍不得不取材于异国”。[①] 加之地质学为新兴学科，且区域性极强，理论亦在不断更新及完善，故作者除参考昔年李希霍芬、庞佩利、维理士、洛川等人在华考察成果及国外经典教材外，还留意地质学相关期刊发表最新文章，补充最新研究成果，并有意识地介绍地质学发展史。《地质学》虽为中国读者而作，但理论部分仍需借鉴外国经典教材。谢家荣熟知中外地质学理论，故书中案例材料以中国为主，理论部分则参考英、美等国经典教材或地质学畅销读物，具体参考书目见下表：

表 4-1　谢家荣《地质学》外文参考书目一览表

C. K. Leith, *Economic Aspects of Geology*
A. Geikie, *The Founders of Geology*
Karl Von Zittle, *History of Geology and Paleontology*
E. S. Dana, *Textbook of Mineralogy*, 1904
Parson & Moses, *Mineralogy*
Penfield Brush, *Determinative Mineralogy and Blowpipe Analysis*
A. N. Wincheli, *Optical Mineralogy*, Vol.1, 1922
A. Harker, *Petrology for Students*
J. F. Kemp, *Handbook of Rocks*, 1903
J. P. Iddings, *Igneous Rocks*, 2 vols., 1913
E. Wenscheok, *The Fundamental Principles of Petrology*, translated by A. Johanson.
J. K. Kemp, *Handbook of Rocks*, 4th ed., 1908
H. P. Milner, *An Introduction to Sedimentary Petrology*
A. W. Grabau, *Principle of Stratigraphy*, 1913
F. H. Hatch and R. H. Rastall, *Textbook of Petrology*, 1909
C. K. Leith and W. J. Mead, *Metamorphic Geology*, 1915
R. A. Daly, “Metamorphism and its phases”, *Bul. Geol. Soc. Amer,* Vol.28, p. 375

①《例言》，谢家荣著：《地质学》，商务印书馆，1924 年。

续表

C. R. Van Hise, "A Treatise on Metamorphism", *U. S. G. S. Monograph* 47., 1904
James. D. Dana, *Characteristics of Volcanoes*
T. G. Bonney, *Volcanoes, their Structure and Significance*
J. P. Iddings, *The Problem of Volcanism,* 1914
J. Milne, *Earthquake*
C. K. Leith, *Structural Geology*
H. E. Gregory, *Military Geology and Topography*, 1918
C. K. Leith, *Economic Aspects of Geology*, 1921
R. S. Tarr, *College Physiography*
V. K. Ting, *Report on the Geology of Lower Yangtze, below Wuhu*
Thomas & Watt, *Improvement of Rivers*, 2 vols., 1913
A. W. Grabau, *Geology of the Nonmetallic Mineral Deposits other than Silicates,* Vol. 1
D. W. Johnson, *Shore Processes and Shoreline Development*
William Ashton, *The Evolution of a Coast Line*
Sir John Murray & Johan Hjont, *The Depth of the Ocean*
W. H. Hobb, *Characteristics of Existing Glacier*, 1911
T. C. Chamberlin & R. D. Salisbury, *Text book of Geology*, Vol. 1, 1909
C. K. Leith, *Structural Geology*, Revised Edition, 1923
Geikie, *Structural & Field Geology*, 1905
Bailey Willis, "The mechanics of Appalachian Structure", *13th Ann Rept U. S. G. S.*, 1891~1892
J. Geikie, *Earth Sculpture or the Origin of Land Forms*, 1898
E. Suess, *The Face of the Earth*, translated by B. C. Sollas, 1909
W. H. Emmons, *Principles of Economic Geology*, 1918
W. Lindgren, *Mineral Deposits*, 2nd ed., 1919
E. Ries, *Economic Geology,* 4th ed., 1918
A. Grabau, *Textbook of Geology*, Vol. II
C. W. Hayes, *Handbook for Field Geologist*
Farrel- Moses, *Practical Field Geology*, 1912
G. H. Cox, C. L. Dake, & G. A. Muilenburg, *Field methods in Petroleum Geology*
R. Pumpelly, *Geological Researches in China, Mongolia and Japan*, 1867
Richthofen, *China*, 5 vols., 1877
Loczy, *Die WissenschaftlicheErgibnisse der Reise des Grafen Bela Szechenyi in Ostasien*, 3 vols., 1893~1899
Obrotchen, *Central Asia, Nanshan and North China(in Russian)*, 2 vols., 1892~1894
Bailey Willis & Blackwelder, *Research in China*, 3 vols., 1907
Deprat & Mansuy, *Etude géologique de Yunnan oriental,* 4 vols., 1912

（据谢家荣《地质学》整理）

除外文书籍外，《地质学》还参考章鸿钊《中国研究地质学之历史》（《中国地质学会志》第一期，1922），翁文灏《甘肃地震考》（《地质汇报》第三期，1921），翁文灏《地震浅说》（《北京高师博物杂志》第四、五期，1921~1922），谢家荣《民国九年十二月十六日甘肃及其他各省地震情形》（《地学杂志》，1924）等文章，以及翁文灏《中国矿产志略》，东京地学会出版之《扬子江流域》《地质调查所矿产地质陈列馆说明》等专著，以及中国地质调查所出版各种报告、顺直水利委员会所出版各种报告。作者希冀引用外文书籍时候辅以中国研究成果，保证教材科学性的同时又增加了书籍的可读性，较之翻译教材大量的外国地名或考察照片，《地质学》读来更有亲切之感。[①]

日文书籍对中国影响巨大，直至民国初年，中学教材依然以日译书籍为主，但20世纪20年代后，情况发生了变化，随着中国地质事业的发展和“壬戌学制”的全面推行，地质学教科书迎来了新的发展阶段，呈现出繁盛景象。庚子之变后，美国退还部分庚款用于教育，并设立清华学堂，选派优秀学生赴美留学。随着留学生回国并参与教育、文化事业，美式教育对中国影响日渐加深，1922年颁布的“壬戌学制”即仿美国六三三学制。中国地质事业也在此时蓬勃发展，高等地质教育进一步完善，中国地质学会的成立，专业地质期刊的增多，大规模地质考察的开展，使中国地质事业在理论水平与实践考察方面均硕果累累。

与清末教科书多译自日文教材不同，这一时期教科书的编写者认识到科学教科书不能单纯翻译外国书籍，需结合中国教育需要，

---

① 王鸿祯院士上学时还读过谢家荣教材，认为此书帮助其加深了对地质科学实践性的认识。参见王鸿祯：《缅怀谢家荣先生》，《中国地质教育》2004年第1期，42~43页。

以中国语言编写适合中国社会的教材。故教科书以自编为主，但体例多仿美式教材，亦有部分教材借鉴法国、日本等国编写体例。编写者或为中学教师，或为农商部、矿政厅等地质调查部门从业人员，具有相关学科背景及地质学教学经历，有能力选择经典教材，并结合自身教学经验或考察经历编写适用于学校教学的教科书，书中科学部分亦较为准确，案例和材料多以本国为主。

除自编教科书逐渐替代直接译自他国的教材外，这一时期最明显的特点即职业地质学家参与教科书的编纂校订工作，如王烈编写《矿物学》，谢家荣编写中学地质教科书《地质学》，翁文灏、章鸿钊参与部分教科书校订。职业地质学家具有较高的知识水平及科学素养，多有地质调查经历，且了解国际研究前沿和地质学研究热点问题，留意地质学相关期刊新近发表文章，有能力补充最新研究成果，对教科书理论知识把握更为准确。部分职业地质学家执教于高等院校，具有一定教学经验，能够结合学校教育需求编写合适的教材，故教材质量颇高，兼具科学性与实用性。总体而言，这一时期从教科书的作者，使用的参考书目及材料，到教科书的知识体系、名词术语，都已趋于规范和完善，教科书不再是翻译或模仿他国教材，而是已初步完成了本土化。

第五章　地质学教科书的演变与知识传播

教科书出版销量大，受众范围广，是知识普及与科学传播的重要媒介，教科书的知识体系一定程度上还反映了当时的学科水平和研究动态。自1902年教育新政推行至1937年，出版地质学相关教材百余种，教科书编译群体、知识来源及结构内容一直在发生变化，名词术语亦逐渐统一。随着中国地质事业的发展以及学校对自然科学课程的重视，现有地质学教科书的知识体系及教授方法的弊端亦随之出现，地质学家和中学教师开始反思教科书知识体系的合理性及其与中学教育之关系，指出现有教材诸多不合理之处，提出改良建议，并试图总结适合中学地质学和矿物学课程的教授方法，进一步推进中国地质学知识的普及。

第一节　教科书知识体系的变化

清末至抗战前四十余年间，地质学学科本身不断发展，中国地质事业不断进步，新的理论知识与考察成果编入教科书，教科书原本的知识体系不断发生变化。地质学、矿物学本身为实用学科，野外考察、矿物实验为地质教学不可缺少的环节，也是教科书的重要组成内容。教科书知识体系的变化及书中本国案例、实验内容的增删，在一定程度上能反映地质学学科发展及研究的热点内容。

1. 教科书的知识体系

清末民初地质学教科书内容体系大多仿日本教科书，基本内容包括地相、岩石、构造、动力、地史等部分，英美教材结构略有出入，但知识体系实无区别，具体内容如下：

表 5–1　地质学教科书知识体系

地相	地球形状、密度、内部温度，表面山川、河流、湖泊、高原、平原等，与自然地理关系密切
岩石	岩石种类、成因，各类岩石特征、组成等
构造	岩层构造、位置变迁、矿脉等
动力	火山、地震、风、空气、生物作用等改变地表形态诸动力
地史	地层、古生物等

（据 1902~1937 年出版地质学教科书整理）

20 世纪 20 年代后，地质教科书知识体系稍有改变，编排方式亦发生调整，但总体而言，基础知识部分改动不大。内容方面，增加分支学科以及近代地质学发展史相关介绍，因造山运动、地震理论、第四纪黄土等相关知识进一步完善，加之地质考察成果增多，相关知识在教科书中篇幅增多。地质学与化学、生物等学科联系紧密，又因进化论为地史学与古生物学基础理论，故教材除介绍基础地质学知识外，对植物学、动物学等知识亦有提及。部分教材还有地质旅行相关介绍，并附标本采集法、地层图、中国地质区域图等，供教师、学生野外调查参考之用。

地质学为基础学科，矿物学则偏重实用，内容包括矿物通论、各论、岩石、地质等部分（见表 5–2）。学校教育要求学生了解重要矿物种类、性质、应用，故教科书内容侧重于矿物名称、性质、分类方法、产地、应用等方面，部分教材甚至略去地质学、岩石学相关知识。

表 5-2　矿物学教科书知识体系

矿物通论	矿物物理性质（粘合力、比重、颜色、韧性、延展性、光学性质、电学性质、热学性质等），化学性质（颜色反应、化学组成、同分体等），结晶学知识
矿物各论	各类金属、非金属矿物特征等
岩石大略	岩石种类、成因，与矿物关系等
地质概说	地壳构造、地史、构造等

（据 1902~1937 年出版矿物学教科书整理）

与地质教科书一样，矿物教材知识体系变化不大，但矿产种类、矿物鉴别等内容均有增多。我国早先地质考察，寻找矿产为首要目的，民国后于各地发现矿产不少，对此，教科书内容亦有提及，部分教材还包括我国主要矿产地所产矿物特征、矿脉等考察成果并附矿物识别表。要而言之，我国地质学、矿物学教科书除理论体系有更新外，最为明显的变化即本土地质考察成果的增多。

2. 本土考察成果的增加

虽然知识体系各有侧重，但地质学为区域性较强的学科，教科书编译者一开始即有意识地编写本土教材。早期作者受限于环境及学科发展限制，只能间接引用他种文献，如张相文《最新地质学教科书》中引用书籍、新闻报道及亲身旅游见闻，麦美德《地质学》则只能参考来华地质学家考察成果。随着中国地质调查的开展及地质成果的发表，中国地质学者工作成果亦编入教科书，改变了教科书的知识体系。如吴冰心编《实用教科书・矿物学》多处讲述我国煤层、矿产区域，插图则多为各地拍摄所得，如山东博山之陶窑，江西萍乡、湖南宁乡县煤坑。张资平《地质矿物学》详述我国东三省及山东省等地太古界片麻岩。谢家荣《地质学》则参考了几乎全部当时已出版的考察报告、研究论文，凡能用本国例证，则不采用外国案例。除各地特征地质、特有矿产外，人类起源、第四纪黄土等问题亦颇受关注。张资平《地质矿物学》讲述第四纪人类遗迹及洪积期地层中发现的人类骨骼化石，并简述人类遗迹发现历史，如 1800 年多孙氏（Dawson）于英国南海岸发现曙人（*Eoan-thropusdawsoni*）；1891 年南洋爪哇岛发现人类头盖骨、腿骨及牙齿，经荷兰医学家鉴定为直立人猿；1907 年，德国海德尔堡发现人类下颚骨，名之海德尔堡古人（*Homo Heidelbergensis*），以及后来德国莱茵河畔发现的原人等知识，并说明人类进化过程为猿类 - 猿人 - 直立人猿 - 人。[①] 梁修仁《地质学》专写《我国新生代之状态》一节，介绍我国北方第四纪黄土层，并认为扬子江流域黄土层虽不发达，但土壤肥沃，适宜农耕，皆因中世纪后江河搬运堆积所致。[②]

中国地质学家野外考察工作成果不仅编入教材，还得到国际学者的认可，如“奥陶纪”[③] 地层的发现及定名工作，即为我国学者独立完成，后来为国际学者所认可[④]。我国现在使用的寒武纪、志留纪等词语均译自日文，但“奥陶纪”地层例外，此词系中国地质学界独立发现，后根据“寒武纪”等名词翻译方法，定名“奥陶纪”，并为日本学者采用。[⑤] 翁文灏文中曾明确指出“奥陶为中日旧译所未备，别创新名，初非得已”[⑥]。并希望日本地质学界能沿用中国创造，“日

① 张资平编：《地质矿物学》，上海：商务印书馆，1924 年，397~401 页。

② 梁修仁编：《地质学》，天津：百城书局，1932 年，289~290 页。

③ “Ordovician”一词由英国地质学家拉普沃思（C. Lapworth）于 1879 年提出，1960 年在第 21 届国际地质学大会上得到正式认可。“Ordovices”原为北威尔士古民族，此民族居住的地区奥陶纪地层发育较好，因此得名。

④ 有关“奥陶纪”译名创世时间及其流传情况，参见杨丽娟、韩琦：《“奥陶纪”译名创始时间新考》，《化石》2016 年第 4 期，34~35 页。

⑤《中国大百科全书 · 地质学》（第一版，1993）“奥陶”词条误认为“奥陶纪”是 Ordovices 的日文汉语音译。

⑥ 翁文灏：《地质时代译名考》，翁文灏著：《锥指集》，北平：地质图书馆，1931 年，84~91 页。

本已把 Cambrian 译为寒武纪，但 Ordovician 日本还没有汉文译名，我们译为奥陶纪，盼望日本也同为使用”[①]。而事实也的确如他所愿，“近时日本作者亦渐援用”。至于当时日本未有“Ordovician”汉字译名的原因，他认为是“日文向从旧法，以此纪附属于志留纪，故尚未译有专名”[②]。

“奥陶纪”因定名时间较晚，早期地学译著及教科书中鲜有介绍。汉译英美教科书中，较早出现“Ordovician”一词的为美国女传教士麦美德所编《地质学》，其第二章“地壳之石段”中云：第二段，英国名为下西路连石系（Lower Silurian），美国名此石系为阿德危先（Ordovician），中名秦国石系[③]。京师大学堂讲义《地质学》所用“奥陶纪”译名，为目前所见奥陶纪出现最早的中文文献。1916 年《地质研究所师弟修业记》出版，书中大量使用“奥陶纪”一词。该书以学生考察报告为蓝本，介绍考察中所见中国奥陶纪地层分布现象、化石及与寒武纪划分界限，并与维理士在中国的考察成果进行参考比对[④]。此后，叶良辅《北京西山地质志》出版，《地质专报》《地质汇报》相继创刊，均沿用了“奥陶纪”一词。1923 年，董常受丁文江、翁文灏嘱托编写《矿物岩石及地质名词辑要》，章鸿钊参与该书修订并为之作序，此书凡例再次指出奥陶纪为中国自创名词[⑤]。

虽然“奥陶纪”1916 年即得定名，但民国时期介绍“奥陶纪”的教科书不多，除地质调查所谢家荣编写《地质学》，北京大学地质系学生赵国宾编《通俗地质学》外，另有黄人滨编写的《矿物学》

① 翁文灏：《回忆一些我国地质工作初期情况》，《中国科技史料》第 22 卷第 3 期（2001 年），197~201 页。

② 翁文灏：《地质时代译名考》，翁文灏著：《锥指集》，北平：地质图书馆，1931 年，84~91 页。

③ 麦美德著：《地质学》，北京：北京协和女书院，1911 年，2 卷，17 页。

④ 翁文灏、章鸿钊编著：《地质研究所师弟修业记》，北京：京华印书局，1916 年，6~7 页。

⑤《地质名词凡例》，董常编：《矿物岩石及地质名词辑要》，北京：农商部地质调查所，1923 年。

研究之事實也

此外實習所見寒武紀地層分佈甚廣較之山東地質大畧相同可以勿贅

奧陶紀

北方諸省寒武紀之底部界限極爲確定蓋饅頭層之紅色頁岩及砂岩既有一定性質復多化石而其下之岩石則時代新舊各地不同也其頂部界限則不然自寒武紀而奧陶紀地層連續不易劃分且奧陶地層皆直覆于寒武地層之上隨處皆然此眞所謂整合層也惟三葉蟲化石已大減少在山東濟南附近者此紀岩石爲純而且細之石灰岩上部稍雜白雲岩威烈士氏謂之濟南系此系實習中所見極多幷皆採有荀石類 Orthoceras, Actinoceras 及塔狀腹足類 Gastropoda 化石甚富其採集地之著者一在獲鹿之北方嶺武家庄爲陳樹屛君所採獲二在山東泰山甯陽間婆家莊西東磁窰南沈村西諸地爲丁文江氏及翁文灝氏帶領全體學生實習時所採集者三在灤縣唐山北部曾由安特生氏帶領學生實習於此在唐山者並曾採得 Azaphus 爲屬於奧陶紀之三葉蟲大抵濟南石灰岩爲層極厚化石不多見惟上部有含化石一層層位既極確定化石之多俯拾即是殆不下於張夏石灰岩中之三葉蟲其種類以荀石類爲最多足爲此系特色故亦謂之荀石石灰岩 Actinoceras Limestone 云

濟南石灰岩岩質極純稍含白雲石（徐淵摩君唐山灰岩報告謂啓新洋灰公司分析此岩含鈣養多至百分八十至九十八幷稍有鎂質）色以灰白爲多惟山西直隸之間則奧陶紀石灰岩往往呈黑色或暗褐色威烈士氏以其層位所當或兼含寒武紀之一部故別名之曰擊州石灰岩實習地域中於京西一帶屢見及之

中國北方奧陶紀後之地層缺失

奧陶紀與石炭紀之間尙有志留泥盆二紀在歐美各地二紀岩石發育甚盛吾國在雲南貴州一帶志留紀岩石雖厚僅百餘米突而泥盆紀則發育至三千米

图 5-1 《地质研究所师弟修业记》中有关"奥陶纪"相关介绍

讲述奥陶纪地层，“吾国奥陶纪与寒武纪，地层连续无大更变，故地质学家曾统括称之为震旦层”[①]，并介绍我国济南、冀州、南京等奥陶纪之石灰岩。杜若城编《新撰初级中学教科书·矿物学》所述地层系统亦做相关补充，如太古界的泰山系，古生界之奥陶纪，远古界之五台系，第三纪之垣曲系等。

3. 野外考察及矿物实验

不同于一般自然科课程，地质学、矿物学课程尤重考察及实验。野外实习是地质学家最紧要的工作，田野考察成果不断更新着地质学本身的知识体系，实验则是矿物学不可缺少的辅助课程，故地质学、矿物学课本对考察及实验有相当的要求。1929 年教育部颁行《初级中学暂行课程标准》，于实验课及野外考察有明确规定，要求学生实验“注意手眼之练习及作明确之记录图书等”，学生能够“制作简易之标本与仪器”，且应“随时举行野外观察，采集标本及实地参观”[②]。

“欲知中国地质，专在书上找，不如多向地上看”[③]，早在 1906 年，陈文哲《地质学教科书》书末即附“标本采集旅行法”，介绍野外采集标本的方法及各类岩石、矿物特点。谢家荣《地质学》文末特附地质测量及中国地层表，略述调查方法、中国地质概况及野外地质考察之事项，以备学生及教师野外旅行参考之用。20 世纪 20 年代后，地质教科书例证多以中国为主，皆为地质学家野外考察之成果，甚至部分内容即根据野外考察报告整理而成，如赵国宾《通俗地质学》（商务印书馆，1924）中《中国地质》一章，即以翁文灏《中国矿产志略》内论地质的一段作为蓝本；西山地质各段，一半为李四光

---

① 黄人滨编：《矿物学》，北平：北平文化学社，1933 年，93 页。

②《初级中学暂行课程标准》，《河南教育》1930 年第 16 期，3~71 页。

③ 翁文灏：《与中小学教员谈中国地质》，《科学》1926 年第 1 期，1~19 页。

教授带领学生在西山考察所见，一半参考叶良辅《北京西山地质志》编撰而成，并将实地见闻与前人（李希霍芬等）考察成果对比[①]。

地质学课程重视野外旅行，矿物学则重实验。且“学校科学教育中，最适宜于科学训练之实施，而又最易收取效力者，莫若普通之科学实验”[②]。矿物课程名类繁多，矿物讲授，每每平淡无味，加之矿物性质、形态、组成等，往往需实验辅助，方能说明，故“宜于形态上有比较的观察，于性质上证分明的实验，更于变化上著化学的原理，自足以增进讲授趣旨，唤起学者之研究兴味”[③]。秦汝钦编《高等教育矿物实验教科书》为专门讲述矿物实验的教科书，旨在“令吾国普通国民皆能理会矿物之智识，小可以助化学之化分，大可以

图 5-2　野外考察图例　倾斜计测量地层倾斜角[④]

---

①《自序》，赵国宾著：《通俗地质学》，上海：商务印书馆，1924 年。

② 张江树：《学校科学教育中之科学训练》，《科学的中国》第 1 卷第 3 期（1933 年），1~2 页。

③《编辑大意》，宋崇义编，钟衡臧、糜赞治参订，王烈阅：《新中学教科书 · 矿物学》，上海：中华书局，1923 年。

④ 黄人滨编：《矿物学》，北平：北平文化学社，1933 年，68 页。

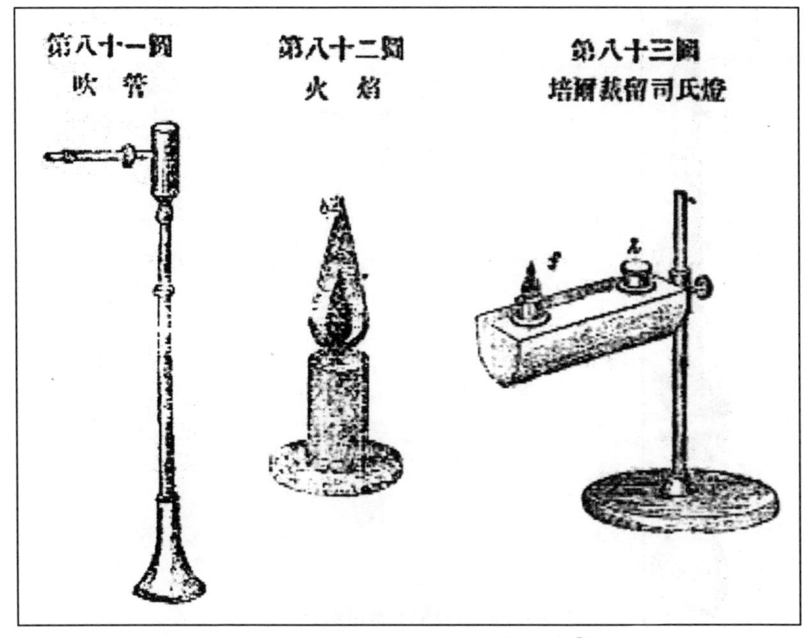

图 5-3　矿物实验中常用器材（1）①

资矿山之实验”②。除讲述矿物学教科书均会涉及的“吹管分析法”实验以鉴别矿物外，作者还指出并非所有矿物都具有焰色反应的特征，有些矿物，尤其是活泼金属矿物，利用吹管分析无法鉴别矿物成分，需要在显微镜下观察矿物晶体结构，以达到鉴别矿物的目的，故书中重点讲述“显微化学试验法”，并对不同显微镜的构造、使用方法的介绍尤为详细。

民国矿物学课本几乎都有实验知识相关讲述，内容包括常用实验仪器的介绍及矿物实验演示。中学矿物实验不多，物理实验主要有接触测角器测量矿物晶体之面角，化学实验则为吹管分析法鉴定矿

① 李约编著：《矿物学》，天津：百城书局，1931 年，70 页。

② 秦汝钦编：《高等教育矿物实验教科书》，上海：文明书局，1911 年。

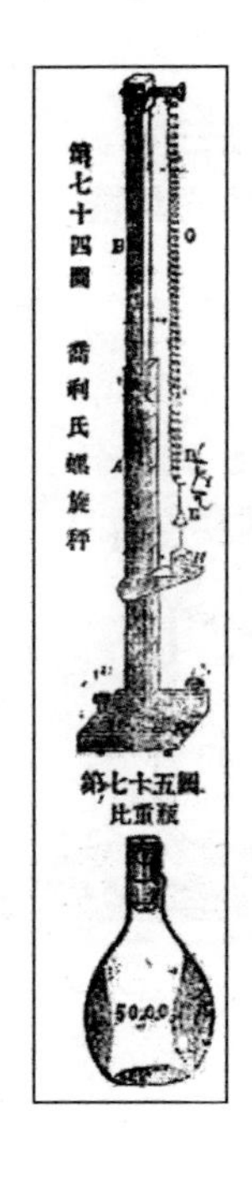

图 5-4　矿物实验中常用器材（2）[①]

物之成分，实验内容以张宗望《中学矿物学》讲述最为详细。是书文末附矿物实验法（化验矿物器具、试剂、火焰的构造和用法、实验应用各表），详细说明矿物试验中应用的器具和药品，于吹管分析的工作、火焰的用法和实验应用表格的查法，亦有详细的指导，教师可根据实验附表指导学生，此皆为“编者教授矿物十余年来的心得，尤为别种教本书上所没有”[②]。

---

①李约编著：《矿物学》，天津：百城书局，1931 年，51 页。

②《编辑大意》，张宗望编著：《中学矿物学》，上海：世界书局，1932 年。

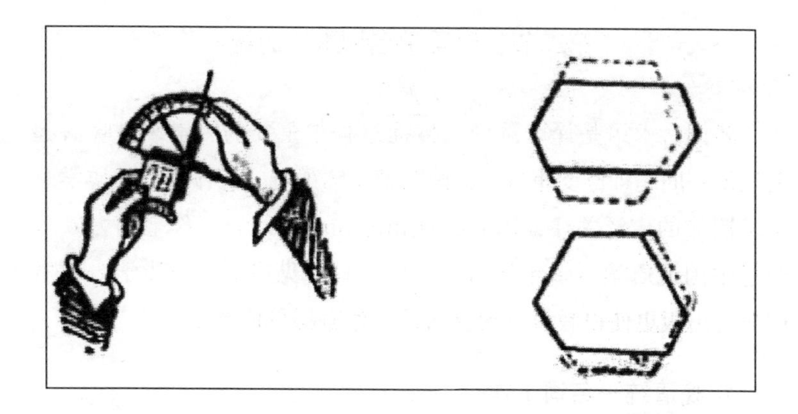

图 5-5　矿物学实验图例　接触测角器测量矿物晶体之面角[①]

图 5-6　矿物学实验图例
吹管分析法鉴定矿物之成分[②]

① 黄人滨编：《矿物学》，北平：北平文化学社，1933 年，44 页。

② 黄人滨编：《矿物学》，北平：北平文化学社，1933 年，55 页。

第二节 地质学名词术语的统一

名词、术语是译著翻译、传播过程中重要的因素，自晚清起，名词统一问题即颇受重视，民国时期术语的统一工作得到地质学家、学术团体的广泛关注，国立编译馆亦在名词统一工作上助力颇多。经过中国地质学界多年努力，名词统一日见成效，地质学、矿物学词典的出版更使得教科书编撰名词工作有据可依。

1. 晚清统一名词工作

近代地质学伴随晚清西学东渐传入中国，如何将外文科技术语译为汉文一直是译书者关注的问题。“欲从事某科学之研究，必以了解其术语之意义为第一步骤，是固尽人皆知者也。其能为某科学之术语者，必含有学术意义，非寻常语所可比拟，是又尽人皆知者也。”[①]傅兰雅曾提议翻译名词几种方法，对于中文已有名词，根据“中国已有格致或工艺等书，并前在中国之天主教师及近来耶稣教师诸人所著格致工艺等书”，或“访问中国客商或制造或工艺等应知此名目等人”，沿用中国所用。对于中文没有之新词汇，则有三种方法创立新词：“以平常字外加偏旁而为新名，仍读其本者”，如镁、砷、矽等；“以字典内不常用字释以新义而为新名”，如铂、钾、锌等，并用数字解释组成，如氧气、氢气等；“用华字写其西名，以官音为主”，即音译。并建议编写中西名目表附于翻译书籍之后，以便参阅[②]。

傅兰雅提议十分合理，但晚清传教士很难完全采纳此种译名方法。地学书籍或为传教士独立翻译，或有中国合作者，一来传教士

---

① 王益厓：《自序》，王益厓编：《地学辞书》，上海：中华书局，1931 年。

② 傅兰雅：《江南制造局翻译西书事略》，张静庐编：《中国近现代出版史料初编》，上海：上海书店出版社，2003 年，9~28 页。

中文水平有限，对中国已有术语、古籍文献知之甚少，二来中国译者外文生疏，对西方自然科学了解亦不多，合作翻译颇为困难[①]。因矿物学与生产生活关系紧密，名词古已有之，且生活中时时可用，故部分译著，如《地理全志》《地学须知》等能够沿用中国部分原有名词[②]。但地层构造、地史学知识，于中国世人而言皆为完全陌生的新知，晚清译著几乎全部使用英译。以 Silurian 一词为例，《地理全志》译作“西路略”[③]，《地学浅释》译作“西罗里安”[④]，《地学指略》译作“昔卢里安”[⑤]，清末商务印书馆所出《最新中学教科书·地质学》译作“薛鲁林”[⑥]，而此后美国女传教士麦美德在其自编教科书《地质学》中译作“西路连”[⑦]，译名繁多，不能统一，究其原因，主要在于我国译者多是独立翻译，未能参考旧时甚至是同时期著作[⑧]。

1883 年，江南制造局为统一名词刊印《金石表》，编者不详，此表原附在 1883 年《金石识别》后，底本为代那的《矿物学术语表》（*Vocabulary of Mineralogical Terms*），是最早的矿物学英汉词典，文前有英、中文序言，作于 1883 年 4 月[⑨]。表格分三列，西文名列于左，

---

① 如华蘅芳回忆翻译《地学浅释》之艰辛：“余于西国文字未能通晓，玛君于中土之学又不甚周知，而书中名目之繁，头绪之多，其所记之事迹，每离奇恍忽，迥出于寻常意计之外，而文理辞句，又颠倒重复而不易明，往往观其面色，视其手势，而欲以笔墨达之，岂不难哉？”（《地学浅释》序）

② 有关矿物类名词古今名称考证研究，参见章鸿钊著：《石雅》（1918 年初刻，1927 年再刊）。

③ 慕维廉编著：《地理全志》，上海：墨海书馆，1853~1854 年。

④（英）雷侠儿著，玛高温、华蘅芳译：《地学浅释》，上海：江南制造局，1873 年。

⑤（美）文教治口译，李庆轩笔译：《地学指略》，上海：益智书会，1881 年。

⑥（美）赖康忒著，张逢辰、包光镛译：《最新中学教科书·地质学》，上海：商务印书馆，1906 年。

⑦ 麦美德著：《地质学》，北京：北京协和女书院，1911 年。

⑧ 翁文灏：《地质时代释名考》，翁文灏著：《锥指集》，北平：地质图书馆，1931 年，85~91 页。

⑨ 戴吉礼《傅兰雅档案》收入《金石表》英文序，故此表很可能为傅兰雅所编。作者在中文序言明确编辑《金石表》之缘由：“美国代那作《金石识别》书，同治八年玛高温译以汉文，所定金石之名，

玛高温所定之名列于中，通用之名词（Terms in general use and chief elements）列于右。玛高温曾先后翻译过《地学浅释》《金石识别》等地质学和矿物学书籍，中列的译名，即依二书所用之名词整理而来，梁启超认为此表所定名目“切当简易，后有续译者，可踵而行之也”[①]。

除编译出版教科书，益智书会的另一工作重心为统一译名。[②] 1904 年，益智书会编译《科技术语》（*Technical Terms: English and Chinese*）[③]出版，狄考文指出译名于翻译而言颇为重要，好的译名简洁实用，科学性强，需是翻译经验、细致思索及自然科学、语言学等广博知识的共同结晶，词典收入算学、天文、物理、化学、地质、矿物、医药、技术等 50 多类过万条词条[④]，其中科技部分由傅兰雅编译，故译名与傅氏所译《地学须知》等保持一致。矿物学方面，译名以中国惯用名词为主，辅以音译，如 quartz、crystal、pumice 等词，随中文译作石英、水晶、浮石。地质学术语则大多使用音译，如 Silurian 译作“昔卢里安”，Triassic 译作“得来斯盖”，Quarternary 译作“扩忒纳安”等。

初时未曾列表，故考究矿学者往往既得金石只有西名而无华名，即不能从已译之书索其底蕴，且后人续译化学、矿学等书，因无金石名表，故不免另立新名，由是金石家更以名目不同为憾。兹将西名列于左行，玛氏所定之名列于中行，其有遗漏者，则考其原有之别名代之，其竟无别名可代者阙之，续译化学、矿学等书所定金石之名与其重要之原质列于右行，异同是非可比较而得之。金石家从矿石而得西名，从西名而得华名，求之于已译之金石、矿学等书，亦足有裨实用也。”

① 梁启超：《读西学书法》，见《梁启超全集》，北京：北京出版社，1999 年，633 页。

② 有关晚清间译名统一问题及益智书会统一名词相关工作，可参见王树槐：《清末翻译名词的统一问题》，《中央研究院近代史研究所集刊》1983 年第 1 期，47~82 页；王扬宗：《清末益智书会统一科技术语工作评述》，《中国科技史杂志》第 12 卷第 2 期（1991 年），9~19 页。

③ Committee of the Educational Association of China, *Technical Terms: English and Chinese,* Shanghai: Presbyterian Mission Press, 1904.

④ C. W. Mateer, “Preface”. Committee of the Educational Association of China, *Technical Terms: English and Chinese,* Shanghai: Presbyterian Mission Press, 1904.

虽然译名统一问题一直是晚清汉译西书翻译者关注的问题，但因我国西书译者大多是独立翻译，译者对西方科学一知半解，又未能参考旧时甚至是同时期著作[①]，且未能有权威的官方机构出版相关词典以规范译名，故直至清末，译名统一工作收效甚微，未能给后续工作打下根基。

2. 民国时期译名统一问题的讨论

清末日文书籍对中国影响较大，日文词汇深入中国教育、科学、文化各个领域，因日文与中文有一定同源性，地质学书籍中术语多为汉字，故清末日译地学书籍大多沿用日本译名，如“寒武纪”“志留纪”等，皆为日译名词。地质调查所成立后，中国地质事业初创，译名问题颇受重视，继续沿用日译名词还是另创新词？地质调查所几位领导人各持己见，章鸿钊主张我国应全盘使用日本所用译名，不宜另起炉灶。丁文江则不赞成，他认为日本把 Cambrian 译作寒武纪，Devonian 译为泥盆纪，于日本是声音相符，对中国则颇有不通之处。[②] 故当时有一种趋向是要将地质学及其相关学科的专门名词彻底重新翻译，凡日本译名皆不采用。[③]

日本地质学译名，始创于明治年间，由日本地质学奠基人小藤文次郎、横山又次郎主持。对于地质时代名词，原文出自地名者，则用音译，具有意义者，则用意译，若英文出自地名，但别国旧名有可借鉴之名词，亦尽用意译。与中国译者“多率尔操觚，于旧著及并时著述，不暇参考”不同，日本地质学者大抵师承相同，且译

---

① 翁文灏：《地质时代译名考》，翁文灏著：《锥指集》，北平：地质图书馆，1931 年，84~91 页。

② 翁文灏：《回忆一些我国地质工作初期情况》，《中国科技史料》第 22 卷第 3 期（2001 年），197~201 页。

③ 翁文灏：《我于丁在君先生的追忆》，《独立评论》第 188 号（1936 年）。

者皆为地学前辈，后起学者，大多为其门生，能沿袭译名，故无需集会之审定，政府之公布，亦能自然一统。[①]翁文灏指出日本所用矿物名词，几乎全用我国旧名，尽心考证，例如石英、长石、云母、方解石等等。遇到我国未有专名的矿物，则使用新名，但仍尽量留用我国矿物名词格式，例如角闪石、绿帘石、磷灰石等。对于岩石学、地质学等新学科，我国实在缺乏专名，日本才迫于需要，创造汉文专名。[②]翁氏认为，日本既然能沿用中国的矿物旧名，中国自然也可以袭用日本的岩石新语。古生物与现代生物有密切关系，更不能自立新词，且英、法、德诸国文字都有许多名词互相雷同，为节省时间，应避免门户之见。丁文江采纳此说，并嘱董常编订词典，以求名词统一。[③]1923 年，董常受丁文江、翁文灏嘱托编写的《矿物岩石及地质名词辑要》出版，章鸿钊参与该书修订并为之作序。该书指出地质学范围极广，又“起于晚近”，“成于泰西”，故“矿物、岩石、化石及地层构造诸大部，求之于古，既出入之悬殊，考之于今，亦重译而鲜当”，统一名词颇为困难。董常“虚怀谨慎”，编译此书颇为用心[④]，王恭睦认为此书“译名较慎重，而通行亦较广”[⑤]。《矿物岩石及地质名词辑要》出版后，“国内各地质机关之出版品已一律援用，统一之效庶已可睹”[⑥]。

董常编著《矿物岩石及地质名词辑要》虽影响较大，但仅收录重要名词，算不上地质学、矿物学大词典。词典编写对于规范学科

---

① 翁文灏：《地质时代译名考》，翁文灏著：《锥指集》，北平：地质图书馆，1931 年，84~91 页。

② 翁文灏：《回忆一些我国地质工作初期情况》，《中国科技史料》第 22 卷第 3 期（2001 年），197~201 页。

③ 翁文灏：《我于丁在君先生的追忆》，《独立评论》第 188 号（1936 年）。

④ 章鸿钊：《序》，董常编：《矿物岩石及地质名词辑要》，北京：农商部地质调查所，1923 年。

⑤ 王恭睦：《地质学名词编订之经过》，《地质论评》1936 年第 1~6 期，103~107 页。

⑥ 翁文灏：《地质时代译名考》，翁文灏著：《锥指集》，北平：地质图书馆，1931 年，84~91 页。

术语十分必要，且需权威机构编写始能得各机关遵守，《全国教育计划书》曾明确说明：如外国地名、人名及学术上不能意译之名词，亟应有一定拼法及书写，此项词典之编辑非公家任之不可。[①] 但编写词典颇为不易，翁文灏曾撰文说明编著专业词典极其不易。“专门词典之作，盖所以集学术之大成，便学者之检阅，意至善、用至广也。惟包罗既广，性质复专，欲以一人之力，兼通各科，编辑完善，为事甚难。故各国专门词典大概合多数积学名家之力，以共成之。一字之诠，一名之释，辄为专家精研穷究之作，不特以便通俗检查，即专门学者亦复恃为南针焉”。“中国学者之专治地质矿物学者为数犹寥寥，从事于研究工作者，大抵偏重一门，殚心精研，专门以外，无暇旁求，勉为贯通各门之编著，时有未遑，意不专注，欲求尽善，良非易易”[②]。

1930 年，商务印书馆杜其堡编辑《地质矿物学大辞典》出版，全面搜集地质学、矿物学、岩石学、结晶学，以及与地质学密切相关的古生物学及地文学术语。不仅整理各科名词术语，加以释名，还节录“各种学说，俾阅者易得简明之观念”，略述“诸科著名学者之传记，以便学者之查阅”，“搜集上列诸科之中国资料以供学者之参证”[③]，内容全面，详实精当。书前有检字表，著名地质学家肖像，各类玉石、宝石彩图，书末附英汉对照词汇索引和德汉对照名词索引，赵亚曾、田奇瑪、钱声骏参与审阅，翁文灏参与校订并为之作序，对是书寄予厚望：“地质矿物学词典，教育界既久感此需要，则杜君此编，固亦今日不可不有之书，殆亦今日中国地质矿物学界力能贡献之作，

---

①《全国教育计划书》，中国第二历史档案馆编：《中华民国史档案资料汇编（第三辑·教育）》，南京：江苏古籍出版社，1991 年，55 页。

② 翁文灏：《序》，杜其堡编：《地质矿物学大辞典》，上海：商务印书馆，1930 年。

③《凡例》，杜其堡编：《地质矿物学大辞典》，上海：商务印书馆，1930 年。

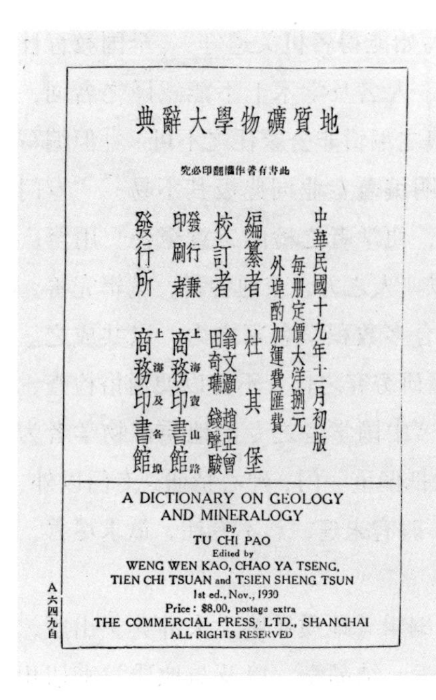

地質礦物學大辭典

此書有著作權翻印必究

中華民國十九年十二月初版
每冊定價大洋捌元
外埠酌加運費匯費

編纂者 杜其堡
校訂者 翁文灝 趙亞曾 田奇瑰 錢聲駿
發行兼印刷者 上海寶山路 商務印書館
發行所 上海及各埠 商務印書館

A DICTIONARY ON GEOLOGY
AND MINERALOGY
By
TU CHI PAO
Edited by
WENG WEN KAO, CHAO YA TSENG,
TIEN CHI TSUAN and TSIEN SHENG TSUN
1st ed., Nov., 1930
Price: $8.00, postage extra
THE COMMERCIAL PRESS, LTD., SHANGHAI
ALL RIGHTS RESERVED

A六四九自

图 5-7 《地质矿物学大辞典》版权页

亦未始不可以为更求进步之一基础也”。[①] 因参与校订名词的学者大多为地质调查所人员，故是书岩石、矿物名词与董常编辑词典大同小异。

中华书局另出有王益厓[②]编写之《地学辞书》，作者考虑到“我国地学辞书，向无专册，研究地理者，殊鲜参考之善本，而以初学之研究原文者为尤苦”[③]，参考西文、日文书籍六十余种，收录常见

① 翁文灏：《序》，杜其堡编：《地质矿物学大辞典》，上海：商务印书馆，1930 年。

② 王益厓（1902~1968），江苏常熟人，名伯谦，字益厓，早年留学日本学习史地学，1932 年获法国巴黎大学博士学位，先后执教于金陵大学、国立中山大学、北平师范大学等，曾编写《世界地理》《中国地理》《高中地理》《人文地理》等多种地理书籍及教科书。

③ 王益厓：《编辑大意》，王益厓编：《地学辞书》，上海：中华书局，1930 年。

术语，编为辞书，以备教授参考及自修之用，“选材务求严密，使僻而不普通者，不致滥充篇幅；叙述务求详尽，使得一系统记载，俾便检阅；材料务求精要，使不致详其枝叶而略其大体；文辞务求浅显，使不致字句繁冗，而晦其真义”①。全书收录术语一千三百七十余条，以地理为主，兼及地质、矿物、岩石、天文等与地理相关之名词，与杜其堡编著词典各有侧重。

总体而言，地质调查所几位领导人对名词统一工作十分重视，并积极讨论相关问题，确定了名词统一的方向，几本大辞典的出版弥补了此项空白，使得地质矿物学教科书及科普书籍的翻译编辑有据可依，极大地促进了名词统一。

3. 国立编译馆统一名词工作

名词统一问题除受到地质调查机关的重视外，各民间学术团体亦时时关注，对统一名词工作助力颇多。如留美学生社团中国科学社，坚持“工欲善其事，必先利其器”之原则，认为名词为传播思想知识之利器，成立之初即重视名词的翻译问题。1916 年，中国科学社发起成立名词讨论会，推选周铭、胡刚复、顾维精、张准、赵元任任理事，就讨论名词翻译问题向社内外同行征稿②，并刊登多篇文章讨论名词统一问题，内容涉及科学名词统一之必要③、译名翻译准则和统一方法、名词翻译与审定等④，并刊登部分名词译名⑤，以期借助中国科学社成员良好的科学素养及《科学》杂志强大的影响力实现译名统一。地质研究会亦于 1923 年建议成立名词审定会，会

---

① 王益厓：《自序》，王益厓编：《地学辞书》，上海：中华书局，1930 年。

② 周铭：《名词讨论会缘起》，《科学》1916 年第 7 期，823 页。

③ 阙疑生：《统一科学名词之重要》，《科学》1937 年第 3 期，181~182 页。

④ 周铭：《划一科学名词办法管见》，《科学》1916 年第 7 期，824~827 页。

⑤《中国科学社现用名词表》，《科学》1916 年第 12 期，1369~1402 页。

址设于北京大学或地质调查所，选举四人或六人为委员会，委员会成员需为大学教授及从事地质调查五年以上者，推选委员长一名，召集会员，“今日之学地质者随学时而将名词译出”，“今日之地质教授随讲时将名词译出”，译出后经地质名词审定会审定，公布结果，大家遵守，原有译名不恰当者改正，又在会员中推选宣传委员二人，以负责印刷宣传已审定之名词。①

官方参与名词统一工作始于国立编译馆之成立。因“我国科学名词，各学者间所译用，人各不同，影响学术，至为重大”②，故1932年国立编译馆成立之始，即将编译审定名词术语作为工作重心之一，成立之初即着手编译各科名词，并制定严格的编订审核程序，即由馆中人员搜集各科英、法、德、日文及拉丁文名词，谨慎取舍翻译，由教育部聘请馆内外专家组成审查委员会，加以审查，“期合全国学者之力，成为准的可资之书”。名词初审后，经馆中人员整理，呈请公布，“一编之成，亦有审核三四次，历时二三年者”③，编译顺序则以自然科学及应用科学为先，后整理人文科学名词。截至1946年，国立编译馆已审定并公布地质学名词8142条，矿物学名词6155条。④

地质学名词编订工作由王恭睦负责，脱稿于1934年5月，教育部聘请丁文江、田奇瓗、朱庭祜、李四光、李捷、李毓尧、李学清、翁文灏、张席禔、章鸿钊、冯景兰、叶良辅、杨傑、郑厚怀、郑振文、谢家荣、王恭睦十七人为审查委员，王恭睦负责收发稿件及征集意

① 王炳章：《成立地质名词审定会之建议》，《国立北京大学地质研究会年刊》1923年第2期，121~122页。

②《国立编译馆一览》，1934年。

③ 夏敬农：《国立编译馆编印学术名词经过简述》，《出版界（重庆）》第1卷第8~9期（1944年），2页。

④《国立编译馆工作概况》，1946年。

见，杨傑负责法文名词之校正，1935年10月审查稿件。[①]1936年，国立编译馆呈文，地质学名词经翁文灏等十七人审查后，又重加整理，于1935年11月再次送审，1936年中国地质学会年会通过，整理成册。[②]定稿后地质学名词计七册[③]，包含天文地质学、地形学、外动力地质学、火山、地震、经济地质学、构造地质学、地壳运动、重要地层学名词等一万余条，译名多沿用旧名，有错误及不恰当名词，酌情修改，以意译为主，音译为辅。

矿物学名词于1932年春着手收集材料，包括结晶学、理论矿物学及矿物分类学等，王恭睦负责编辑，1933年3月送审，教育部聘丁文江、王烈、王宠佑、田奇瑞、朱庭祜、何杰、李四光、李学清、翁文灏、张席禔、章鸿钊、叶良辅、董常、谢家荣、王恭睦十五人为审查委员，王恭睦负责收发稿件，征集意见，杨钟健、郑振文、杨傑等亦参与审阅，杨傑协助校正法文名词，1934年3月审查完毕，9月付印。[④]1936年由商务印书馆出版发行《矿物学名词》[⑤]，包含普通矿物学及矿物分类学，凡六千余条，并附德文、法文、中文、日文名词索引。遵循多数审查委员之意见，尽量采取董常《矿物岩石及地质名词辑要》名词译名，仅就其中有错误者稍加修改，遇有新名词需翻译者，则取名以属名为基础，先重物理性质，次及化学性质，成分复杂者，取最重要之元素，或以义释，不得已时，采用音译。岩石学名词初审稿件由于战争原因直至1948年始得呈请付印。除出版官方审定名词词典书册外，国立编译馆还要求送审的教科书

---

① 王恭睦：《地质学名词编订之经过》，《地质论评》1936年第1~6期，103~107页。

②《公文：国立编译馆呈文》，《国立编译馆馆刊》1936年第13期，1页。

③ 分别为：《外动力地质》（包括地形、天文、地质等学名词）、《构造学名词》《火山学名词》《地震学名词》《地壳运动名词》《矿藏学名词》《地层学名词》。

④ 王恭睦：《地质学名词编订之经过》，《地质论评》1936年第1~6期，103~107页。

⑤ 国立编译馆编：《矿物学名词》，上海：商务印书馆，1936年。

需要附中西名词对照表，以便检查，使得教科书译名得以规范统一。

地质学、矿物学名词的统一经历了漫长的过程，各学术团体、组织、官方机构均有参与。清末民初，中国科学译介受日本影响较大，地质学、矿物学译名几乎沿袭日本译名，民国沿用日译名词，并谨慎翻译新词，通过权威专家的审定，教育部参与核定，出版相关词典，提供翻译参考用书等途径，基本实现了名词统一。

第三节　教科书与地质学教育

清末至抗战前四十余年间，出版地质学、矿物学教科书数百种，其中 1902 年至 1911 年，以及 1922 年至 1937 年为教科书出版两个相对集中的阶段。这些书籍内容如何，是否都适合中国地质学、矿物学教育需求？应如何在中学校开展地质学、矿物学教育？随着中国地质事业的发展及国人科学素养的提高，学校科学教育中存在的问题及教科书的不合理之处逐渐显现，这些问题不仅引起了地质学家和中学教师的反思，更引发了社会各界人士的讨论。

1. 对地质学教科书的反思

民国时期因中小学地质学教育仅作为科学或博物教育之一部分，故对地质学、矿物学教科书内容及教授方法未有明确规定。1929 年 1 月，教育部颁布《教育部订定审查教科图书共同标准》，要求中小学教科书“符合国情、内容充实、事理正确、切合实用；有相当之问题研究或举例说明；有相当之注释插图索引等；适合学习心理；能顾及程度之衔接；能顾及各科之连络”[①]，这些要求同样适用于地

①《教育部订定审查教科图书共同标准》，见中国第二历史档案馆编：《中华民国史档案资料汇编（第五辑第一编・教育）》（一），南京：江苏古籍出版社，1991 年，92 页。

质学教材。对于自然科学课程标准，则有几项重要目标：使知自然界与人生之关系；考察自然界的普通现象和互相的关系，使有紧要的科学常识；使知自然界的简单法则及科学方法之利用；诱导爱好自然的情感及接近自然的兴趣；养成观察考查及实验的能力与习惯。①

尽管对教科书及课程标准有明确要求，但实现这些要求颇为不易，中国关于科学教育方面的问题也引起各界人士关注。张江树②曾反思中国科学教育之弊端，主要有三方面："一为办学者对于各种学科常识不足，二为教授者根本不明科学教育之方法，三为现行之科学书籍，大多不合于中国社会之需要。"而科学教科书存在的最大问题，便是大量的教科书为外文教材，或是外文教材的中文译本，"国人自编之中文科学书籍，既不为学者所重视，亦且寥寥可数"③。任鸿隽等人曾对民国时期理科教科书做过调查，发现大学一年级和高中二三年级的教材，多为外文教材。但这些外文教材真的适合于中国吗？恐不尽然，"理科课程的中国化非先有理科的中国教本不为功"④，否则"中国尚无科学，何有于科学教育乎？"⑤张江树反思中学课本问题，认为外国教材或外文教材译本在实际教学中问题颇多，首先书中内容未必符合中国情况，其次教师和学生因语言障碍不能完全明白其中内容，译本方面，部分编译者未能完全明白原文含义，翻译的文稿质量可想而知，选择的底本质量好坏，亦是影响科学教育的因素：

---

① 王恭睦：《中学用地质矿物学教科书总评》，《图书论评》第 1 卷第 2 期（1932 年），85~88 页。

② 张江树（1898~1989），江苏常熟人，1926 年毕业于美国哈佛大学，曾执教于上海光华大学、南京大学等高校，参与创办中国化学学会，为我国物理化学学科主要学术带头人之一。

③ 张江树：《中国科学教育之病源》，《国风》第 2 卷第 1 期（1933 年），20~21 页。

④ 任鸿隽：《一个关于理科教科书的调查》，《科学》第 17 卷第 12 期（1933 年），2029~2034 页。

⑤ 张江树：《中国科学教育之病源》，《国风》第 2 卷第 1 期（1933 年），20~21 页。

> 今之学校，大学无论矣，即中学教本，亦喜用原文，实则学者于文字方面，犹有问题，其果，某科某课其名，外国文阅读其实，科学训练谈不到，字典式之知识，亦模糊不清。译本初视似较原本为胜，且欧美科学先进诸国，尚不免借重译本，以补其本国科学书籍之不足，在科学落后之中国，当然有提倡鼓励之必要，理由未尝不充足。惟译书非易事，今之科学译本，非文字少简明，即意义多脱误，欲求一译笔忠实，文字畅达者，十不得一二；况原本之价值如何，其取材是否合于中国社会之情形，犹难言也。昔有某君，译某印人名著，读之再三，不能了解，后与某君遇，而询之，某君则对以吾照文翻译而已，其意义如何，吾亦莫名其妙也。中国译事，大都如是。更有进者，欧美文字构造，与中文绝对不同，强以中文翻译欧美文字，即能忠实达意，亦不免失去中文之本来面目。此种译本，使中小学学者及一班普通社会阅读，即根本不合。[①]

地质学教科书作为科学教材之一种，自然存在上述问题，早期地质课本往往译自国外，或以多本外国教材为蓝本编译而成。翻译课本，问题颇多，“若教科书之编著者，范围既广，势难一一精通。译述西书，撷录成作，因少研究上之亲切经验，辄不免有隔膜影响之苦”[②]，加之编译人员自然科学素养有限，教科书往往存在谬误之处。中学课程大多偏实用，地质学课程在中学中比例不重，抑或同矿物学一起教授，故地质学知识往往附于矿物学课本之内，得不到应有的重视。民国出版教科书不下百种，“或称实用，或矜新知，而究其实质，则

① 张江树：《中国科学教育之病源》，《国风》第2卷第1期（1933年），20~21页。

② 翁文灏：《序》，杜其堡编：《地质矿物学大辞典》，上海：商务印书馆，1930年。

视十年以前所出诸书，虽有进步，究亦无多”[1]。黄任滨与雍克昌[2]曾反思地质学教科书之弊端，总结现行课本之不合处有六：

（一）矿物与地质轻重倒置，致使课程失其独立精神；

（二）过重记忆方面，矿物特论及地史系统诸章尤为冗繁寡要，徒费脑力；

（三）材料不适当，既少本国实例，复多引东邻为证，最为缺恨；

（四）欲真确博物学之知识，须规定适当实验方法为之引导，使学生按次察验，科本中失此项目；

（五）岩石为地质学之主脑，不必分离；

（六）新近科学大抵以地质统括矿物，科本名称亦不妥当。[3]

尽管学者们普遍认识到地质学教科书存在的问题，但编写好的教材，谈何容易。翁文灏认为中学教本，最难编译，因中国地质工作者大多专精一隅，无暇从事地质知识普及工作，而编译教科书所需专门材料散见于各种刊物，且体例纷纭，将各种知识融会贯通十分困难。[4]丁文江亦认为编写好的地质教科书颇为不易。一来，与数学物理不同，地质学是一门区域性很强的学科。数理化无论哪一国，材料都是一样的，即使没有教材，也可以取经他国，动物植物课本已经需要联系我国情形，列举我国标本，地质学不仅需适合中国地质，还同地理关系密切，本国的学生世界地理知识薄弱，若把外国

① 翁文灏：《近十年来中国地质学之进步》，《科学》第 9 卷第 4 期（1924 年），374~397 页。

② 雍克昌，号凤翔，四川成都人。1919 年毕业于北京高等师范学校，1930 年毕业于法国巴黎大学，获动物学博士学位。先后任职于北京大学、西北大学、四川大学。

③《注重中学校地质教授并厘订矿物教科书事咨请同意案》，《博物杂志》1922 年第 5 期，7~9 页。

④ 翁文灏：《近十年来中国地质学之进步》，《科学》第 9 卷第 4 期（1924 年），374~397 页。

地质学教材译成中文，则满篇都是面生可疑的地名，学生开始即失去学习地质学的兴趣。二来，教科书知识以浅近为主，但越是普及型的教材越不好编写。编译者不仅要对于本门知识有相当的了解，还需要自己能够进行独立的研究，且有教学的经验，否则“不是对于本科没有亲切的发挥，就是不知道学生的苦处”。但中国地质学者，具备这两种的资格的人，却是极少数，有资格的人，又不一定有时间去做教科书。丁文江以为，万不得已，则应选择有研究资格的学者，而非有教书经验者编纂书籍，因为做过独立研究的人，就是没有教书的经验，还能想像教书的需要，若是没有独立工作过的人，则“教的书是死的不是活的，做出来的教科书，自然带几分死气”。例如英国的祁觏，生平没有教过书，但他是英国地质调查所老所长，于地质学的贡献颇多，其地质学教科书 *A Text Book of Geology*，地质学课本 *A Class Book of Geology* 都是英国科学界的名著，故中国地质学者亦应加入科学教科书编译队伍中（谢家荣、王烈等人参与编写教科书，或源于此）。①

鉴于地质学教科书不符中国教育所用之问题，谢家荣提供数种改良建议，建议课本尽量不用外国教本，地质教师根据教学需要自编讲义，万不得已，则应选择国外地质佳本数种，互为参证。自编课本，选择材料应切合学生学习要求，符合本地情形，若是农科学生，教材还应当侧重岩石种类及成因，矿物鉴定方法，土壤学等知识。②

2. 对矿物学教科书的反思

因中等以下学校未专门开设地质课程，故地质学者和中学教师对地质学教科书的反思集中于如何编纂合适的学堂用书，以及地质

---

① 丁文江：《序》，谢家荣：《地质学》，上海：商务印书馆，1924 年。

② 谢家荣：《地质学教学法》，《科学》1922 年第 1 期，1204~1213 页。

学教科书知识体系的编排组织等，但矿物学从小学校即开设相关课程，各类中小学使用矿物教科书出版数目较多。矿物学为实用学科，矿物课程旨在使学生了解常见的矿物种类、用途、性质等，对地质学、岩石学等基础知识着墨不多，故对矿物学教科书的反思集中于教材内容、知识体系等方面，如教授内容的本末倒置，主次不分，教材内容庞杂，难以引起学生兴趣等。

王恭睦曾结合教育部授课要求及矿物学教科书内容，考察中小学教材十余种，认为矿物学教科书内容偏重实用，于矿物之分类篇幅过大，岩石学、地史学部分较为薄弱，更甚者将普通地质学知识完全忽略不提。此种编法仿自日本，不合我国目前中学教育，加之略去普通地质学部分，"使学生对于自然界普通现象之相互关系无从推知"，且无论矿物、岩石，或地史部分，均缺乏理论，仅详于专门名词，不重视野外观察，使初学者见而生厌，学生缺乏基本的地质观念，对自然界各种现象相互关系无从推知，对地质矿产等学科丧失兴趣，教授效果大打折扣，与教育部所定自然科学教授目标相去甚远。①

除教科书内容编排不合理外，教材的科学性及准确性也颇受质疑，张资平曾发表文章数篇，指出吴家煦编译之《高等矿物学讲义》及《新制矿物学教科书》科学错误多处，更感叹编译者、中学教师连辨别教科书是否有错的能力都没有，实属误人子弟。② 中学教师亦结合自身授课经验指出教科书存在的问题，如欧阳祖经指出现有教科书因选材不精，导致"五弊"：

---

① 王恭睦：《中学用地质矿物学教科书总评》，《图书论评》第 1 卷第 2 期（1932 年），85~88 页。

② 张资平：《新制矿物学教科书》，创造社编：《创造日汇刊》，上海：光华书局，1927 年，62~69 页；张资平：《高等矿物学讲义的批评》，创造社编：《创造日汇刊》，上海：光华书局，1927 年，291~294 页。

矿物结晶，归于六系，形体繁博，理难究详，教授之际，往往繁简失中，其弊一也；胪列矿名，枯燥无味，鲜裨实用，兴趣罕生，其弊二也；矿物标本，购自东瀛，于本国特产茫然不知，昧家珍而矜野获，其弊三也；教材偏重矿物，于数万亿载，一部大石史，未曾读其半页，其弊四也；生于覆载之中，而于耳目所接，陵迁谷变，狱峙渊渟，转莫能明其所以然之故，其弊五也。①

矿物学教科书内容既有诸多弊端，学校以此教导学生，自然导致诸多问题。虽然课程旨在使学生获得有关矿物学的基本知识，为进一步研究地质学打下基础，但实际教学效果却不尽然。矿物学教科书偏重于科学名词及矿物分类，忽视理论，以致学生过目即忘，更严重的是矿物学侧重实用，以至于大多普通中学毕业生不知地质学为何物，往往误以为地质学附属于采矿学或土壤学，甚至将矿物学与矿产学混为一谈。对此，王恭睦提出矿物学教科书改良方法九种，都是针对教科书内容细节的修改方案：（一）作硬度标准的十种矿物特性、用途等性质，应在各论中详述；（二）吹管分析法鉴别矿物最好改列于矿物各论之后；（三）应增加中国之矿产部分内容；（四）矿物及岩石部分，另有篇幅介绍各种造岩矿物之特性，与矿物各论部分内容重复；（五）岩石篇中之论“石理”及“组织”，应分段述明；（六）火成岩之产状应列于各论之前；（七）石英岩、凝灰岩等不应编入沉积岩中，以致学生混淆沉积岩、变质岩、凝结岩之区别；（八）岩石篇中之石盐、石膏、煤等应列入矿物各论篇中，而增加珊瑚礁内容的介绍；（九）水成岩之构造应列于各论之前，并增加地层知识相关介绍。②

---

① 欧阳祖经：《序》，黄人滨：《矿物学》，北平：北平文化学社，1933 年。

② 王恭睦：《中学用地质矿物学教科书总评》，《图书论评》第 1 卷第 2 期（1932 年），85~88 页。

3. 关于课程及教授方法的探讨

民国以后，我国高等学校“教授者极一时专精之选”，高等地质教育“较之外国大学之地质学系，殆无多让”[①]。与大学地质系的蓬勃发展不同，中学课程地质学所占比例较小，且教授内容多有肤浅谬误之处，更有甚者，普通中学校毕业生竟将地质学与矿物学混为一谈。如何在中学开展地质学、矿物学教育？中学教师及地质学家除反思教材外，对教授方法也有诸多讨论。

如前文所述，没有合适的地质学教材是中学课程面临的一大难题。翁文灏曾撰文讨论中学地质学教育之弊端，认为中学课程设博物课或自然课程，以动、植、矿物三课并列，地质学附于矿物学之后，课时所占极少。加之中学教师对矿物学课程存在误解，认为课程需偏重实用，以致教师和学生均误以为博物学以认识名称为主要目的，矿物学亦然，只要多多认识矿物种类即可，至于矿物生成原因、分布规则，则非普通知识所必要。因此矿物学教科书中，于矿物各论往往贪多务博，而学者亦“往往炫于金碧灿烂之标本，以为矿物学旨趣不外如是”，以致矿物学与地质学轻重倒置，“中学毕业生于地质现象，除一二误解外，殆毫无观念可言”。如此专重名类、忽视理论之教授，学生往往“不究矿物分类之原则而但熟记其用途”；“不识眼前常见之岩石矿物而但注重于稀见可贵之金属矿石”；“不明地壳表面之普通现象及地质研究之方法而使之熟读某时代有某矿床某地层有某金属”，即使是在专门冶金科课程中，如此教授方法犹嫌不切实用。实用主义教育导致学生“于学问则成为一知半解之谈，于人格则养成急功近利之辈”，实属不当。更甚者将“大失矿物学科

---

① 翁文灏：《近十年来中国地质学之进步》，《科学》第 9 卷第 4 期（1924 年），374~397 页。

之精神矣，按之实际，则所授愈多所得愈少”。[1]

地质学知识于中学生而言十分重要，地质课程的开设，不仅仅是单纯使学生了解地质现象，认识自然，地质学更是其他学科的基础，与化学、物理、生物、农学等学科关系甚密。“地质现象宽广而伟大，地质时代悠久而绵长”，地质知识绝非旦夕可得，但中学课程课时有限，欲使学生于有限的学时内了解地质学之理论，教材及教授方法均需进行改进。教材方面，需选用经典教材，教授内容上则应分清主次，有所侧重。因此，翁文灏提出改良中学地质教育的几点建议，包括：“矿物学所占课时最多当不过矿物课全部二分之一，其中结晶学一部分，非普通知识所必要，当节述之至最少限度”；“岩石学不当直接矿物之后，矿物学完后，或与矿物学同时，当授地质现象之大概”；“地史学为中学教授最难问题，不但全世界地史，太为复杂，及一国一省之地史，亦非旦夕可以尽授，而关于动植二界之进化，地壳构成变迁之历史，在学理上又至极重要。今为折中之计，似可将生物变迁之迹于动植物课酌为分担（例如专立进化论一章酌述各时代化石之遗迹），而地质课中则注重于学校所在地附近之地史，因而推及于本国及世界地史之概略”；“教材之选用，亦必宁缺毋滥，所应注意者，在使学者于地质观察之方法，推论之步骤，知其梗概，而于地史时代得有相当正确之观念”。[2]

除教科书不合适，学生教师对地质学、矿物学课程的误解外，中学课程本身设置亦是问题连连，颇不完备。首先，地质学在中国算是一个新学科，加之我国地质调查尚未普及，关于本国之地质材料，缺乏至多，故教师教授时大多使用外国例证，“一切根据外国地质，人云亦云，所得概念便不亲切”，加之学生对外国地理知识的缺失，

---

① 翁文灏：《中学地质教授之商榷》，《博物杂志》1920 年第 3 期，1~6 页。

② 翁文灏：《中学地质教授之商榷》，《博物杂志》1920 年第 3 期，1~6 页。

导致地质学知识点不便于理解记忆，故普通人“对于地质学的推论往往不是以为渺茫无凭，便是觉得干枯无味”。其次，中学地质学教育往往将地质学基础知识与地史学分开来讲，以致学习地质学的人，“通论觉其太浅，地史觉其太深”。[①]研究地质，首重实地调查，野外旅行弥足重要，但中学教师欲选择合适地点，既经前人详细调查研究，又具有典型地质特征，作为学生实习之用，颇为不易，加之野外实习往往要求教师提前踩点调查，再带学生外出实习，在当时中学校几乎不可能实现。[②]于矿物学课程而言，实验教育颇为重要，但实验科学教育亦是问题多多，尽管矿物学教科书往往对实验有相当篇幅的介绍，但学校教育往往意识不到实验教育的目的在于“实验时给与学者之科学训练”[③]，部分学校还不具备开设实验课程的能力。此外，学校资源不足、设备不齐、人才缺乏、学生对学习地质学兴趣薄弱、教员科学素养不高等现象，均是开展中学地质教育面临的困难。

有鉴于此，学者和时人从教授内容、教材选择、增加学时、重视地质考察等方面探讨中学课程的设置问题。中等教育，重在普及知识，使学生养成思考学习之习惯，故中学课程应兼顾矿物学及地质学，至于具体选用教材、教授内容等方面，学者们给予明确意见，归纳如下表：

---

① 翁文灏：《与中小学教员谈中国地质》，《科学》1926 年第 1 期，1~19 页。

② 谢家荣：《地质学教学法》，《科学》1922 年第 1 期，1204~1213 页。

③ 张江树：《学校科学教育中之科学训练》，《科学的中国》第 1 卷第 3 期（1933 年），1~2 页。

表 5-3　中学地质学、矿物学课程教授要目及具体内容

教授要目	具体内容
矿物通论	自然之三界；矿物之本义；矿物之形性（晶体概说、主要晶形、矿物之物理学性质、矿物之化学性质）
重要矿产	金属矿物门（金、铂、银等）；非金属矿物门（金刚石、石墨等）
地质概论	地球之原始；地球之形状（地体、地热、地壳与地核、水陆之配置及地盘之高度等）；地壳之组织（岩石、地壳构造、矿床结构）；地壳之变动（地热之作用、水之作用、风及有机体之作用）；地壳与生物（化石、生物之进化、地质时期）；我国之地质系统；我国之矿物与地质

（据《注重中学校地质教授并厘订矿物教科书事咨请同意案》整理①）

表 5-4　中学校地质学、矿物学教材及课程安排

课程名称	教科书或参考书	学期	课时
矿物学	讲义或用商务印书馆之《中学矿物学教科书》参考书可用张锡田所编之《高等矿物学》	二学期	讲义三小时 实验六小时
普通地质学	讲义或用 Scott 之 *Introduction to Geology*	二学期	讲义三小时
地质旅行	暑期内旅行一次		

（据《地质学教学法》②整理）

高等教育学科划分更为细致，除理科、采矿科需修习地质学外，农科、土木工程等科也开设有地质学课程，目的在于使学生获得普通地质学相关知识，为将来进一步研究打好基础，“故太务理想之学说，与只求实用之野外实习，皆不宜多”③，其中，采矿科及理科可开设如下课程：

---

①《注重中学校地质教授并厘订矿物教科书事咨请同意案》，《博物杂志》1922 年第 5 期，7~9 页。

② 谢家荣：《地质学教学法》，《科学》1922 年第 1 期，1204~1213 页。

③ 谢家荣：《地质学教学法》，《科学》1922 年第 1 期，1204~1213 页。

表 5-5　高等师范学校采矿科及理科地质学教材及课程安排

课程名称	教科书或参考书	学期	课时
采矿科			
矿物学	教科书讲义或 Kraus & Hunt 之 *Mineralogy* 及 Winchell 著 *Optical Mineralogy* 参考书可选地质调查所出版物或 Penfield & Brush 所著 *Determinative Mineralogy and Blowpipe Analysis*	二学期	讲义三小时 实习六小时
地质学	教科书讲义或葛利普之 *Textbook of Geology* 参考书可选李希霍芬、维理士等人著作及地质调查所出版物	二学期	讲义四小时
岩石学	教科书讲义或 Kemp 之 *Handbook of Rock* 参考书可选 Iddings 的 *Igneous Rocks* 及 Harker 之 *Petrology for Student*	二学期	讲义二小时 实验四小时
构造地质学	教科书讲义或用 Leith 之 *Structural Geology* 参考书可选 Tolman 著 *Solution of Fault Problems* 及刘季辰编《地层测算术》（地质调查所出版）	一学期	讲义三小时 实习三小时
经济地质学	教科书可选 Leith 之 *Economic Aspects of Geology* 或 Spun 之 *Political and Commercial Geology* 参考书可选 *Mineral Industry* 及 *Mineral Resources of the U. S. A.*（美国地质调查所出版）	二学期	讲义四小时
矿床学	教科书讲义或 Rie 之 *Economic Geology* 及 Emmons 著 *Principle of Economic Geology*	二学期	讲义四小时
地质旅行	暑期中作长期旅行一次，此外短期旅行无定		
理科			
地质学	教科书讲义或 Pirsson & Schuchert 著 *Textbook of Geology*	二学期	讲义四小时
矿物学	教科书讲义或 Kraus & Hunt 著 *Mineralog* 参考书可选代那 *A System of Mineralogy*	二学期	讲义三小时 实验六小时
经济地质学	同采矿科	二学期	讲义四小时

（据《地质学教学法》[①] 整理）

① 谢家荣：《地质学教学法》，《科学》1922 年第 1 期，1204~1213 页。

关于具体课程内容安排，部分学者认为矿物学所占课时最多为总课时的一半，结晶学部分知识难度较大，非中学教育所必需，学生只需了解晶体与非晶体区别，晶体矿物的特殊性即可。矿物学各论方面，则应侧重分类原则及标准，使学生了解矿物分类方法，略述常见矿物即可。岩石学不宜放在矿物学之后，矿物之后应教授地质现象大略，然后讲述岩石之生成、分类等。地史学最难，且与植物学、动物学关系密切，建议在植物课程中讲述进化理论，而地质课则可从讲授学校附近之地史，进而推及我国及世界地史概略，同时注意培养引导学生养成地质观察的习惯。[①]

除教授内容需仔细考量、教材需悉心选择外，教师还应注意教授技巧。如对于一种理论或现象，当反复讨论，使学生充分理解，避免学生们囫囵吞枣而很快就忘记知识点，“多而吃不下，不如少吃而真消化，似是而非的知识，说的清清楚楚的错误，都是多吃不消化的结果”[②]。对学生勤加考问多做习题，除正常授课外，应推荐学生课外参考书目或杂志，使学生养成自学习惯，且可指定主题，如“我国黄土之成因”“地震原因”等，鼓励学生分组报告，如条件允许，则可借助幻灯片、图籍等讲述地质现象。此外，学校还需重视实验，定期举行地质旅行，旅行前需做好功课，教师可事先前往考察地点观察，并参阅李希霍芬、维理士、农商部新近出版各类刊物及考察报告等，结合实地见闻，获得新知。[③]

民国以后，中国地质考察事业蓬勃发展，新的考察成果不断编入教科书，地质学、矿物学教材逐步实现本土化。总体而言，教科

① 翁文灏：《中学地质教授之商榷》，《博物杂志》1920 年第 3 期，1~6 页。

② 翁文灏：《如何改良中学教育》，《新教育评论》1926 年第 13 期，7~9 页。

③ 谢家荣：《地质学教学法》，《科学》1922 年第 1 期，1204~1213 页。

书的知识体系滞后于地质学的理论更新。中国地质事业不断发展，地质理论不断更新，教师科学素养不断提高，教科书知识体系却变化不大。随着学校对自然科学课程的重视，现有教材及学校教育方法的诸多弊端随之出现，地质学家和中学教师开始反思教科书的知识体系与中学教育之关系，指出现有教材诸多不合理之处，并提出改良建议，试图探讨适合中学地质学、矿物学课程的教授方法，进一步推进中国地质知识的普及。

自晚清以来，术语统一问题便是科技翻译工作者的一大难题，“术语纷歧，涵义难明，欲求一译名精确，内容完备，足为各学校教师学生研究上之参考，检查上之便利者，实不可得”[①]。清末传教士译名时多以音译为主，清末民初，中国科学译介受日本影响较大，地质学、矿物学译名几乎沿袭日本译名。民国初年，地质调查所几位领导人对名词统一工作的相关讨论，确定了名词统一的方向，沿用日译名词，并谨慎翻译新词，通过权威专家的审定，教育部参与核定等方式，极大促进了名词统一。学者们又出版相关词典，“尽取中外之籍，择其中之人名、地名、术名，凡一切有名可治、有数可稽者，悉汇为一编，以为群书之总，庶乎渊博之儒穷毕生年力而不可究殚者，使中才之士亦可坐收于几席之间”[②]，使教科书及相关文章书籍名词编译有据可依，教科书中地质学、矿物学术语基本实现了统一。

---

① 程时煃：《序》，王益厓编：《地学辞书》，上海：中华书局，1930 年。

② 姜琦：《序》，王益厓编：《地学辞书》，上海：中华书局，1930 年。

结语　从翻译到反思：地质学发展与教科书演变

地质学伴随晚清西学东渐传入中国。晚清时期出版的西学译著与近代刊物，均是早期传播地质学的重要媒介。刊物所载地质学、矿物学知识多译自英美学校教材或地学启蒙读物，部分地质学、矿物学译著被益智书会选为教科书，或作为路矿学堂教材，在清末有一定影响。旨在规范教科书编纂出版的益智书会成立后，选定发行书目近百种，包括介绍地学知识的艾约瑟《地学启蒙》及傅兰雅《格致须知》《格致图说》等丛书。受翻译人员知识素养及地质学发展程度所限，晚清“地质”概念尚不明晰，地学知识相对浅显，一定程度上反映了地质学早期在华传播情况。

甲午战后，西方地质学、矿物学知识通过日本回传中国，清末教育改革，教科书大量出版。教科书具有较为完整的知识体系，多译自日本中小学教材，编译者多有留日背景，受过科学训练，教材内容差别不大，书中名词、术语也相对统一，不少地质学、矿物学教材直至民国年间仍多次再版，影响深远。

总的来说，早期地学译著受条件限制，未能系统传播地质学知识。清末出版的教科书知识体系较为系统，普及范围较广，但离国人要求还有一定距离。民国以后，随着地质调查的开展及大量国人自编教科书的出现，地质学得以在中国迅速传播和发展。

民国政府成立后，多次进行教育改革，客观上要求教科书内容、体例上作出相应调整，以适应新学制要求。日文书籍对中国影响巨大，民国初年，中学教材依然以日译书籍为主，1920 年以后，情况发生变化，美式教育对中国影响日渐加深。这一时期教科书以自编为主，体例多仿美式教材，编者或为中学教师，或为农商部、矿政厅等处地质调查部门从业人员，职业地质学家亦参与教科书的编撰工作，他们具有相关学科背景及地质学教学经历，有能力选择经典教材，并结合自身教学经验或考察经历编写适用于学校教学的教科书，书中科学部分亦较为准确，案例和材料多以本国为主。因中学教育重视实用，矿物学虽属于地质学一个分支，但矿物学课程在中小学堂教育中所占比重大于地质学，故出版的矿物学教科书数量多于地质学教科书。

随着中国地质事业的发展及学校对自然科学课程的重视，现有地质学、矿物学教科书的知识体系及学校教授方法的诸多弊端随之出现，地质学家和中学教师开始反思教科书的知识体系与中学教育之关系，指出现有教材诸多不合理之处，提出改良建议，并试图探讨适合中学地质学、矿物学课程的教授方法，进一步推进中国地质知识的普及。

自晚清起，名词统一问题即颇受重视。晚清传教士翻译术语多以音译为主，译名颇不统一，益智书会曾尝试统一科技术语，但收效甚微。清末民初，中国科学译介受日本影响较大，地质学译名沿袭日本译名。民国年间术语的统一工作得到地质学家、学术团体的广泛关注。民国初年，地质调查所几位领导人对名词翻译问题的相关讨论，确定了名词统一的方向，沿用日译名词，并谨慎翻译新词，通过权威专家审定，教育部参与核定等方式，极大促进了名词统一。国立编译馆对名词的审核，相关大词典的出版，使得教科书名词翻译有据可依，教科书中地质学、矿物学术语基本实现了统一。

中国近代教科书知识体系经过了被动接受—主动学习—借鉴反

思—消化吸收的过程。我国最早的教科书见于教会学校，多由传教士直接译自英美国家教材，国人鲜少能自主选择和独立翻译西方地质学书籍，故译著文本质量很大程度取决于传教士的知识水平。清末教育改革，教科书随之出现，国人翻译大量日文教材，晚清学部及世人对教材内容、名词术语等也有诸多讨论，并逐步意识到教科书需要合乎中国实际需要，内容需完善，术语需规范，教科书中的案例材料也要尽量贴近中国情况。民国以后自编教材逐渐代替翻译教材，教科书的编写者或以一种外文教科书为主，或参考多种教科书，模仿国外教科书的编写体例与知识体系，并辅以中国本土材料，逐步完成教科书从翻译到借鉴的阶段。随着中国地质事业的开展，教科书的参考书目已不再局限于外国地质学教材，中国地质学家们的考察报告、学术专著及发表于报纸杂志上的地质学文章，也都成为教科书的重要知识来源，职业地质学家、中学教师亦参与到教科书的编写队伍中，并意识到教科书存在的诸多弊端，开始反思教科书知识体系及教科书与中学教育之关系。

教科书不仅受学科发展水平影响，更与教育制度关联密切。中国近代教育模式数次变迁，吸收、借鉴来自不同文化和国家的教育制度。教会学校最早将西方教育引入中国，清末日本教育制度、课程设置和教科书传入中国，经由日本转译的西方自然科学知识成为学堂教学的重要内容。庚子之变后，美国退还庚款，成立清华学堂，大批青年赴美留学，归国之后推崇美国教育理念和制度，民国教育从学习东洋向师从欧美转变。教育制度的变化，要求教科书在内容与形式上均要作出调整，故我国教科书经历了师日—仿美—自成体系的过程。

地质学教科书的发展体现了教科书在中国的本土化过程。从知识来源上看，晚清译著多译自欧美，后日文书籍大量翻译出版。民国以后，中国学习美国，教材借鉴英美学校，1920 年以后，自编教科书逐渐取代外文翻译教材。从教材内容上看，早期教材多以外国例证为主，随着中国地质事业的发展及地质考察的进行，书中例证及矿物标本逐渐以本国为主。从编译人员上看，教科书编译者初为传教士，后为受过科学训练的留日或留美学生，到后来，有丰富教学经验的中学教师及有野外考察经历的职业地质学家参与教科书编辑工作，教科书从内容到形式均越来越适合中国学校教育，书中名词、术语也得到统一。

地质学教科书在中国的本土化过程客观上反映了中国地质学的发展，或者说，中国地质事业的蓬勃发展促进了教科书的本土化过程。高等地质教育的发展为中国培养了大批地质人才，专门地质调查机构的成立使大规模地质考察成为可能，地学期刊的创办则为地质考察成果提供了发表及交流平台，中国地质事业在理论水平与实践考察方面均硕果累累，新的考察成果又被编入教材，不断改变教科书的知识体系。地质学教材内容一定程度上也能体现地质学研究热点问题，如 20 世纪 20 年代后教科书对第四纪黄土、地震、人类起源等问题有诸多介绍。但总体而言，地质学教科书知识体系的更新滞后于地质学理论的发展，如民国初年即研究与定名的“奥陶纪”地层，直到 1920 年以后教科书始有相关介绍。

附录一　地质学教科书目录（1902~1937）

书名	作者	译者	出版机构	出 / 初版年
《地质学简易教科书》	（日）横山又次郎	虞和钦、虞和寅	广智书局	1902
《地学概论》	（日）横山又次郎	湖南留日学生	湖南编译社	1903
《蒙学地质教科书》	钱承驹		文明书局	1903
《地质学》	（日）佐藤传藏	范迪吉	会文学社	1903
《（普通教育）地质学问答》	（日）富山房编	郑宪成	上海作新社	1903
《最新中学教科书·地质学》	（美）赖康忒	包光镛、张逢辰	商务印书馆	1905
《地质学教科书》	（日）横山又次郎	叶瀚	蒙学报馆	1905~1906
《地质学教科书》		陈文哲、陈荣镜	昌明公司	1906
《最新地质学教科书》	（日）横山又次郎	张相文	文明书局	1909
《地质学》	（美）麦美德		北京协和女书院	1911
《地质学教科书》	（日）横山又次郎	樊炳清	江楚编译局	清末
《地质学》	（瑞典）卫乃雅			清末
《地质学》（京师大学堂讲义）				清末

续表

书名	作者	译者	出版机构	出 / 初版年
《地质学讲义》	章鸿钊			清末
《地质学》	谢家荣		商务印书馆	1924
《地质矿物学》	张资平		商务印书馆	1924
《地质学浅说》	周太玄		商务印书馆	1924
《普通地质学》	张资平		商务印书馆	1924
《中国地质纲要》	翁文灏		商务印书馆	1928
《新学制高级中学教科书・地质学》	俞物恒		商务印书馆	1928
《生物地质学》	杜芳城		北新书局	1930
《地质矿物学问答》	秦恩伟		上海三民公司	1930
《地质学浅说》	（美）Allison Hardy	王勤堉	商务印书馆	1931
《地质学》	梁修仁		百城书局	1932
《地质学大意》	张栗原		上海神州国光社	1932
《普通地质学》	孙鼐		商务印书馆	1935
《地质矿物学》	张镐		正中书局	1935
《应用地质学》	胡安恂		商务印书馆	1935
《实用地质学》	康永孚		商务印书馆	1936
《高等地质学》	王进展		安徽大学	1936
《地质学课本》（陆军学堂教材）				不详

附录二　矿物学教科书目录（1902~1937）

书名	作者	译者	出版机构	出版年
《矿物标本图说》	科学馆编译处		上海科学仪器馆	1902
《矿物界教科书》	（日）神保小虎	虞和钦	宁波实业会社	1902
《矿质教科书》			商务印书馆	1903
《普通矿物学》	杜亚泉		亚泉学馆	1903
《矿物学教科书》	杨瑜统		商务印书馆	1903
《矿物学新书》	（日）富山房编	范迪吉	会文学社	1903
《矿物学问答》	（日）富山房编	范迪吉	会文学社	1903
《中等矿物学》	（日）胁水铁五郎	沈纮	南京编译局	1903
《中等矿物学教科书》	（日）横山又次郎	王本祥	上海启文译社	1903
《中等矿物学教科书》	（日）佐藤传藏		京师大学堂上海译书分局	1903
《新式矿物学》	（日）胁水铁五郎	钟观诰	上海启文译社	1903
《最新中学教科书·植物学矿物学》	杜亚泉		商务印书馆	1904
《最新实用矿物教科书》	詹鸿章		上海时中书局	1905
《矿物教科书》	（日）神保小虎	（日）西师意	山西大学堂译书院	1905
《矿物学》	（日）严田敏雄	余肇升等	武汉湖北学务处	1905
《矿物学教科书》		作新社	上海作新社	1905
《矿物学教科书》	（英）窦乐安		上海协和书局	1905
《矿物学讲义》		江苏师范生	宁属学务处	1906

续表

书名	作者	译者	出版机构	出版年
《最新中学教科书·矿物学》	杜亚泉		商务印书馆	1906
《矿物界教科书》	陈文哲		上海昌明公司	1906
《（普通教育）矿物界教科书》	陈文哲		东京同文印刷社	1906
《矿物学》	杜亚泉		商务印书馆	1906
《矿物界教科书》	（日）安东伊三次郎	鲁洞	东京留学生会馆	1906
《矿物学表解》			上海科学书局	1906
《矿物学及地质学》	（日）佐藤传藏	金太仁	东京东亚公司	1907
《初等矿物界教科书》	（日）横山又次郎	杜亚泉 杜就田	商务印书馆	1907
《矿物界教科书》	（日）胁水铁五郎	邓毓怡	河北译书社	1907
《中学矿物教科书》	（日）石川成章	董瑞椿	文明书局	1907
《矿物教科书》	（日）石川成章	史浩然	文明书局	1907
《普通矿物学》	张修敏			1907
《矿物界教科书》	邢之襄		河北译书社	1907
《初等矿物学教科书》	（日）横山又次郎	寿之苏	商务印书馆	1907
《中等博物教科书·矿物学》	陈用光		科学会编译部	1907
《最新初等化学矿物教科书》	华文祺		文明书局	1907
《中等教育化学矿物教科书》	（日）滨次郎	唐士杰	上海普及书局	1907
《初等矿物界教科书》	（日）横山又次郎	杜就田	商务印书馆	1908
《新撰矿物学教科书》	杜就田编纂 杜亚泉校订		商务印书馆	1910
《中学矿物界教科书》	（日）腹卷助太郎	王季点	商务印书馆	1910
《矿物学》	杨国璋			1910
《中学矿物界教科书》	王季点编纂 陈学郢校订		商务印书馆	1910
《矿物学》	（德）胡沙克	马君武	科学会编译部	1911
《高等教育矿物实验教科书》	秦汝钦编		上海文明书局	1911
《矿物学简易教科书》	（日）横山又次郎	范延荣	直隶学务处	光绪末

续表

书名	作者	译者	出版机构	出版年
《中等矿物教科书》	（日）山田邦彦 （日）石上孙三	陈钟年	北洋官报局	光绪末
《矿学简明教科书》	（日）江吉治平	梁复生	东京导欧译社	光绪末
《理科教本化学矿物编》			上海进化译社	光绪末
《选矿学》	（瑞典）卫乃雅		山西大学堂西学专斋	光绪末
《矿物学讲义》	杜亚泉		商务印书馆	1912
《新撰矿物学教科书》	杜就田		商务印书馆	1913
《民国新教科书·矿物学》	徐善祥		商务印书馆	1913
《初等矿物界教科书》	（日）横山又次郎	杜亚泉等	商务印书馆	1914
《矿物学》	杜亚泉编 徐善祥校		商务印书馆	1914
《新式矿物学》	钟观诰		商务印书馆	1916
《共和国教科书·矿物学》	杜亚泉		商务印书馆	1916
《新制矿物学教本》	叶仁与编 吴家煦校		中华书局	1917
《矿物界教科书》	王季点		商务印书馆	1919
《矿物学》	杜亚泉		商务印书馆	1920
《实用教科书·矿物学》	吴冰心		商务印书馆	1920
《高等矿物学讲义》	张锡田编 吴冰心校		商务印刷馆	1920
《中学矿物界教科书》	王季点编纂 陈学郢校订 杜就田补订		商务印书馆	1922
《新中学教科书·矿物学》	宋崇义编 钟衡臧、糜赞治参订		中华书局	1923
《现代初中教科书·矿物学》	杜若城编 翁文灏、任鸿隽校订		商务印书馆	1923
《新学制高级中学教科书·地质矿物学》	张资平		商务印书馆	1924

续表

书名	作者	译者	出版机构	出版年
《共和国教科书·矿物学》	杜亚泉编 徐善祥校订		商务印书馆	1925
《新撰初级中学教科书·矿物学》	杜若城		商务印书馆	1926
《高等矿物学讲义》	张锡田		商务印书馆	1928
《现代初中教科书·矿物学》	杜亚泉编 翁文灏校		商务印书馆	1929
《矿物学》	王霖之		北京书局	1930
《矿物学问答》	毛起鹇		上海大东书局	1930
《地质矿物学问答》	秦思伟		上海三民公司	1930
《新制初级中学教科书·矿物学》	朱隆勋		北平理科丛刊社	1931
《矿物学》	李约		百城书局	1931
《中学矿物学》	张宗望		世界书局	1932
《矿物学》	黄人滨编 翁文灏、章鸿钊校		北平文化学社	1933
《矿物学》	杜若城		上海大东书局	1933
《矿物学》	董常		商务印书馆	1934
《矿物教材》	袁修德		上海新亚书局	1934

附录三　地质学著作序跋选编

《金石识别》序

《金石识别》十二卷，西士玛高温所译也。玛君于金石之品知之最详，因以医为业，不能延之至局，故余僦屋于外，每日至其家，俟其为医之暇，则与对译此书。书中所论之物，有中土有名者，有中土无名者，有中土虽有名而余不知其名、一时不易访究者。每译一物，必辨论数四。其有名者，则用中土之名，其无名及不知其名者，则将西国之名译其意义。又有以地为名，以人为名，并无意义可译，或其名鄙俚不可译其意义者，则用中土之字，以写西国之音。故其名佶屈聱牙，不能以文意相贯，多至五六字、七八字者，时时有之。而书之体例，又条分缕析，每将各物之名，彼此互举，以作比较。又有连举数名，连记数事，不能辨其句读者，则必用虚字以间之，或空格别行以清眉目。此皆出于不得已，非欲徒侈卷帙也。玛君于中土语言文字，虽勉强可通，然有时辞不能达其意，则遁而易以他辞。故译之甚难，校之甚繁，几及一年始克蒇事。今已刊板印行，居然成书矣。追忆当时，挟书卷，袖纸笔，徒步往来，寒暑无间，风雨不辍，汗不得解衣，咳不得涕吐，病困疲乏，犹隐忍而不肯休息者，为此书也。惟是日获数篇，奉如珍宝，夕归自视，讹舛百出，涂改字句，模糊至不可辨，则一再易纸以书之，不知手腕之几脱也。每至更深烛跋，目倦神昏，掩卷就床，嗒焉如丧，而某金某石之名，犹往来纠扰于梦魂之际，而驱之不去。此中之况味，岂他人之所能喻哉！观察冯公以为不可无以志之也，故余为略述曩事如此。至于试验之方，镕炼之术，书中论之至详，且有目录可检，不必再挈其纲领矣。惟此书大意，专为识别金石而作。盖识别之法愈多，则物无遁情，可不为貌似者所淆，而其真者乃不至于埋没。于是可取其有用者，弃其不适于用者，取其宝贵者，弃其无处不有者。则此书之成，亦未始非民生利用之一助也。或谓五金之矿藏，往往与强兵富国之事大有相关焉。然耶？否耶？

同治十一年八月二十五日金匮华蘅芳序于江南制造局中

《地学浅释》序

《地学浅释》三十八卷校刻既毕，印本流传于外者，已数百部。蘅芳乃抚卷太息而序之，曰：此书厄我甚矣，不图今日得见其成，且为之序也。盖自《金石识别》译成之后，因金石与地学，必互相表里，地之层累不明，则无从察金石之脉络，故又与玛君高温译此书。其时余寓居虹口，所携一童一仆，此外别无伴侣，而书之稿本、改本、清本以及草图，皆一手任之。盖自恃精力之强，不自知其劳苦也。晨起而食，即往玛君家，日中而归，食罢复往，以至于暮。译书时有踵门求医者，辄辍笔待之，及医毕再译，则文义已不相续，大费踌躇。有时玛君为人延去治病，则坐而自理稿本，以待其归，未尝一日旷也。惟余于西国文字未能通晓，玛君于中土之学又不甚周知，而书中名目之繁，头绪之多，其所记之事迹，每离奇恍忽，迥出于寻常意计之外，而文理辞句，又颠倒重复而不易明，往往观其面色，视其手势，而欲以笔墨达之，岂不难哉？迨译至十七卷，余忽患血痢之症，日夜数十次，气息恹恹，无复人色。自思所译之书，不可中废，数请友人代之，皆以言语支离、猝不易解为辞，则心愈忧而病愈剧。所居之楼，俯临大道，人声喧杂，聒耳不能寐。时有车马驰过，其声隆隆然，若触于心而蹂躏其肺腑也。甫一交睫，则觉高山巨壑、水陆变迁，其中鳞介之蜕、奇兽之骨，种种可骇可噩之物，层见迭出，纷然并集于前。盖平日所入于耳、寓于目，而有会于心者，其境界一一发见于若梦若寐之际，而魂魄亦为之不安，则余之去死也几希矣。于是乞假而归，调治数月，又扶病而出。当局诸公亦怜其憔悴，而劝以不必忧急。遂移寓于洋泾之北，而携眷养疴焉。半年以后，渐能从事笔札。玛君亦日来就余，乃将以下各卷，次第译出，又令人誊写楷书，始得卒业。盖自此而余之精力亦大衰矣。惟思此书卷帙既多，抄胥不易，若不付诸梨枣，则无以广其传，而其中各物之图，又工细无比，精于绘事者，莫不望之却步。适有阳湖赵君宏来访，力任此事，遂倩其描写，又募良工剞劂焉。计自绘图发刻，以至工竣，又阅两年矣。此书之成，其难也如是。今四方好事之家，既莫不争致一编，以备收藏之列，固不必复虑其湮没矣。但不知此书流播于世，果能有益于斯世与否？海内读书之士见之而许可者，能有几人？其屏弃不观而指为荒诞无稽之说，未可知也。或浏览一过，以资矜奇炫博之助，亦未可知也。然而余于此书，则可以从此毕矣。

同治十二年三月十五日金匮华蘅芳序于江南制造局之翻译馆中

《地学指略》序

欲晓国家历来之事迹，则有史书，有遗传，有古迹可考。而欲知悉地球历来之情形，则有各类土石，与其中所蕴藏之物迹，可得而明。考各石之体质，可知其石如何成形，及其成形于何处。查各石之形势，更可明其成形之后，经历如何改变迁易。再查其中之物迹，亦可知地上飞潜动植各物历来之兴衰起伏。据此而论，地上各石，可比史书，石中物迹，可比古迹。详而究之，地球历来之情形，虽不能尽悉，亦可得其大略。古人不明此学，以为地面之形势，自来如此，山川河海，永无变更，从未有查究其理者，见石中之物迹，亦不明其来源，以为怪异。即如见石中之蛤迹，则以为石燕；见石中象、麋、鹿等兽之牙迹，则以为龙齿；见石中之鱼迹，则以为丰稔之兆。其他皆类乎此。惟在中国汉时，希腊国有数才子斯塔布等，虽于此学尚未深悉，然已稍知其理，惜未有人继其后，以致中断。至前明世宗时，始有意大利国士子，好究地理，肇兴此学。后有西方各国士子，继续深究，查明各石之体质形势与其中之物迹。从此而知石之成形，各有其源，各有其时，各有其地。亦知石中之物迹，并非怪异，乃动植各物之遗体，沉没于泥沙，经久而变石。于是始将各类之石，按其成形之先后，分层分段，其中之物迹，亦按其种类而分之。近百年内，西国士人，益深追究，更得其详细，明其要理，遂成为专门之学。然在中国则未有讲及此学者。中国地面宽广，形势皆备，若有人将其各处之石类，并其物迹，详考细究，其有益于地学，实非浅鲜。倘阅是书者，兴起其考古之心，则予之所厚望也。

《地学须知》总说

凡人游行山野之间，见夫琐琐磊磊者，皆知其为土为石，若试就山边谷旁，细为审视，则见其上石每有层累之状，亦有杂乱无定形者。初视之，似无甚紧要，然详察之，则实有奥理。欲查明此理，则为地学之工。盖地学乃考查地体各类土石之形势部位，及其中所蕴藏之动植物迹，与其所藏矿类，又查其古今之变迁，并其所以成形化形之理者也。不明地学者，多以为地面形势，由来如斯，河海山原，永无更变，偶遇石中物迹，莫不诧为怪异，或见疆蛤而以为石燕，或见兽牙而以为龙骨，或见古鱼遗踪，而以为丰稔之兆。少见多怪，皆类乎此。此地学之不可以不讲求也。近来西人深究此学，著有成书，发隐烛幽，曲尽其蕴。惟初学者每苦其繁细，不易把玩。兹故删繁摘要，辑成六章。第一章略论地质情形；第二章略论火化二石；第三章略论古迹石层；第四章略论中迹石层；第五章略论新迹石层；第六章为总论。凡此六章内所论各物，多有图式，以显其形。庶人一见，可晓然土石中所存之物类为若何也。至于石类、矿类之详细形性，当另有他书论及，兹不多赘。阅者从此浅近，以求精深，就中国之地面，详考细究，则有益于心身，非浅鲜矣。

《地理初桄》序

古之入大学者，必以格物致知为务，谓由是而精之，则万理聚备，而天下国家之道，亦一以贯之矣。岂仅游心杳渺之乡，以矜淹博已乎。一物不知，儒者所耻，古有名训矣。夫万物靡不载于地，欲究物理者，当明地理，与夫地所以生物之理。古之学者童而习之，以为是固入学之始基，而非谓学如是止也。自后儒拘于章句，往往知其所当然，不究其所以然。而古人所谓童而习之，有终身由之而不察者。近世海禁大开，中外交涉之事日繁，留心时务者，无不称道西学。海外通才，日与中邦人士相习，而地学益精。呜呼，此亦风气之所开，而习尚之一变也欤？卜君舫济，美之闻人也，尤精于格致学。辛卯夏获与之交，客窗多暇，因译《地理初桄》一书，属予笔之以授始学之士，意在简明易晓，欲与西书符合，故语取浅近，诱掖之道宜尔也。学者苟由是而精之，亦庶乎登高自卑，行远自迩之一助云。至此书之例，具载篇中不详。

光绪十八年岁次元默执徐春王月古鄮应奎山侍史叙

自泰西格致之学兴，天文而外，尤重地志。各家无不殚心竭虑，论说则精益求精，考据则确之又确，以臻于美善。故著述甚繁，几至汗牛充栋，不能遍搜而博览。然论其大致，不外地学、地理二种而已。地理则详地外之理，如山原河海之成，雨露风霜之故。地学则讲地中之事，如土石之层累，物类之行迹。至溯地道之权舆，则彼此实或无异。余曩在纽约公塾时，日夕诵读所知者。今也忝理淞滨院务，思译一编，以启童蒙。因捡旧箧中得吾乡孟梯德先生所著《地理初桄》一书，皆简明易晓。暇时随翻随录，集成卷帙。附图则有新增者，亦有旧刊者，其中略参林君乐知之《地理小引》，傅君兰雅之《地理须知》，非敢掇拾他书以为己有，聊助余之不逮耳。至于精深之理，奥妙之谈，皆略而不讲，亦欲学者探求斯道，先读是书，庶几入室升堂，有所凭借，则以此为阶梯之引进也可。是为叙。

光绪十有八年仲春之月上浣美国圣公会会长卜舫济识

《普通矿物学》[①] 序言

我国矿产之富，为当世所称羡。比年来内国士商，汲汲谋矿利者日众，大都购定矿山，挖取矿石，售之洋商，转运海外冶炼。然其寻觅矿苗，并不知其佳否，搜集多种，就选于洋商，而购其中选之矿山。招工开采，所采矿石，亦不知其成分，其价值一听命于洋商而已。果使营业之人，于矿物之学，确有把握，其裨益岂浅鲜哉？吾尝见吾国文士，多研究堪舆之术，终岁驰逐于山巅水涯，审其龙脉砂水。学成而后，乃不过一自欺欺人之术。若移其功力以治矿学，则益人益世，较之邀福于冥漠，其得失更何如哉！吾又见学士大夫，往往不惜资力，搜罗残砖断瓦，什席珍藏，购置古玩玉石，供养座

① 杜亚泉编译：《普通矿物学》，上海：亚泉学馆，1903 年。

右，以为清雅。曷若研究矿学，集各处矿产，辨其种类，列其产地，罗列一室，以资考证。暇则呼奚童，携器料，登山临水，亦足以娱情，博物成编，又足以垂世。以此易彼，其得失更何如哉。编辑辅成，聊志数语，以质当世。

光绪二十七年六月

《最新中学教科书·地质学》序言

书为美人赖康忒原著，大别为三，曰地质变迁，曰地质构造，曰地质历史，备寻常教科书之选。言虽平易，然踪其旨趣，未尝不赅万类而条其成毁之故。赖氏自明其例曰，兹编之成，盖予人以科学智识，而唤醒其考察之习惯。夫大地如尘，质文代易，群生如醉，狃于所习。地质学灼于今之变迁，而务穷其所自，成毁相倚，书中盖三复言之。夫地质一门，其流弥远，征之我古，夫岂无闻。《禹贡》所垂，椎轮在昔，中世以降，阒焉无称。即以地震之烈，潮流之著，犹复杂以荒唐之说，虽缙绅乐道之。而土层剥蚀，沙洲伸涨，其来以渐者，固无论矣。几席之间，钓游之地，气候异宜，草木异类，抑且瞢然不辨。而经纬之度数，物种之布置，更无论矣。人之初生，莫不生活于水火，然亦睢睢于于，习知其为水火而已。而其所以为天地间成毁之枢机，则又瞠乎无所闻见。於乎！此非地质学不明之咎与？兹编虽浅易，然其网罗大纲，盖亦粗具，要足以为后来之嚆矢。抑吾征之赖氏之言，人类进化，其迹尤烈，巴黎遗蜕，知古蛮民之不存于今者多矣。嗟我邦人，嗟我学子，毋狃其所习而复吾民于石代，使西方学者独张其焰也。至其译文之明晰，图表之精详，则例言具在，无待赘言。

商务印书馆主人序

《最新地质学教科书》[1] 例言

地质学在于考求地球之状态，构造地球之物质与其变迁发达之历史，故范围极广，如矿物学、古生物学、化学、物理学、天文学、地理学，莫不有相互之关系。学者苟能会其通焉，而于理科之知识，思过半矣。

地质学虽似属于理论，而与实用大有裨益。凡矿山、土木、农业、山林、卫生，及与地体有关之各事业，无一不借径斯学，以为各学之枢纽。且如地震、山崩、河溢、海啸，古人每视为天灾，而一切鬼神妖异之说，樊然以兴。故论今日开通民智之术，尤以斯学为最要。

旧译地质学书，不过《地学总论》《地质全志》，寥寥数帙，而条理既嫌不清，定名尤多陋劣。是编取材东籍，一以横山氏原著为蓝本，间取他书以益之，而篇第则略为更置，期于由总合而分解，以适于教科之用。

是编既原本于东籍，故里法衡法，多依原数，不另换算，以免畸零之繁。日本一尺一寸一毫三七，当中国一尺，每六尺为间，六十间为町，三十町为里，里当中国六里七八。其衡法十弗为毫，十毫为厘，十厘为分，十分为匁，千匁为贯，百六十匁为斤，凡十六贯二十八匁，合中国百斤。

又篇中间有称几米者，米即米突之略，旧译作迈当，法国量名也。每三米五八，合中国一丈。并附录焉，以备参稽。

译者识

① (日) 横山又次郎著，张相文编译：《最新地质学教科书》，上海：文明书局，1909年。

《矿物学》[1] 序文

吾国所译最早之矿物学书，为英国代拿之《金石识别》，而将原文删去大半，凡关于结晶图学皆不具。盖是学颇烦赜，非口述笔译之门外汉所能明了也。六年前居日本时，《醒狮》编辑人索文，曾译代拿书之结晶学与之。后其杂志易名，闻既登出，予未得见也。二年前，柏林学生编《理工》杂志，予又译德书之《论结晶者》一节予之。其杂志中辍，予稿亦未完。其实不明结晶学，则矿物学不可读。胡沙克之书，于结晶学论之綦详，其他亦甚简备，特译之以贡献于吾国学界。兹所定结晶学诸名词，颇费斟酌，结晶学之基础立于是矣。予译此书，始于一九〇九年之四月初，毕于本年之八月，时留学于柏林工艺大学也。

一九一〇年八月十日　序于柏林

工学士　马君武

《地质学》（京师大学堂讲义）绪论

地质学者，研究地球之形状、性质、结构、天然力及其经过之变迁发育时期之科学也。除去地球内部不明了部分，概由陆界、水界、气界、生物界四者而成。地质学研究之部分限于形成地球之外部固体，即陆界也。论地球变化历史，譬如人之一身，由幼年而壮，壮而老，老而衰；一社会由野而璞，而文化，而进化发展；地球亦何独不然，由始而活动，而变迁，以迄于今日。一人一社会有史，而地球之经过变迁亦有历史也。况夫人世有兴亡盛衰，地球有沧海桑田。至于水陆分布，气候生物推移繁衰，亦有莫大之变化。但人世之变迁，

---

①（德）胡沙克著，马君武译：《矿物学》，上海：科学会编译部，1911年。

虽年远尚有可征。而地球之现象，年代久远，变化复杂，几于恍惚不可端倪也。地质学大别分普通地质学及历史地质学。前者专述地球历史以外之事项，别为地相、势力二篇。后者论地球之历史也。地质之范围既宏，关于他学科之处亦甚多，故必先得他科学之素养，而后及于地质学。地质学较他学科发达最晚，而研究之次序亦居他学科之后，如矿物、岩石学、古生物学、化学、物理学、天文、地理等学皆是也。

地质学虽为纯然理论之科学，而其应用也亦巨，如土木、矿山、农林尤其著者。斯科勃兴于十九世纪中叶，而其兴修路、卫生、防灾、开山、凿井，在在有关系也。地质学为研究地球全体之科学，故于地面之形状，地壳之物质，地体上之天然动力，岩石生成之理及其配例，地球之沿革，均有关系。但所涉范围之详略，宜视所修之情形配定焉。兹分部类如左：地相篇（Physioyaphical Part），动力篇（Dynamical Part），构造篇（Tectonical Part），岩石篇（Lithological Part），地史篇（Historical Part）。前三篇则为修普通地质学者所必知，后二篇则属于前世界史及地质学也。地相篇系说明地球之大小形状及表面之状态；动力篇论形成地貌及以此造成物质之诸动力；构造篇述及地壳中岩石之配例；岩石篇论岩石生成种类、性质及构成岩石之矿物；历史篇系论地球及生息于地球之生物变迁发育也。

中国之地质，研究最早者为美国地质家崩派来氏（R. Pumpelly），于西历一八六二年至一千八百六五年，应我国之聘，考察北京及内蒙东北各地。其后有德人李希霍芬氏（F. V. Richthofen）调查中国地质（一八六八年至一八七二年），历时五年，足迹几遍全国。法人劳纪氏（Lozzy）[1]调查亦详。在一九〇三年有美国加纳旗调查团来华调查地质，以北部为最。美国威利士氏曾于山东、山西、直隶等东

① 应为匈牙利地质学家洛川（Lajos Lóczy）。作者注。

北一带及扬子江中流考察地质，所得结果最为精密。西南各省地质大半由法人调查。日本诸地质学家，亦常游历我国各地，归而记录，散见于杂志及报告。最近美国纽约博物院，派遣第三次亚东远征队，对于地层化石发明尤多。但中华幅员宽大，考察匪易，藉此亦可窥见一斑。

《地质研究所师弟修业记》序

夫道莫不有其始，有其举之，而莫或废焉。则其始如是，而终且大异乎是。使非然者，是亦毫末而已矣，曷足尚哉。然而君子每兢兢焉不忘乎其始者，则又在彼而不在此。研究地质，民国以来始为是议。及今三年，学成以致用者二十一人，而亦遽止于是，诚未足以自多矣。迨观览其前后所获，亦若有以偿此师若弟日夜孳孳并力以赴之力，以之开先启后而有余。则又窃以稍慰，以为如是，而予与诸君子所夙昔以期之力者，固犹未随之以俱泯没也。夷考地质之学，起于晚近百年之间，举凡农工实业，利用厚生，以及兴疆拓土之道，靡不由此。其绪余又足以博多识而详人文之所始。是以海外名流，往往殚毕生之力，走遐荒，涉险阻，穷源竟委，而不稍息焉。钊亦窃慕其遗风，返而求之于古昔之记载，则亦有言山川疆域、土宜物产，以及虫鱼草木、宝藏异物诸篇籍各若干。陈而读之，则又仅知其然，而不知其所以然也。盖沿流已久，书缺简脱，亦固其所。而古籍独详事实，于其源流不琐琐毕载，故亦往往求而失之。是时东西列国方以辟地利、崇实学为务，咸遣其国学者，竞走于东方。自德人李希霍芬氏著《中华》一书传于世，其后继而起者又若而人，归而为著述者且等身焉。是何栖栖不惮烦焉若此，盖亦可以深长思矣。钊不敏，走游于东，探其学，八年而后归，视其所得，犹欿然焉。适值鼎革，同志之士，麇集于金陵。谋所以启发之者无不尽，乃设专科以掌之。钊微有所规划，而未能竟焉。惟期期争执，以为非是不足以益缓急者，即培养人才其一端也。其后当轴愈明其指，乃置所，命钊掌之，三年而成，夫亦可谋所以稍息矣。然而事有始末，沿流不详，后者何择焉。爰纂辑首尾事略，备列表式，颜曰《一览》，务为简括，以存本真。时又念诸生袖采石之锥，蹑双屐，随诸先生后，上下山谷间，纵横及六七省，于京畿方数百里以内，足迹无不遍，归而为报告者六十有九。举如上下地层之系统，南北地质之异同，类能发其大凡，以视东西前贤后先所获，详略出入，互各不同。若不荟萃而次第之，则漫羡而无所归，后必有与敝屣同弃之者。乃商于四明翁咏霓博士，相与搜集残丛，秉要执本，而为《师弟修业记》。分章凡六：

学贵崇实，闻不如见。疆域攸分，异同迭出。足之所履，爰窥底蕴。故范围第一。

大地初生，气象混沌。日进不息，爰作之史。参稽互察，年代如画。生物乘除，惟此为则。故系统第二。

蕴之于深，藏之于密。乘时震发，爰觇世变。起伏无恒，形质迭异。累累乎成山之崖、为地之髓。故火成岩第三。

变动不居，进化以始。革故鼎新，沧桑瞬息。道有隆污，时有陂复。原其万变，咸归于力。故构造第四。

生齿日繁，取用爰竭。兵革不戢，乃资煤铁。畴启发之，丱人是职。此人道之穷，而今以为谋国之术。故矿产第五。

有闻必录，亦伤闳衍。存其精华，遗弃糟粕。穷本探源，择词务括。故结构第六。

凡之六者，皆本于修业之所获，而又旁搜远绍，捃摭群言，增广阙略，泯其异同，务归于一。此诚非所以诩博洽、矜创闻也。盖亦以三年之间，师若弟日夜孳孳、铢积寸累以留遗于斯者，若一旦散轶，更何以示来哲。夫稊米一粒，无补太仓，牖光微明，难烛远道，是固然矣。然而高由下基，远自近积。故泰山不让土壤，跬步可致千里，君子慎始亦犹是耳。况自今以后，废者不必兴，而绝者不必续，使并是区区者而亦与敝屣同弃之，余滋惧焉。爰相与执笔操简，条其篇目，整齐而存之，并书其始末如此。

中华民国五年仲秋章鸿钊识

科学之为物，日新月异而靡有止者也。而所以能致此者，厥道为二，一曰观察事实，二曰推原终始。盖事实不明而侈谈学理，辟犹不设规矩而指方画圆，使复有以规矩进者，则昔之所指所画者皆非矣。曩时之哲学，往往辗转辨议，陈陈相因，历百年而无寸进者，莫不由此，而要非科学之所宜出也。顾既有其事实矣，若复淡漠置之，而不为之比较参证，以求其真意之所存，则事实之纷然而淆乱者如故也，欲其匡正既往，启发将来，以促科学之进步，岂可得哉？故科学者，尤贵乎原其始而要其终。

地质学，科学中之后起者也。吾国地质，尤世界言地质者之新进也。虽数十年来，东西学者负笈来游，足迹斧痕已遍各省，然凡古今地史之变化，南北地层之异同，与夫岩汁喷发之时代，岩层起伏之变迁，或见之，或未之见，或已言之，或言之而未尽者，亦正尚多。则居今日而欲图斯学之进步，亦惟有担斧入山，披荆棘，斩榛莽，以求益吾事实上之知识而已。惟吾国斯学，萌芽较迟，民国以来，始为是议。自地质研究所之设，始有专门机关以为之备。余从章演群、丁在君二先生之后，忝以一日之长为诸生导。三年之中，从事于实地之观察者，北抵朔漠，南涉鄱阳，往来奔走，而不敢以室内之普通讲义及外人之已得成说自封者，盖此旨也。然学校之实习，非专注之调查也。既限以期，复限以地，或集数人以从事一隅，或合全体而追随终日。时复回顾既往已授之讲义及他人已得之成绩，而时之耗费者，又不知凡几。故实习所得，往往零碎琐屑而少有系统者，是诚自憾而亦事之无如何者也。虽然，爝火萤光，散之不足以烛尺寸者，合之或可以照一室；东鳞西爪，分之不足以窥一斑者，合之或可以成全体。即此区区汇而录之，比较而整理之，亦未始不可以益前贤之所未备，而示后起者以研求之途径。所长章演群先生有见于此，乃议汇集学生实习之报告，益之教员平日之观察，删繁就简，而为《师弟修业记》，命余相与从事，兼旬乃克告成。三年以来实地观察之所得，略具于是。而余于此，窃更有所感焉。

我国地大物博，而生息修养于斯土者，不自研求之，自考察之，而坐待他国学者之来游。迨既知考察研求之不可已矣，而必要之知识，相当之经验，又不可不求学于他国之校与他国之师。孜孜研究者数年，劳劳奔走者数百千里，而于本国之地质，仍不免于耳食之谈、隔膜之见，此诚未可讳言者也。地质研究所诸生，未得更贤于余辈者以为之师，是诚憾事。然而以中国之人，入中国之校，从中国之师，以研究中国之地质者，实自兹始。登泰山而考片麻岩，涉长江而观冲积层，其胜于余辈为学时者，不亦远哉。今即以泰山喻科学之高而难尽，以长江比吾国地质之源远而流长，则三年以来，吾侪亦仅窥见其片麻岩之一页、冲积层之一砾耳，固自知其浅而无当。而亦录而存之者，以是为初步之一记念而已。

抑科学者，固日新月异而靡有止者也。今日以为是者，他日或以为非。今日知其一者，他日将更知其二。况诸生中不乏有志之士，诚能不骛志于世俗之纷纭，而以发挥吾国地质为己任，则继此以往，将见真理日出，而新旧知识，愈以递嬗于无穷。吾知数年之后，必有以是编为残缺陈腐而不足道者，则是编之作为不虚矣。

民国五年九月翁文灏序

地质学教学法（节录）[①]

吾国于地质学素鲜注意。近十年来矿业进步，国人始知地质之重要，然专治此道者尚鲜，学校中列地质一科者寥寥可数，故居今日而言教授，困难实多，撮其大要约有数端：

（一）吾国地质调查尚未普遍，关于本国之地质材料缺乏至多，故教授时只能用外国例证，非特难资实用，且佶屈聱牙，不便记忆。

（二）地质学在吾国为最新发达之一科学，从事此道者尚鲜，故素无良善之教科书，其程度最高能识外国文者，每用外国教本，因之于本国地质更多隔阂。

（三）研究地质首重实地调查，故教授时尤当注意于野外旅行。惟在今日地质调查尚未普遍之时，欲择一研究详明之地作为学生实习之用者，殊不易得，往往须教授先往其地，预为研究，此在大学或专门学校之教授尚易办到，而在中学及师范则往往不易办到也。

以上所举，皆属根本上之困难。此外若设备之不周、人才之缺乏、学生对于研究地质学兴趣之薄弱，诸如此类，皆足阻碍此方兴未艾之新科学之发展者也。兹据管见所及，对于教授地质应行注意之数点略述如次：

（一）治地质者当富于解析各种事实之能力与卓立不阿之见识，故教授时对于一种理论或一种现象当反复讨论，发为种种疑问，使学生辨答，务至充分悟解而后止。如是则不特于所讲之理论或现象易于记忆，且能养成解剖事实与夫发育思想之本能矣。

（二）吾国现无良教科书已如前述，若采用外国课本则诸多不便。为今之计，能由教授者自编讲义最佳。否则亦当采外国佳本数种，互为参考。讲义之材料体裁当以切合学生之应用及本地情形。如授

① 全文参见谢家荣：《地质学教学法》，《科学》1922 年第 1 期，1204~1213 页。

农专学生之矿物学，其教材当注意于造成岩石及土壤方面之诸矿物及其鉴定之法，若侈论结晶之构造及稀有矿物之鉴定法，则不适于学生之应用矣。又如在湖南一专门学校授矿床学，则应当注意学各种金属矿床，而于本省出产最富之诸矿，如锑、钨、锰、锡、铅、锌等尤当特别注意。若是不仅易于唤起学生之兴味，且于其将来之应用尤有无限裨益也。

（三）教授地质首重实验，矿物、岩石、古生物及构造地质诸科，其尤要者也。如授矿物结晶学时，应使学生先将模型详为辨认，然后择美好晶形互相比较，同时练习绘图、测角及计算轴率等方法。及授矿物各论，应于授课时将标本传观，使学生于各该矿物之形态、构造详为研究，然后于实验时复择五个或十个已经授过之矿物（用小块），使学生用吹管及其他物理性质之方法以鉴定之。如是不特能练习鉴定矿物之能力，且于各该矿物之重要性质皆易于记忆矣。教授岩石及古生物等学亦然。至于构造地质学常须明了平面、立体等之关系（能先学画法几何学最佳），然后绘图测算始易从事，故于实验时应设种种例题使学生演习。又如初学者于断层褶皱诸现象未能明了，则须用模型说明之。

（四）治地质者须有独立研究一问题之能力，故授课时除于某种问题作大略之演讲外，复须指定关于该问题之参考书及杂志等多种，使学生自修而以其心得作一报告，由教师评阅之。如学生人数不多，则每生各指一题，否则分学生为数组，每组各指一题。譬如授经济地质学，则可指定“中国煤矿之储藏及近年产销情形”“世界石油现状及将来之推测”“湖南锑矿纪要”等题目。如授普通地质学时，则可指定“水成沉积之种类及其鉴别方法”“我国黄土之成因”“地震原因”之各说。诸如此类，皆足以养成学生参考书籍之习惯，而为他日独力研究之预备者也。

（五）地质旅行之重要前已述之矣。其次数及时间当视学生程度及需要而异。中学学生于普通地质或矿物学毕业之后，可于暑期内作短时间之旅行，择附近矿山或富于露头之处为实习地点。如在北京则西山最为近便，凡岩石矿物之生成状态，地层之次序、构造，皆可尽情领略矣。矿业专门学生之旅行则当择著名矿厂，如唐山、大冶等处，距离不妨较远，时间不妨较长。其旅行目的应使学生明了该处地层之系统、构造及矿床之状态、分布。至于采矿手续之与他质有关者，亦应详为说明。有时且可分学生为数组，各指一问题使之调查，作为报告，由教师评阅之。至于以地质为专门科之学生，实习次数愈多愈佳。程度稍高者，则每届实习，必指定特种问题，使之单独研究，如学生有疑难之处，教师应指导之。

（六）地质旅行之前须作种种预备，而参考前人之报告尤为紧要。吾国地质调查员尚在萌芽，而东西洋地质家之来华调查著有报告者亦甚多，如李希霍芬氏（Richthofen）、洛川氏（Loczy）（以上皆德文），维理士氏（Willis）、彭潘来氏（Pumpelly）（以上皆英文），勒克莱氏（Leclére）（法文），石井八万次郎、野田势次郎（日文）及握勃列区夫（Obrutchev）皆其最著者也。农商部地质调查所，近亦刊报告多种，皆极有价值之作。教授者应指定有关系之著述，使学生预备俾资参考。

（七）地质现象，如冰河、火山等，只凭口头讲述，学生常难了解，故当用种种图籍以说明之，如有幻灯仪器则借影片以为说明尤佳。

以上各项皆其荦荦大者也，至若教案之分配、自修之规定，与夫考试方法等，皆在教师斟酌情形而定，殊难一一叙述也。

《矿物岩石及地质名词辑要》序

名物孳生，自昔已然，由来尚矣。仓颉造字，为数几何，文质损益，书契迭嬗，匪得已也。矧在六合一轨、学术兢兴之日乎。古者书有六体，形声为多。盖初则因名造字，一字一名，字从形声，易见易闻，势或然也。名不遍物，形无可拟，声无可依，于是比类托义，变体乃作。然则六书肇始，其亦有先后乎。降及后世，取精用宏，物愈繁而名愈不给。六书既无所托，变体又将安施。于是乃本昔之因字为名者，或别其色，或明其用，亦或详其性质，而兼名之例又兴焉。荀子曰：单足以喻则单，单不足以喻则兼。此之谓也。然而交通日辟，则方言寖多，时代屡迁，则诠释失据。名实淆乱，古犹不免，欲比附而齐一之，诚戛戛乎其难矣。若夫地质之学，起于晚近，而成于泰西。衡其范围，又广涉矿物、岩石、化石及地层构造诸大部。求之于古，既出入之悬殊。考之于今，亦重译而鲜当。董君次平，承丁文江、翁文灏两先生之命，编订中西名词表。首矿物，次岩石，又次地质，都凡三种。其矿岩凡例，余稍稍有所增损于其间。乃董君不以余为越俎。且每成一表，必就翁先生及余审定之。其虚怀谨慎，尤有足多者。表既成，余察其取舍之得宜，虽未能琐屑毕具，而体例或亦未尽符乎古人，然施诸实用，要亦无虞扞格矣。倘能推而行之，亦庶几正名之始基也欤。

民国十二年八月二十三日章鸿钊

《地质学》[1] 序

十三年前我在上海教书，最使我奇怪的事，是中学校以上的科学，都是用外国语教授，校长以此为条件，学生以此为要求，教员以此相夸耀。还有许多不通的留学生，说中国话不适用于教授科学！我起初还以为这种风气只是在上海通行，以后到了北京才知道，北京的学校也是如此。清华学校的算学，先用国文教一年，第二年把

---

① 谢家荣著：《地质学》，上海：商务印书馆，1924 年。

同样的算学用英文再教一年。内地学校的科学却多是用国文教的，但这不是他们开通，却是因为请不到这许多会说外国话的教习。内地学校的程度，因为种种的原因，自然不如上海、北京，所以上海、北京的教员，往往拿这种事实来证明教授科学非用外国语不可。结果科学教员不是教科学，是教英文。程度差一点的学生，固然是丝毫不能领会，就是好学生也不免把教授的语言当做教授的本旨，又何怪卒业的学生只知道 abc，不懂得 xyz 呢？

要改革这种恶风气，第一是要有几部用本国文做的科学教科书。有了相当的课本，只会说外国话的教员，就失去了护身符，只会说中国话的教员，就有了指南针。

但是做一部好的科学教科书，谈何容易！做一部好的地质学教科书，尤其困难。数学、物理、化学，没有地理的关系，无论哪一国，材料都是一样的，做教科书的人，不会做，也会偷。动物、植物，已经不能不取材于本国，然而究竟只要举几种标本，比较还有办法。惟有地质学，同地理的关系太密切了，不知道本国地质学的人，竟自无从下笔，偷也没有地方偷。加之本国的学生对于世界地理的知识太幼稚了，看见外国的地名一百个中认不得一个，把美国或是英国的地质学教科书译成中文，满纸是面生可疑的地名，如何可以引起他们的兴味？

欲做好的教科书，还有一种困难。教科书越是浅近，越是不容易做。做书的人不但是要对于本门的学问有专门的知识，而且：（一）要曾经自己做过许多独立的研究；（二）要有过许多教书的经验。不然不是对于本科没有亲切的发挥，就是不知道学生的苦处。所以美国的标准地质教科书，是张伯伦同沙尔士伯利（Chamberlain & Salisbury），法国的是奥格（Haug），德国的是开撒（Kayser）。这几位都是大学校的老教授，地质学的大明星，所以他们的书不但风行本国，而且世界皆知。在中国，目前地质学者，备这两种的资格的人本来是极少数，有这种资格，又不一定有功夫去做这种书。万不得已，与其仅有教书的经验，不如单有研究的资格。因为教书一半是天才，做过独立研究而有几分天才的人，就是没有教书的经验，还能想像教书的需要；若是没有独立工作过的人，教的书是死的，不是活的，做出来的教科书自然也带几分死气。英国的纪器（Geikie），就是一个绝好的例。纪氏生平没有教过书，但是他是英国地质调查所老所长，对于地质学的贡献很多，所以他的《地质学教科书》（*A Text Book of Geology*）、《地质学课本》（*A Class Book of Geology*），都是英国科学界的名著。

谢家荣先生是中国地质学界最肯努力的青年。他生平没有教过书，但是自从民国五年以来，除去在美国留学的三年之外，每年总有四个月在野外研究地质。他的足迹，东北到独石口，西北出嘉峪关，东到山东、江西，西到湖北、四川的交界，南到湖南的郴州、宜章、江华。又做过中国地质学会的书记，熟闻中外师友的发明，饱受地质学界老将葛利普先生的指导。所以他至少有了做中国地质教科书一大半的资格。他又好读书，能文章，所以他做的这一部教科书，虽不敢说是理想的著作，然而其中的条理分明，次序井井，所举的例都是中国的事实，如地震的原因、矿产的分布、河流的变迁，都采入最近的研究以引起读者的兴趣，不能不算是教科书中的创著了。全书分两部，上部是谢君自己做了，下部将由徐君韦曼续做。徐君是谢君的同学，在东南大学教授地质，若是他能把这几年教书的经验来补正谢君的缺点，成功一部中国的标准教科书，谢、徐二君就是中国科学教育界的功臣了。

十三，八，九，丁文江

《地质学》[1] 例言

一、本书分上下二编，上编论地质学之原理方法，下编专论地史，归徐君韦曼续撰。

二、本书体裁仿照美国葛利普氏最近出版之《地质学教科书》（A. W. Grabau's *Text Book of Geology*），先论地球之组织成分，矿物岩石之性质分类，然后详考各种动力之现象，与所生之结果，终乃述地质构造及矿床概论。循序而进，期易了解。

三、地史学为地质学之基础，而尤必以古生物学为之基础。在非专攻地质之学生，既无暇习古生物学，自未易骤习地史学。本书为便利一斑读者起见，末附《地史浅释》一章，庶几于地球发育之端、生物进化之迹，得以略窥大凡焉。

四、研究地质，理论与实习并重。寻常地质教科书，只有理论而无方法，学者病之。本书欲补此缺，特附《地质测量》及《中国地层表》二章于后，略述调查方法及中国地质概况，俾野外旅行者览此，可得参考之助。

五、地质教科书之教材，理论之外，尤重实例。而实例之选择，首重本国材料，盖既便读者记忆，且足以鼓励研究之兴趣。我国地质调查，方在萌芽，搜集材料，颇不易易。乃就目下所知，而足为教材之用者，咸为采入。其为本国所无，或犹未发见者，如火山、喷泉等等，则仍不得不取材于异国。惟编辑时间，万分局促，遗漏之处，尚望阅者谅之。

六、本书所用专门名辞，悉照地质调查所出版董常君所著之《地质矿物岩石及地质名词辑要》，以昭统一。

七、本书所列关于国内地质之照片插图等，大半系地质调查所历

① 谢家荣著：《地质学》，上海：商务印务馆，1924 年。

年研究之成绩，蒙所长许以择尤刊印，曷胜感激。又安特生、叶左之、谭寿田、王云卿、周柱臣诸君，亦各以所摄影片见赠，合并志谢。

八、本书编辑之时，承我师丁在君、翁咏霓、章演群诸先生及葛利普、安特生二君殷殷指导，时加匡正。及全书脱稿，又承章演群、翁咏霓二先生悉心校阅，作者感激之余，用志数语，以鸣谢悃。

民国十三年八月谢家荣谨识

《地质矿物学大辞典》序

《地质矿物学大辞典》为商务印书馆杜其堡君所编，馆中专家为之校读修正者若干人，复不嫌求详，征余校阅。余以其篇幅繁重，不及详阅，尝嘱本所赵亚曾、田奇瑰、钱声骏三君分任其事，略有修正。按专门词典之作，盖所以集学术之大成，便学者之检阅，意至善、用至广也。惟包罗既广，性质复专，欲以一人之力，兼通各科，编辑完善，为事甚难。故各国专门词典，大概合多数积学名家之力，以共成之。一字之诠，一名之释，辄为专家精研穷究之作，不特以便通俗检查，即专门学者亦复恃为南针焉。持此以论本书，则其内容之精密，容有未能自惬者。然天下事有未可一概论者。中国学者之专治地质矿物学者，为数犹寥寥。从事于研究工作者，大抵偏重一门，殚心精研，专门以外，无暇旁求。勉为贯通各门之编著，时有未遑，意不专注，欲求尽善，良非易易。其专门从事于若词典若教科书之编著者，范围既广，势难一一精通。译述西书，撷录成作，因少研究上之亲切经验，辄不免有隔膜影响之苦。盖必合此二者之长，庶可或免双方之失，此皆非可于短时期内匆促求之者也。顾大辂之作，始于椎轮，不有试作，何由进步。地质矿物学词典，教育界既久感此需要，则杜君此编，固亦今日不可不有之书。殆亦今日中国地质矿物学界力能贡献之作，亦未始不可以为更求进步之一基础也。书成，征序于余，因述所见如此。

民国十八年七月翁文灏序于地质调查所

《地学辞书》自序及序

欲从事某科学之研究，必以了解其术语之意义为第一步骤，是固尽人皆知者也。其能为某科学之术语者，必含有学术意义，非寻常语所可比拟，是又尽人皆知者也。地学一科，术语繁多，有为普通辞书之所不载，即载亦有字相同而义相异者，故学者苦之。予拟编此书者有年矣，屡以事辍，不及终篇者再，至今日始告厥成。编纂时以选材务求严密，使僻而不普通者，不致滥充篇幅；叙述务求详尽，使得一系统记载，俾便检阅；材料务求精要，使不致详其枝叶而略其大体；文辞务求浅显，使不致字句繁冗而晦其真义。今共得文二十五万余言，语一千三百七十余条，挂一漏万，在所不免，绳愆纠谬，是又在海内治斯学者之有以匡其不及也。

民国十七年莫春海虞王益厓序于苏大淮安中学校

地学在吾国素为幼稚，《四库书目》所录地理类书，其量甚少，而其质亦欠精详。至地质学更为吾国畴昔所缺，近虽渐自欧西输入，译本率为学校教科书，所译术语分歧，涵义难明。欲求一译名精确，内容完备，足为各级学校教师学生研究上之参考，检查上之便利者，实不可得。同学海虞王益厓先生，费数稔之精力，胪列各书所常见之术语，详加条解。既求知识之真，复订他书之谬，俾此后之有志于科学者，能用简便方法，以检查其意中所欲得之术语。此有裨于学术界，诚非浅鲜。昔李兆洛著《历代地理韵篇》、清代《舆地韵篇》等书，学者莫不称便。此书刊行，当能与李氏媲美，风行海内，供社会需求。尚望先生继此努力，为我国地学界发皇光大，以洗前者之陋。仆不文，且未专习地学，姑为之序如此。

民国十七年七月程时煃于中央大学教育行政院

乾嘉学者始重索引之学，《经籍籑诂》合百人之力乃成。汪辉祖以毕生精力注于《史姓韵编》，后世皆食其赐。诚以典籍浩繁，闻见有限，在博雅者且不能悉究无遗。宜尽取中外之籍，择其中之人名地名术名，凡一切有名可治有数可稽者，悉汇为一编，以为群书之总。庶乎渊博之儒穷毕生年力而不可究殚者，使中才之士亦可坐收于几席之间。矧在今日，学术之范围益广，一科之中，专门术语，动以千万计。浅学者望洋兴叹，深入者嗟我生之有涯。辞书之辑，诚为要图。

友人海虞王益厓先生，以地学术语繁多，普通辞书又多不载，乃网罗典籍，辑为斯编，为语一千三百七十余条，为文二十五万余言。其致力之精且勤，益可想见。昔郑渔仲贯通诸史，号曰《通志》。地理一略，纠班氏之谬以绩今古。斯书究本溯源，以精要为归，足以针衔世者之陋固已，方驾渔仲而无愧色也。

中华民国十七年七月五日永嘉姜琦序于上海

《矿物学》[①] 序

予未精究矿物，何足以序黄君之书。虽然，昔尝从事中等教育，见矿物一科，择材不精，是生五弊。

矿物结晶，归于六系。形体繁博，理难究详。教授之际，往往繁简失中。其弊一也。

胪列矿名，枯燥无味。鲜裨实用，兴趣罕生。其弊二也。

矿物标本，购自东瀛。于本国特产，茫然不知。昧家珍而矜野获。

① 黄人滨编：《矿物学》，北平：北平文化学社，1933 年。

其弊三也。

教材偏重矿物，于数万亿载一部大石史，未曾读其半页。其弊四也。

生于覆载之中，而于耳目所接，陵迁谷变、狱峙渊渟，转莫能明其所以然之故。其弊五也。

今黄君此书成，以地质为骨干，将五弊祛尽无余，诚新学制颁行后适时之巨制也。黄君来索序，聊书数语以应之。

岁次甲子十二月南城欧阳祖经

附录四　外国人名表

阿格里柯拉（Georgius Agricola, 1494~1555）
阿加西（Louis Agassiz, 1807~1873）
艾约瑟（Joseph Edkins, 1823~1905）
安得思（Roy Chapman Andrews, 1884~1960）
安德孙（John Anderson, 1833~1900）
安特生（Johan Gunnar Andersson, 1874~1960）
奥勃鲁切夫（Влади́мир Афана́сьевич О́бручев, 1863~1956）
奥尔森（George Olsen）
奥斯朋（Henry Fairfield Osborn, 1857~1935）
奥斯彭（Henry Stafford Osborn, 1823~1894）
巴尔博（George Brown Barbour, 1890~1977）
白卫德（Eliot Blackwelder, 1880~1969）
包尔滕（John Shan Burdon, 1826~1907）
勃吉（Charles Berkey, 1867~1955）
卜舫济（Francis Lister Hawks Pott, 1864~1947）
步达生（Davidson Black, 1884~1934）
达・芬奇（Leonardo da Vinci, 1452~1519）
达尔文（Charles Robert Darwin, 1809~1882）
大卫・佩奇（David Page, 1814~1897）

代那（James Dwight Dana, 1813~1895）
狄考文（Calvin Wilson Mateer, 1836~1908）
丁格兰（Felix Reinhold Tegengren）
丁韪良（William Alexander Parsons Martin, 1827~1916）
费而奔（William Fairbairn, 1789~1874）
傅兰雅（John Fryer, 1839~1928）
葛利普（Amadeus William Grabau, 1870~1946）
谷兰阶（Walter Granger, 1872~1941）
郭实腊（Karl Friedrich August Gutzlaff, 1803~1851）
喝尔勃特·喀格司（Samuel Herbert Cox, 1852~1910）
赫德（Robert Hart, 1835~1911）
赫顿（James Hutton, 1726~1797）
赫勒（Thore Gustaf Halle, 1884~1964）
赫歇尔（John Herschel, 1792~1871）
居维叶（Georges Cuiver, 1769~1832）
拉马克（Jean-Baptiste Lamarck,1744~1829）
赖尔（晚清译作雷侠儿）（Charles Lyell, 1797~1875）
赖康忒（Joseph Le Conte, 1823~1901）
黎力基（Rudolph Lechler, 1824~1908）
李提摩太（Richard Timothy, 1845~1919）
李希霍芬（Ferdinand Freiherr von Richthofen, 1833~1905）
里德（Hugo Reid, 1811~1852）
理雅各（James Legge, 1815~1897）
林乐知（Young John Allen, 1836~1907）
洛川（Lajos Lóczy, 1849~1920）
马礼逊（Robert Morrison, 1782~1834）
玛高温（Daniel Jerome Macgowan, 1814~1893）

麦都思（Walter Henry Medhurst, 1796~1857）

麦美德（Luella Miner, 1861~1935）

毛里士（Frederick Morris）

孟梯德（James Monteith, 1831~1890）

米尔纳（Thomas Milner, 1808~ 约 1883）

米怜（William Milne, 1785~1822）

慕维廉（William Muirhead, 1822~1900）

潘德顿（Robert L. Pendleton）

庞佩利（Raphael Pumpelly, 1837~1923）

祁觐（Archibald Geikie, 1835~1924）

萨默维尔（Mary Somerville, 1780~1872）

师丹斯基（Otto Zdansky, 1894~1988）

施洛塞（Max Schlosser, 1854~1932）

史密斯（William Smith, 1769~1839）

斯文·赫定（Sven Hedin, 1865~1952）

梭尔格（Friedrich Solgar, 1877~1965）

塔尔（Ralph Tarr, 1864~1912）

汤若望（Johann Adam Schall von Bell, 1592~1666）

威廉·克鲁克斯（William Crooks, 1832~1919）

韦廉臣（Alexander Williamson, 1829~1890）

维理士（Bailey Willis, 1857~1949）

伟烈亚力（Alexander Wylie, 1815~1887）

卫乃雅（Noah Williams）

魏纳（Abraham Gottlob Werner, 1749~1817）

文教治（George Sydney Owen, 1843~1914）

奚礼尔（Charles Batten Hillier, ？ ~1856）

新常富（Erik Nyström, 1879~1963）

参考文献

一、中文文献

（一）原始文献

1.（德）胡沙克著，马君武译：《矿物学》，上海：科学会编译部，1911 年。

2.（美）俺特累著，（英）傅兰雅、王树善译：《开矿器法图说》，上海：江南制造局，1899 年。

3.（美）奥斯彭撰，海盐沈陶璋笔述，慈溪舒高第口译，江浦陈洙勘润：《矿学考质》，上海：江南制造局，1907 年。

4.（美）代那著，玛高温、华蘅芳译：《金石识别》，上海：江南制造局，1872 年。

5.（美）赖康忒著，张逢辰、包光镛译：《最新中学教科书·地质学》，上海：商务印书馆，1906 年。

6.（美）麦美德著：《地质学》，北京：北京协和女书院，1911 年。

7.（美）孟梯德著，（美）卜舫济译：《地理初桄》，上海：益智书会，1897 年。

8.（美）文教治口译，李庆轩笔译：《地学指略》，上海：益智书会，1881 年。

9.（葡）玛吉士著：《新释地理备考》，《海山仙馆丛书》。

10.（日）横山又次郎著，杜亚泉、杜就田译：《初等矿物界教科书》，上海：商务印书馆，1907 年。

11.（日）横山又次郎著，杜亚泉编译：《初等矿物界教科书》，上海：商务印书馆，1914 年。

12.（日）横山又次郎著，樊炳清译：《地质学简易教科书》，南京：江楚编译局，清末。

13.（日）横山又次郎著，叶瀚译：《地质学教科书》，上海：蒙学报馆，1905~1906 年。

14.（日）横山又次郎著，虞和钦、虞和寅译：《地质学简易教科书》，上海：广智书局，1902 年。

15.（日）横山又次郎著，张相文编译：《最新地质学教科书》，上海：文明书局，1909 年。

16.（日）神保小虎著，（日）西师意译述：《矿物教科书》，太原：山西大学堂译书院，1905 年。

17.（日）石川成章著，董瑞椿译：《中学矿物教科书》，上海：文明书局，1907 年。

18.（日）胁水铁五郎著，邓毓怡译：《矿物界教科书》，北京：河北译书社，1907 年。

19.（日）胁水铁五郎著，钟观诰译：《新式矿物学》，上海：商务印书馆，1916 年。

20.（日）志贺重昂讲述，萨端译：《地学讲义》，清光绪商务印书馆铅印本。

21.（日）佐藤传藏讲述，金太仁编辑：《矿物学及地质学》，东京：东亚公司，1907 年。

22.（英）艾约瑟编译：《西学略述》，上海：总税务司署印，1886年。

23.（英）艾约瑟译：《地理质学启蒙》，上海：总税务司署印，1886年。

24.（英）艾约瑟译：《地学启蒙》，上海：总税务司署印，1886年。

25.（英）安德孙撰，（英）傅兰雅、潘松合译：《求矿指南》（十卷附一卷），上海：江南制造局，1899年。

26.（英）费而奔著，（英）傅兰雅、徐寿译：《宝藏兴焉》，上海：江南制造局，1884年。

27.（英）傅兰雅著：《地理须知》，见《格致须知》，1883年。

28.（英）傅兰雅著：《地学稽古论》，上海：格致书室，1900年。

29.（英）傅兰雅著：《地学须知》，见《格致须知》，1883年。

30.（英）傅兰雅著：《地志须知》，见《十种须知》，1882年。

31.（英）傅兰雅著：《矿物图说》，1884年。

32.（英）喝尔勃特·喀格司著，王汝楠译：《相地探金石法》，上海：江南制造局，1903年。

33.（英）雷侠儿著，（美）玛高温、华蘅芳译：《地学浅释》，上海：江南制造局，1873年。

34.（英）慕维廉：《地学举要》，见《西学大成》，上海：大同书局石印本，1888年。

35.（英）慕维廉著：《地理全志》，1880年。

36.（英）慕维廉著：《地理全志》，上海：美华书馆，1883年。

37.（英）慕维廉著：《地理全志》，上海：墨海书馆，1853~1854年。

38.（英）祁觏纂，（美）林乐知、郑昌棪译：《地理小引》，见《格致启蒙》，上海：江南制造总局。

39.（英）士密德辑，（英）傅兰雅、王德均译：《矿务五种》（十二卷），上海：纬文阁石印本，1897年。

40. 陈文哲、陈荣镜编译：《地质学教科书》，上海：昌明公司，1906年。

41. 陈文哲编著：《矿物界教科书》，上海：昌明公司，1906年。

42. 陈用光编：《中等博物教科书·矿物学》，上海：科学会编译部，1907年。

43. 储丙鹑著：《普通问答四种》，上海：南洋公学，1902年。

44. 戴吉礼编：《傅兰雅档案》，桂林：广西师范大学出版社，2010年。

45. 丁文江著：《工商部试办地质调查说明书》，1913年。

46. 董常编：《矿物岩石及地质名词辑要》，北京：农商部地质调查所，1923年。

47. 董常著：《矿物学》，上海：商务印书馆，1934年。

48. 杜芳城编译：《生物地质学》，上海：北新书局，1930年。

49. 杜就田编：《新撰矿物学教科书》，上海：商务印书馆，1910年。

50. 杜其堡编：《地质矿物学大辞典》，上海：商务印书馆，1930年。

51. 杜若城编：《矿物学》，上海：大东书局，1933年。

53. 杜若城编：《新撰初级中学教科书·矿物学》，上海：商务印书馆，1926年。

53. 杜亚泉编，翁文灏校：《现代初中教科书·矿物学》，上海：商务印书馆，1929年。

54. 杜亚泉编、徐善祥校订：《共和国教科书·矿物学》，上海：商务印书馆，1925年。

55. 杜亚泉编：《矿物学讲义》，上海：商务印书馆，1912年。

56. 杜亚泉编译：《普通矿物学》，上海：亚泉学馆，1903年。

57. 杜亚泉编译：《最新中学教科书·矿物学》，上海：商务印书馆，1906年。

58. 杜亚泉编著：《矿物学》，商务印书馆，1906年。

59. 杜亚泉著：《矿物学》，上海：商务印书馆，1920 年。

60. 富山房编纂，郑宪成译：《（普通教育）地质学问答》，上海：上海作新社，1903 年。

61. 国立编译馆编：《矿物学名词》，上海：商务印书馆，1936 年。

62. 华文祺编译：《最新初等化学矿物教科书》，上海：文明书局，1907 年。

63. 黄人滨编：《矿物学》，北平：北平文化学社，1933 年。

64. 李桂林、戚名琇、钱曼倩等编：《中国近代教育史资料汇编·普通教育》，上海：上海教育出版社，2007 年。

65. 李景文、马小泉主编：《民国教育史料丛刊（1028）·师范教育》，郑州：大象出版社，2015 年。

66. 李约编著：《矿物学》，天津：百城书局，1931 年。

67. 梁修仁编著：《地质学》，天津：百城书局，1932 年。

68. 毛起鹇著：《矿物学问答》，上海：大东书局，1930 年。

69. 钱承驹著：《蒙学地质教科书》，上海：文明书局，1903 年。

70. 秦汝钦编：《高等教育矿物实验教科书》，上海：文明书局，1911 年。

71. 璩鑫圭、唐良炎编：《中国近代教育史资料汇编·学制演变》，上海：上海教育出版社，1991 年。

72. 舒新城编：《中国近代教育史资料（中）》，北京：人民教育出版社，1981 年。

73. 宋崇义编，钟衡臧、糜赞治参订，王烈阅：《新中学教科书·矿物学》，上海：中华书局，1923 年。

74. 王季点编，陈学郢校：《中学矿物界教科书》，上海：商务印书馆，1910 年。

75. 王季点编著，陈学郢校阅，杜就田补订：《中学矿物界教科书》，上海：商务印书馆，1922 年。

76. 王霖之著：《矿物学》，北平：北京书局，1930年。

77. 王益厓编：《地学辞书》，上海：中华书局，1930年。

78. 翁文灏、章鸿钊编著：《地质研究所师弟修业记》，北京：京华印书局，1916年。

79. 吴冰心编：《实用教科书·矿物学》，上海：商务印书馆，1919年。

80. 谢家荣著：《地质学》，上海：商务印书馆，1924年。

81. 徐继畬著：《瀛寰志略》，同治丙寅（1866年）重订（总理衙门藏版）。

82. 徐善祥编：《民国新教科书·矿物学》，上海：商务印书馆，1913年。

83. 叶良辅等著：《北京西山地质志》，《地质专报甲种》（第一号），1920年。

84. 余肇升、方作舟、邹永修编译：《矿物学》，武汉：湖北学务处，1905年。

85. 俞物恒编译：《新学制高级中学教科书·地质学》，上海：商务印书馆，1928年。

86. 詹鸿章编译：《最新实用矿物教科书》，上海：时中书局，1905年。

87. 张静庐编：《中国近现代出版史料》，上海：上海书店出版社，2003年。

88. 张静庐辑注：《中国出版史料补编》，北京：中华书局，1957年。

89. 张栗原著：《地质学大意》，上海：神州国光社，1932年。

90. 张相文著：《最新地文学》，上海：文明书局，1908年。

91. 张资平编：《地质矿物学》，上海：商务印书馆，1924年。

92. 张资平编：《普通地质学》，上海：商务印书馆，1926年。

93. 张宗望编著：《中学矿物学》，上海：世界书局，1932年。

94. 章鸿钊著：《农商部地质调查所一览》。

95. 章鸿钊著：《石雅》（1918 年初刻，1927 年再刊）。

96. 赵国宾著：《通俗地质学》，上海：商务印书馆，1924 年。

97. 中国第二历史档案馆编：《中华民国史档案资料汇编（第三辑·教育）》，南京：江苏古籍出版社，1991 年。

98. 中国第二历史档案馆编：《中华民国史档案资料汇编（第五辑第一编·教育）》，南京：江苏古籍出版社，1991 年。

99. 中华民国教育部编：《第一次中国教育年鉴（戊编）》。

100. 周太玄编译：《地质学浅说》，上海：商务印书馆，1924 年。

101. 朱隆勋编著：《新制初级中学教科书·矿物学》，北平：理科丛刊社，1931 年。

102.《地质调查所沿革事略》，1922 年。

103.《地质学》（京师大学堂讲义），清末。

104.《国立编译馆工作概况》，1946 年。

105.《国立编译馆一览》，1934 年。

106.《矿质教科书》，上海：商务印书馆，1903 年。

107.《中国地质调查所概况》，1931 年。

（二）研究论著

1.（澳）戴维·R. 奥尔德罗伊德著，杨静一译：《地球探赜索隐录——地质学思想史》，上海：上海科技教育出版社，2006 年。

2.（德）郎宓榭、阿梅龙、顾有信著，赵兴胜等译，郭大松校：《新词语新概念：西学译介与晚清汉语词汇之变迁》，济南：山东画报出版社，2012 年。

3.（美）费正清，刘广京编：《剑桥中国晚清史》，北京：中国社会科学出版社，2007 年。

4.（美）斯塔夫里阿诺斯著，吴象婴、梁赤民、董书慧、王昶译，梁赤民审校：《全球通史——从史前到21世纪》，北京：北京大学出版社，2012年。

5.（日）实藤惠秀监修，谭汝谦主编，小川博编辑：《中国译日本书综合目录》，香港：香港中文大学出版社，1980年。

6.（日）实藤惠秀著，谭汝谦、林启彦译：《中国人留学日本史》，北京：北京大学出版社，2012年。

7.（日）土井正民著，张驰、何往译：《日本近代地学思想史》，北京：地质出版社，1990年。

8.（日）小林英夫，刘兴义、刘肇生译，刘海阔校：《地质学发展史》，北京：地质出版社，1983年。

9. 白撞雨著：《翕居读书录》，北京：石油工业出版社，2009年。

10. 北京图书馆编：《民国时期总书目》，北京：北京图书馆出版社，1988年。

11. 北京图书馆普通古籍组编：《北京图书馆普通古籍总目·自然科学门》，北京：书目文献出版社，1995年。

12. 毕苑著：《建造常识：教科书与近代中国文化转型》，福州：福建教育出版社，2010年。

13. 卞孝萱、唐文权编：《民国人物碑传集》，南京：凤凰出版社，2011年。

14. 陈美东、杜石然、金秋鹏、范楚玉编著：《简明中国科学技术史话》，北京：中国青年出版社，2009年。

15. 陈学恂主编：《中国近代教育文选》，北京：人民教育出版社，1994年。

16. 程裕淇、陈梦熊主编：《前地质调查所（1916~1950）的历史回顾——历史评述与主要贡献》，北京：地质出版社，1996年。

17. 崔云昊著：《中国近现代矿物学史：1640~1949》，北京：科学出版社，1995年。

18. 董光璧主编：《中国近现代科学技术史》，长沙：湖南教育出版社，1995 年。

19. 杜石然、范楚玉、陈美东、金秋鹏、周世德、曹婉如编著：《中国科学技术史稿》（修订版），北京：北京大学出版社，2012 年。

20. 范祥涛著：《科学翻译影响下的文化变迁——20 世纪初科学翻译的撰写研究》，上海：上海译文出版社，2006 年。

21. 戈公振著：《中国报学史》，北京：生活·读书·新知三联书店，1955 年。

22. 古生物名词审定委员会编：《古生物学名词（第二版）》，北京：科学出版社，2009 年。

23. 顾晓华主编：《中国地质调查事业百年（1913~2013）》，北京：地质出版社，2013 年。

24. 顾长声著：《传教士与近代中国》，上海：上海人民出版社，2013 年。

25. 关晓红著：《晚清学部研究》，广州：广东教育出版社，2000 年。

26. 郭双林著：《西潮激荡下的晚清地理学》，北京：北京大学出版社，2005 年。

27. 李春昱著：《中国之地质工作》，北京：行政院新闻局，1947 年。

28. 李华兴主编：《民国教育史》，上海：上海教育出版社，1997 年。

29. 李学通著：《翁文灏年谱》，济南：山东教育出版社，2005 年。

30. 李仲均、王恒礼、石宝珩、王子贤编著：《中国古代地学书录》，武汉：中国地质大学出版社，1997 年。

31. 梁启超著，朱维铮校注：《清代学术概论》，北京：中华书局，2011 年。

32. 梁启超著，夏晓虹辑：《饮冰室合集·集外文》，北京：北京大学出版社，2005 年。

33. 梁启超著：《读西学书法》，见《梁启超全集》，北京：北京出版社，1999 年。

34. 梁启超著：《中国近三百年学术史》，长沙：岳麓书社，2009 年。

35. 刘洪权编：《民国时期出版书目汇编》，北京：国家图书馆出版社，2010 年。

36. 罗桂环著：《中国西北科学考查团综论》，北京：中国科学技术出版社，2009 年。

37. 罗振玉著：《学堂自述》，南京：江苏人民出版社，1999 年。

38. 毛礼锐、沈灌群主编：《中国教育通史》，济南：山东教育出版社，2005 年。

39. 任纪舜主编：《黄汲清中国地质科学史文选》，北京：科学出版社，2014 年。

40. 桑兵、赵立彬主编：《转型中的近代中国——“近代中国的知识与制度转型”学术研讨会论文选》，北京：社会科学文献出版社，2011 年。

41. 商务印书馆编：《商务印书馆九十年——我和商务印书馆》，北京：商务印书馆，1987 年。

42. 上海交通大学校史编纂委员会编：《上海交通大学纪事（1896~2005）》（上），上海：上海交通大学出版社，2006 年。

43. 沈国威编著：《六合丛谈（附题解·索引）》，上海：上海辞书出版社，2006 年。

44. 沈国威编著：《新尔雅（附题解·索引）》，上海：上海辞书出版社，2011 年。

45. 沈国威著：《近代中日词汇交流研究，汉字新词的创制、容受与共享》，北京：中华书局，2010 年。

46. 石鸥、吴小鸥编著：《百年中国教科书图说》，长沙：湖南教育出版社，2009 年。

47. 石鸥著：《百年中国教科书论》，长沙：湖南师范大学出版社，

2013 年。

48. 石鸥著：《民国中小学教科书研究》，长沙：湖南教育出版社，2018 年。

49. 松浦章、内田庆市、沈国威编著：《遐迩贯珍（附题解·索引）》，上海：上海辞书出版社，2005 年。

50. 宋广波著：《丁文江年谱》，哈尔滨：黑龙江教育出版社，2009 年。

51. 孙荣圭著：《地质科学史纲》，北京：北京大学出版社，1984 年。

52. 唐锡仁、杨文衡主编：《中国科学技术史·地学卷》，北京：科学出版社，2000 年。

53. 汪家熔著：《民族魂——教科书变迁》，北京：商务印书馆，2008 年。

54. 王炳照等编：《中国近代教育史》，台北：五南图书出版公司，1994 年。

55. 王恒礼、王子贤、李仲均编：《中国地质人名录》，北京：中国地质大学出版社，1989 年。

56. 王鸿祯主编：《中国地质事业早期史》，北京：北京大学出版社，1990 年。

57. 王鸿祯主编：《中外地质科学交流史》，北京：石油工业出版社，1992 年。

58. 王嘉荫编：《中国地质史料》，北京：科学出版社，1963 年。

59. 王建军著：《中国近代教科书发展研究》，广州：广东教育出版社，1996 年。

60. 王伦信著：《清末民国时期中学教育研究》，上海：华东师范大学出版社，2002 年。

61. 王树槐著：《基督教与清季中国的教育与社会》，桂林：广西师范大学出版社，2011 年。

62. 王韬、顾燮光等著：《近代译书目》，北京：北京图书馆出版社，2003 年。

63. 王扬宗著：《傅兰雅与近代中国的科学启蒙》，北京：科学出版社，2000 年。

64. 王仰之著：《中国地质学简史》，北京：中国科学技术出版社，1994 年。

65. 王有朋主编：《中国近代中小学教科书总目》，上海：上海辞书出版社，2010 年。

66. 王子贤、王恒礼著：《简明地质学史》，郑州：河南科学技术出版社，1985 年。

67. 翁文灏著：《锥指集》，北平：地质图书馆，1930 年。

68. 吴凤鸣著：《世界地质学史》，长春：吉林教育出版社，1996 年。

69. 吴凤鸣著：《吴凤鸣文集》，北京：大象出版社，2004 年。

70. 吴凤鸣著：《吴凤鸣文集·第二集》，北京：石油工业出版社，2011 年。

71. 吴研因、吴增芥编：《小学教材研究》，上海：商务印书馆，1933 年。

72. 吴艳兰编：《北京师范大学图书馆馆藏师范学校及中小学教科书书目（清末至 1949 年）》，北京：北京师范大学出版社，2002 年。

73. 谢清果著：《中国近代科技传播史》，北京：科学出版社，2011 年。

74. 熊明安著：《中华民国教育史》，重庆：重庆出版社，1990 年。

75. 熊月之主编：《晚清新学书目提要》，上海：上海书店出版社，2007 年。

76. 熊月之著：《西学东渐与晚清社会（修订版）》，北京：中国人民大学出版社，2010 年。

77. 杨翠华著：《中基会对科学的赞助》，台北："中央研究院"

近代史研究所，1991 年。

78. 杨钟健著：《杨钟健回忆录》，北京：地质出版社，1983 年。

79. 叶良辅、章鸿钊著：《中国地质学史二种》，上海：上海书店出版社，2011 年。

80. 张九辰著：《地质学与民国社会（1916~1950）》，济南：山东教育出版社，2005 年。

81. 张晓主编：《近代汉译西学书目提要（明末至 1919）》，北京：北京大学出版社，2012 年。

82. 张之洞著：《劝学篇》，上海：上海书店出版社，2002 年。

83. 章鸿钊著：《六六自述》，武汉：地质学院出版社，1987 年。

84. 郑匡民著：《西学的中介：清末民初的中日文化交流》，成都：四川人民出版社，2008 年。

85. 中国大百科全书总编辑委员会编：《中国大百科全书 · 地质学》，北京：中国大百科全书出版社，1993 年。

86. 中国地质学会编著：《中国地质学学科史》，北京：中国科学技术出版社，2010 年。

87. 中国地质学会地质学史委员会编：《地质学史论丛（二）》，北京：地质出版社，1989 年。

88. 中国地质学会地质学史委员会编：《地质学史论丛（三）》，武汉：中国地质大学出版社，1995 年。

89. 中国地质学会地质学史委员会编：《地质学史论丛（四）》，北京：地质出版社，2002 年。

90. 中国地质学会地质学史委员会编：《地质学史论丛（一）》，北京：地质出版社，1986 年。

91. 周予同等著，教育杂志社编：《教材之研究》，上海：商务印书馆，1925 年。

92. 周振鹤编：《晚清营业书目》，上海：上海书店出版社，2005 年。

93. 朱庆堡著：《中华民国专题史·教育的变革与发展》，南京：南京大学出版社，2015 年。

94. 竺可桢著：《竺可桢全集》（第 22 卷），上海：上海科技教育出版社，2012 年。

95. 卓南生著：《中国近代报业发展史（1815~1874）》（增订版），北京：中国社会科学出版社，2015 年。

96. 邹振环著：《疏通知译史》，上海：上海人民出版社，2012 年。

97. 邹振环著：《晚清地理学在中国——以 1815 至 1911 年西方地理学译著的传播与影响为中心》，上海：上海古籍出版社，2000 年。

98. 邹振环著：《影响中国近代社会的一百种译作》，北京：中国对外翻译出版公司，1994 年。

（三）研究论文

1.（日）佐藤传藏著，可权译：《冰河原始论》，《地学杂志》第 1 卷第 4 期（1910 年），1~3 页。

2.（日）佐藤传藏著，史廷扬译：《地下水之作用》，《地学杂志》第 2 卷第 1 期（1911 年），4~6 页。

3. 艾素珍：《清代出版的地质学译著及特点》，《中国科技史料》1998 年第 1 期，11~26 页。

4. 陈蜜：《法国古生物学考察团研究（1923~1924）》，中国科学院大学博士学位论文，2017 年。

5. 陈蜜、韩琦：《泥河湾地质遗址的发现——以桑志华、巴尔博对泥河湾研究的优先权为中心》，《自然科学史研究》第 35 卷第 3 期（2016 年），320~340 页。

6. 陈明：《维理士对中国地质的研究及其影响》，中国科学院大学硕士学位论文，2016 年。

7. 陈明、韩琦：《维理士对中国地质的研究及其影响》，《自然科学史研究》第 35 卷第 2 期（2016 年），213~226 页。

8. 陈学熙：《中国地理学家派》,《地学杂志》第 2 卷第 17 期（1911 年），1~7 页。

9. 陈镱文、亢小玉、姚远：《杜亚泉先生年谱（1913~1933）》,《西北大学学报（自然科学版）》第 38 卷第 6 期（2008 年），1044~1050 页。

10. 陈镱文、姚远：《杜亚泉先生年谱（1873~1912）》,《西北大学学报（自然科学版）》第 38 卷第 5 期（2008 年），845~850 页。

11. 陈志勇：《译书与中国近代化》,《国学》2010 年第 3 期，26~29 页。

12. 邓亮：《艾约瑟在华科学活动研究》，中国科学院自然科学史研究所硕士学位论文，2002 年。

13. 邓亮：《化学元素在晚清的传播——关于数量、新元素的补充研究》,《中国科技史杂志》第 32 卷第 3 期（2011 年），360~371 页。

14. 邓亮：《江南制造局科技译著底本新考》,《自然科学史研究》第 35 卷第 3 期（2016 年），285~296 页。

15. 丁宏：《庞佩利与中国近代黄土地质学》,《自然科学史研究》第 38 卷第 2 期（2019 年），200~214 页。

16. 丁文江：《我国的科学研究事业》，连载于《申报》1935 年 12 月 4 日、6 日、8 日、9 日。

17. 国连杰：《“十八罗汉”与中国早期地质学》,《科学文化评论》第 11 卷第 5 期（2014 年），55~80 页。

18. 韩琦：《传教士伟烈亚力在华的科学活动》,《自然辩证法通讯》1998 年第 2 期，57~70 页。

19. 韩琦：《从矿务顾问、化石采集者到考古学家——安特生在中国的科学活动》,《法国汉学》第 18 辑，北京：中华书局，2019 年，29~52 页。

20. 韩琦：《科学、外交与欧美之旅——丁文江在 1919》，《文汇学人》第 419 期（2019 年 12 月 27 日）。

21. 韩琦：《〈六合丛谈〉之缘起》，《或问》2004 年第 8 期，144~146 页。

22. 韩琦、陈蜜：《民国初期的跨国科学竞争——以法国古生物学调查团的缘起为中心》，《自然科学史研究》第 39 卷第 1 期（2020 年），1~23 页。

23. 韩琦、丁宏：《新生代研究室的中外合作及其影响——以德日进和杨钟健的两次合作考察为例》，《中国科技史杂志》第 39 卷第 1 期（2018 年），48~61 页。

24. 韩琦、宋元明：《民国时期地质学研究的跨国合作——以巴尔博、李四光对中国第四纪冰川遗迹问题的争论为中心》，《学术月刊》第 49 卷第 11 期（2017 年），173~184 页。

25. 黄汲清：《三十年来之中国地质学》，《科学》第 28 卷第 6 期（1946 年），249~264 页。

26. 李学通：《地质调查所沿革诸问题考》，《中国科技史料》第 24 卷第 4 期（2003 年），351~358 页。

27. 李学通：《农商部地质研究所始末考》，《中国科技史料》第 22 卷第 2 期（2001 年），139~144 页。

28. 李学通：《中国地质事业初期若干史实考》，《中国科技史杂志》第 27 卷第 1 期（2006 年），61~74 页。

29. 刘爱玲、李强：《晚清社会变迁与近代地质学在中国的传播特征》，《科学技术与辩证法》第 23 卷第 6 期（2006 年），12 页。

30. 龙村倪：《〈金石识别〉的译成及其对中国地质学的贡献》，王渝生主编：《第七届国际中国科学史会议论文集》，郑州：大象出版社，1996 年，374~386 页。

31. 孟森：《张君蔚西墓表》，见卞孝萱，唐文权编：《民国人物碑传集》，南京：凤凰出版社，2011 年，490~491 页。

32. 聂馥玲、郭世荣：《〈地质学原理〉的演变与〈地学浅释〉》，《内蒙古师范大学学报（自然科学汉文版）》第41卷第3期（2012年），307~313页。

33. 潘江：《农商部地质研究所师生传略》，《中国科技史料》1999年第2期，130~144页。

34. 钱存训著，戴文伯译：《近世译书对中国现代化的影响》，《文献》1986年第2期，176~205页。

35. 阙疑生：《统一科学名词之重要》，《科学》1937第3期，181~182页。

36. 任鸿隽：《一个关于理科教科书的调查》，《科学》第17卷第12期（1933年），2029~2034页。

37. 弱者：《化石说》，《中国青年学粹》第1卷第1期（1911年），80~86页。

38. 宋元明：《美国中亚考察团在华地质学、古生物学考察及其影响》，中国科学院大学硕士学位论文，2015年。

39. 宋元明：《美国中亚考察团在华地质学、古生物学考察及其影响（1921~1925）》，《自然科学史研究》第36卷第1期（2017年），60~75页。

40. 孙承晟：《“他乡桃李发新枝”：葛利普与北京大学地质学系》，《自然科学史研究》第35卷第3期（2016年），341~357页。

41. 孙承晟：《在商业与科学之间：金绍基的科学活动及其身份转型》，《科学文化评论》第17卷第1期（2020年），56~72页。

42. 孙晓菲、聂馥玲：《〈地学浅释〉增设子目录的方法及来源》，《中国科技史杂志》第36卷第4期（2015年），413~423页。

43. 孙云铸：《谈谈几个标准地质系》，《大地》1937年第4期，1~5页。

44. 王炳章：《成立地质名词审定会之建议》，《国立北京大学地质研究会年刊》1923 年第 2 期，121~122 页。

45. 王恭睦：《地质学名词编订之经过》，《地质论评》1936 年第 1~6 期，103~107 页。

46. 王恭睦：《中学用地质矿物学教科书总评》，《图书论评》第 1 卷第 2 期（1932 年），85~88 页。

47. 王鸿祯：《缅怀谢家荣先生》，《中国地质教育》2004 年第 1 期，42~43 页。

48. 王鸿祯：《中国地质学发展简史》，《地球科学——中国地质大学学报》第 17 卷增刊（1992 年），11 页。

49. 王树槐：《基督教教育会及其出版事业》，《"中央研究院"近代史研究所集刊》1971 年第 2 期，365~396 页。

50. 王树槐：《清末翻译名词的统一问题》，《"中央研究院"近代史研究所集刊》1983 年第 1 期，47~82 页。

51. 王扬宗：《清末益智书会统一科技术语工作评述》，《中国科技史杂志》第 12 卷第 2 期（1991 年），9~19 页。

52. 王仰之：《关于〈地学浅释〉和〈金石识别〉两书介绍中所存在的几个问题》，《地质评论》第 26 卷第 6 期（1980 年），551~552 页。

53. 王仰之：《我国最早的几种地质学教科书》，《中国地质》1991 年第 9 期，29 页。

54. 王渝生：《华蘅芳：中国近代科学的先行者和传播者》，《自然辩证法通讯》1985 年第 2 期，60~75 页。

55. 翁文灏：《促进中国地质工作的方法》，《地质论评》第 2 卷第 1 期（1937 年），1~4 页。

56. 翁文灏：《回忆一些我国地质工作初期情况》，《中国科技史料》第 22 卷第 3 期（2001 年），197~201 页。

57. 翁文灏：《近十年来中国地质学之进步》，《科学》第 9 卷第 4 期（1924 年），374~397 页。

58. 翁文灏：《如何改良中学教育》，《新教育评论》1926年第13期，7~9页。

59. 翁文灏：《我对于丁在君先生的追忆》，《独立评论》第188号（1936年）。

60. 翁文灏：《与中小学教员谈中国地质》，《科学》1926年第1期，1~19页。

61. 翁文灏：《中学地质教授之商榷》，《博物杂志》1920年第3期，1~6页。

62. 吴凤鸣：《1840至1911年外国地质学家在华调查与研究工作》，《中国科技史料》第13卷第1期（1992年），37~51页。

63. 吴凤鸣：《明清两代几本地质译著简评》，《自然辩证法研究》1985年第4期，67~69页。

64. 吴凤鸣：《一部西方译著的魅力——〈地学浅释〉在晚清维新变法中的影响》，《国土资源》2007年第9期，55~59页。

65. 夏敬农：《国立编译馆编印学术名词经过简述》，《出版界（重庆）》第1卷第8~9期（1944年），2页。

66. 夏湘蓉：《麦美德及其所著中文本地质学》，《中国地质》1991年第4期，31页。

67. 谢家荣：《地质学教学法》，《科学》1922年第1期，1204~1213页。

68. 杨静一：《庞佩利与近代地质学在中国的传入》，《中国科技史料》第17卷第3期（1996年），18~27页。

69. 杨丽娟、韩琦：《“奥陶纪”译名创始时间新考》，《化石》2016年第4期，34~35页。

70. 杨丽娟、韩琦：《晚清英美地质学教科书的引进——以商务印书馆〈最新中学教科书·地质学〉为例》，《中国科技史杂志》第35卷第3期（2014年），316~331页。

71. 杨丽娟：《“fossil”汉语译名演变考》,《地质论评》2019年第1期，25~28页。

72. 杨丽娟：《地质学家赵国宾》,《今日科苑》2020年第6期，46~51页。

73. 杨丽娟：《慕维廉〈地理全志〉与西方地质学在中国的早期传播》,《自然科学史研究》第35卷第1期（2016年），48~60页。

74. 杨丽娟：《农商部地质调查局始末考》,《地质论评》2021年第4期，1193~1197页。

75. 杨钟健：《新生代研究室二十年》,《科学》第30卷第11期（1948年），325~328页。

76. 叶晓青：《近代西方科技的引进及其影响》,《历史研究》1982年第1期，3~72页。

77. 叶晓青：《赖尔的〈地质学原理〉和戊戌维新》,《中国科技史料》1981年第4期，78~81页。

78. 叶晓青：《西学输入和中国传统文化》,《历史研究》1983年第1期，7~25页。

79. 叶晓青：《早于〈天演论〉的进化观念》,《湘潭大学社会科学学报》1982年第1期，100~103页。

80. 叶晓青：《中国最早谈化石的科学译著》,《化石》1982年第3期，24~25页。

81. 于洸：《关于北京大学地质学系早期的几件事》,《中国科技史料》第9卷第2期（1988年），81~86页。

82. 于洸：《王烈（1887~1957）》,《中国地质》1991年第8期，33页。

83. 于洸：《谢家荣教授在北京大学》,《河北地质学院学报》第17卷第1期（1994年），101~104页。

84. 于洸：《中国高等地质教育概况（1909~1949）》,《中国地质教育》1999 年第 3 期，40~46 页。

85. 张江树：《学校科学教育中之科学训练》,《科学的中国》第 1 卷第 3 期（1933 年），1~2 页。

86. 张江树：《中国科学教育之病源》,《国风》第 2 卷第 1 期（1933 年），20~21 页。

87. 张九辰：《中国近代地学主要学科名称的形成与演化初探》,《中国科技史料》第 22 卷第 1 期（2001 年），26~37 页。

88. 张星烺：《地学耆旧：张相文先生哀启》,《方志月刊》第 6 卷第 3 期（1933 年），50~51 页。

89. 张资平：《高等矿物学讲义的批评》，创造社编：《创造日汇刊》，上海：光华书局，1927 年，291~294 页。

90. 张资平：《新制矿物学教科书》，创造社编：《创造日汇刊》，上海：光华书局，1927 年，62~69 页。

91. 章鸿钊：《纪录：中国地质学之过去及未来》,《矿业》第 5 卷第 7 期（1923 年），139~142 页。

92. 章鸿钊：《南京实业部为筹办地质调查征调各项咨文》,《地学杂志》第 3 卷第 2 期（1912 年），10~11 页。

93. 章鸿钊：《我对于丁在君先生的回忆》,《地质论评》第 1 卷第 3 期（1936 年），227~236 页。

94. 章鸿钊：《中华地质调查私议》,《地学杂志》第 3 卷第 1 期（1912 年），1~8 页。

95. 周铭：《划一科学名词办法管见》,《科学》1916 年第 7 期，824~827 页。

96. 周铭：《名词讨论会缘起》,《科学》1916 年第 7 期，823 页。

97. 周其厚：《论晚清西方地质学的输入及影响》,《齐鲁学刊》2003 年第 2 期，21~24 页。

98. 邹振环：《慕维廉与中文版西方地理学百科全书〈地理全

志〉》,《复旦学报（社会科学版）》2000 年第 3 期，51~59 页。

99.《编辑共和国小学教科书缘起》,《教育杂志》第 4 卷第 1 期（1912 年），105~120 页。

100.《初级中学暂行课程标准》,《河南教育》1930 年第 16 期，3~71 页。

101.《附录：商务印书馆经理候选道夏瑞芳呈地质学各书请审定批》,《教育杂志》第 2 卷第 2 期（1910 年），7~8 页。

102.《附录：学部审定中学教科书提要（续）》,《教育杂志》第 1 卷第 2 期（1909 年），9~18 页。

103.《附录：学部审定中学教科书提要》,《教育杂志》第 1 卷第 1 期（1909 年），1~18 页。

104.《公文：国立编译馆呈文》,《国立编译馆馆刊》1936 年第 13 期，1 页。

105.《国立编译馆组织规程》,《中华教育界》第 20 卷第 1 期（1932 年），106~107 页。

106.《介绍图书》,《地学杂志》第 1 卷第 1 期（1910 年），2 页。

107.《科学新闻：国立编译馆之工作》,《科学》第 17 卷第 7 期（1933 年），1134 页。

108.《命令：教育部布告第二十七号，本部审定教科图书第十五次公布（中华民国二年五月十五日）》,《江西学报》1913 年第 17 期，7~9 页。

109.《批上海商务印书馆〈新式矿物学〉一册仍当继续审定作为中学教科用书》,《教育公报》第 7 卷第 11 期（1920 年），113 页。

110.《商务印书馆图书出品说明》,《图书汇报》1910 年第 1 期，20~23 页。

111.《审定书目：商务印书馆经理候选道夏瑞芳呈地质学各书请审定批》,《学部官报》1909 年第 107 期，1~2 页。

112.《审定书目：张相文呈新撰地文学改正再呈审定批》,《学部官报》1910 年第 136 期，2~3 页。

113.《中国科学社现用名词表》,《科学》1916 年第 12 期，1369~1402 页。

114.《注重中学校地质教授并厘订矿物教科书事咨请同意案》,《博物杂志》1922 年第 5 期，7~9 页。

二、西文文献

1. Adrian A. Bennett. *John Fryer: The Introduction of Western Science and Technology into Nineteenth-Century China*. Cambridge: Harvard University Press, 1967.

2. Alexander Wylie. *Memorials of Protestant Missionaries to the Chinese: Giving a List of their Publications, and Obituary Notices of the Deceased*. Shanghai: The Presbyterian Mission Press, 1867.

3. Archibald Geikie. *The Founders of Geology*. London: Macmillan and Co., Limited, 1905.

4. Benjamin A. Elman. *A Cultural History of Civil Examination in Late Imperial China*. Berkeley: University of California Press, 2000.

5. *Descriptive Catalogue and Price List of the Books*, *Wall Charts, Maps, etc*. Shanghai: Educational Association of China, 1894.

6. Frank Adams. *The Birth and Development of the Geological Sciences*. New York: Dover Publications, 1954.

7. Grace Yen Shen. *Unearthing the Nation: Modern Geology and Nationalism in Republican China*. Chicago: University of Chicago Press, 2013.

8. Horace B. Woodward. *History of Geology*. New York: Arno

Press, 1978.

9. James Secord. *Controversy in Victorian Geology: The Cambrian-Silurian Dispute*. Princeton: Princeton University Press, 1986.

10. Johan G. Andersson. *Children of the Yellow Earth: Studies in Prehistoric China*. London: Kegan Paul, Trench, Trubner & Co., LTD., 1934.

11. Joseph Le Conte. *The Autobiography of Joseph Le Conte*. New York: D. Appleton and Company, 1903.

12. Karl Alfred von Zittel, trans. by Maria M. Ogilvie-Gordon. *History of Geology and Palaeontology to the End of the Nineteenth Century*. London, 1901.

13. Leonard G. Wilson. *Charles Lyell, the Years to 1841: The Revolution in Geology*. New Haven: Yale University Press, 1972.

14. Mott T. Greene. *Geology in the Nineteenth Century-Changing Views of a Changing World*. New York: Cornell University Press, 1982.

14. Rachel Laudan. *From Mineralogy to Geology: The Foundations of a Science, 1650~1830*. Chicago: University of Chicago Press, 1987.

15. Roy Porter. *The Making of Geology: Earth Science in Britain, 1660~1815*. Cambridge: Cambridge University Press, 1977.

17. Shellen Xiao Wu. *Empires of Coal: Fueling China's Entry into the Modern World Order: 1860~1920*. Stanford: Stanford University Press, 2015.

18. Simon Knell. *The Culture of English Geology, 1815~1851*. Aldershot: Ashgate Publishing Limited, 2000.

19. Committee of the Educational Association of China. *Technical Terms: English and Chinese*. Shanghai: Presbyterian Mission Press, 1904.

20. Thomas G. Bonney. *Charles Lyell and Modern Geology*. New York: Macmillan & Co., 1895.

21. Tsui-hua Yang. *Geological Sciences in Republican China, 1912~1937*. Ph. D dissertation, State University of the New York at Buffalo, 1985.

22. Wang Hongzhen, Yang Guangrong, Yang Jingyi. *Interchange of Geoscience Ideas Between the East and the West*. Wuhan: China University of Geosciences Press, 1991.

23. Dazheng Zhang, Paul Carroll. "A History of Geology and Geological Education in China (to 1949)", *Earth Sciences History*, Vol. 7, No. 1, 1988, pp. 27~32.

24. Eugene W. Hilgard. "Biographical Memoir of Joseph Le Conte, 1823~1901", Read before the National Academy of Sciences, April 18, 1907.

25. George B. Barbour. "Preliminary Observation Made in the Kalgan Area", *Bulletin of Geological Society of China*, Vol. 3, No. 2 (1924), pp. 153~168.

26. John Griffith. "In Memoriam. The Rev. William Muirhead, D. D.", *The Chinese Recorder and Missionary Journal*, Vol. 32, No.1 (1901), pp. 1~9.

27. Lester D. Stephens. "Joseph Le Conte and the Development of the Physiology and Psychology of Vision in the United States", *Annals of Science*, Vol. 37, No. 3, 1980, pp.303~321.

28. Rhodes Andrew. "James Monteith: Cartographer, Educator, and Master of the Margins", *Cartographic Perspectives*, No. 97, 2021, pp. 6~22.

29. S. B. Christy. "Biographical Notice of Joseph Le Conte", A Paper read before the American Institute of Mining Engineers, at the Mexican Meeting, November, 1901.

索　引

一、人名索引

T

W

X

Y

Z

二、书名索引

L

M

P

Q

S

后　记

自 2011 年我考入中国科学院自然科学史研究所开始，至今已逾十载。时光匆匆，许多往事如今回忆起来仍历历在目，一时百感交集。

入学之初，我选择的是近现代科学史方向。导师韩琦先生建议我以晚清时期的地学译著为中心，考察近代地质学在中国的早期传播，这便是我硕士论文的主体。2014 年我在韩师的指导下继续攻读博士学位，有幸参与韩师主持的中国科学院重点部署项目“地质学在中国的本土化研究”。在韩师的建议和此项目的资助下，我进一步扩展研究内容和时段，以近代中小学地质学教科书为研究对象，考察地质学在中国的传播与发展过程。韩师治学严谨、学识渊博，数年如一日勤奋工作，鼓励我们多挖材料、多提问题，强调研究视野要开阔，考据须严谨。我学位论文大到选题框架，小到词句标点，都饱含着他的心血。韩师在学业上要求严格，在生活中也对我们照顾有加。求学期间，家中数次遭遇变故，他始终在旁鼓励，更在经济上和生活上提供诸多帮助，能做韩师学生，何其幸运。

2017 年博士毕业之后我留所工作，有机会赴南京、上海、天津等地查阅图书档案，进一步丰富我的研究资料。2019 年，我受国家留学基金管理委员会资助，首次迈出国门，赴英国剑桥李约瑟研究所访学一年。访学期间，剑桥大学图书馆和李约瑟研究所图书馆为我提供了诸多珍贵的原始文献。剑桥大学科学史系 Jim Secord 教授，李约瑟研究所所长梅建军教授，图书馆馆长 John Moffett 先生，Geoffrey Lloyd 教授，Sally Church 研究员，日本早稻田大学加藤茂生教授为我的研究助益良多。他们或提示重要资料线索，或拨冗与我交流讨论研究近况，极大地开阔了我的研究视野。2021 年我又获国家社会科学基金青年项目“晚清西方地质学在华引介、传播与影响研究（1853~1911）”的支持，更加深入细致地考察地质学传播脉络及其与社会互动、科学教育之关系。

此书是我过去十年科学史学习的阶段性总结成果，我深知书稿有许多不足之处，但还是想趁着图书付梓之际，对关心和帮助过我的人说声谢谢。

感谢业师韩琦先生。我从科学史的门外汉到如今从事科学史研究工作，每一次成长与进步，都离不开他的悉心教导。书稿写作过程中，韩师时时关心写作进度，并提示重要文献线索，书稿完成后，又拨冗审阅全书，指出不少疏漏之处。

感谢师母吴旻，多年来待我如家人。

书稿写作过程中得到了众多师友的帮助。中国地质科学院地质研究所任纪舜院士、自然科学史研究所张九辰研究员时时关心我的研究进展，清华大学邓亮博士提供部分文献，自然科学史研究所孙承晟研究员、王公博士、文恒博士通读书稿并提供宝贵修改意见，郑诚博士、潘澍原博士细心审阅部分书稿。中国地质大学（北京）焦奇先生、江苏省地质学会詹庚申先生提供部分图片，中国科学院理论物理研究所李融冰女士协助扫描处理图片。本书是在我博士论文的基础上修改完成的，自然科学史研究所邹大海研究员、田淼研究员、郭金海研究员参与了我博士论文开题与答辩，并提供了诸多宝贵意见，罗桂环研究员慷慨赠送研究资料。我在此表示诚挚的感谢。

多年来，中国国家图书馆、中国科学院自然科学史研究所图书馆、中国科学院文献情报中心（国家科学图书馆）、北京大学图书馆、清华大学图书馆、中国地质图书馆、全国地质资料馆、中国第二历史档案馆、上海图书馆、上海档案馆、南京图书馆、天津图书馆为我查阅资料提供了诸多方便，在此一并致谢。

感谢我的父母，谢谢他们的养育之恩及对我漫长求学之路的支持；感谢我的妹妹，多年来家中诸事皆由她操持；感谢所有亲人和朋友，谢谢他们温暖的陪伴。

杨丽娟

2021 年冬于科学史所